吴北虎 / 著

通识AI
人工智能
基础概念与应用

清華大学出版社
北京

内 容 简 介

本书为高等院校学生通识教育以及对人工智能感兴趣的读者编写，旨在深入浅出地介绍AI基础知识、关键技术及其应用。全书分为四部分，涵盖AI的基本理论、探索AI的核心技术、AI如何塑造世界以及人工智能与社会的应用，通过丰富的案例和课后思考练习，帮助读者建立人工智能思维和掌握AI技术。书中还介绍了AI的历史沿革、全球发展态势及中国的卓越成就，探讨了AI对未来就业市场的影响、大数据、计算机视觉、语音识别、机器学习、深度学习、AIGC技术等技术原理。同时，书中还详细介绍了AI在自动驾驶、智能制造、智慧医疗等领域的具体应用，强调了AI技术与国家未来发展的战略联系，倡导科技创新与提高社会责任感，并讨论了AI伦理的重要性。

通过阅读本书，读者可以全面理解AI及其对未来人们生活和工作的深刻影响，为步入数字化社会奠定基础。作者以其丰富的专业知识和教学经验，将复杂的AI概念化繁为简，带领读者踏上探索人工智能的旅程。本书既适合作为AI入门教材，也适合有一定基础的读者进一步学习和研究。

图书在版编目（CIP）数据

通识AI：人工智能基础概念与应用 / 吴北虎著.
北京：清华大学出版社, 2024. 8（2025.1重印）.
ISBN 978-7-302-67044-5
Ⅰ. TP18
中国国家版本馆CIP数据核字第2024WJ1880号

责任编辑：赵 军
封面设计：王 翔
责任校对：闫秀华
责任印制：刘 菲
出版发行：清华大学出版社
网 址：https://www.tup.com.cn，https://www.wqxuetang.com
地 址：北京清华大学学研大厦A座　　邮 编：100084
社 总 机：010-83470000　　邮 购：010-62786544
投稿与读者服务：010-62776969，c-service@tup.tsinghua.edu.cn
质量反馈：010-62772015，zhiliang@tup.tsinghua.edu.cn

印 装 者：三河市龙大印装有限公司
经 销：全国新华书店
开 本：190mm×260mm　　印 张：20.75　　字 数：559千字
版 次：2024年8月第1版　　印 次：2025年1月第3次印刷
定 价：89.00元

产品编号：107787-02

前　言

在这个快速发展的时代，人工智能不再是科学幻想中的遥远梦想，而是已经深深融入我们的日常生活。从智能手机到自动驾驶汽车，再到预测天气和诊断疾病的系统，人工智能正以前所未有的方式改变着我们的世界。

然而，人工智能不仅是一项技术，更像是一把钥匙，开启了我们对智能和认知理解的新大门。它让我们重新思考人与机器的关系，探索智能的本质，甚至挑战我们对生命和存在的定义。在这个过程中，我们不仅在创造新工具，更在开辟新视野和可能性。

本书旨在为读者提供全面而深入的人工智能知识体系，从基础理论到前沿应用，帮助读者掌握AI技术的核心概念和实际操作。每一章不仅传递知识，更启迪智慧。通过案例分析、技术探讨和未来展望，我们希望激发读者对人工智能的兴趣和思考。本书适合高中生、职业技术学院学生、教育工作者、AI初学者与人工智能爱好者、科技行业从业者以及社会科学和人文学科学习者。无论是入门学习还是职业技能的提升，本书都提供了丰富的知识和实战操作指导，帮助读者全面了解和体会人工智能技术的变革和发展，迎接智能化未来的挑战与机遇。每章配有课后思考练习，旨在培养读者的动手能力和创新思维。

本书共分为四部分：

第一部分，带领读者初识人工智能，揭开其神秘面纱。通过回顾人工智能的发展历程和展望其未来趋势，帮助读者建立对AI的基本认知。我们不仅探讨了全世界各地AI技术的现状，还特别关注了中国在这一领域的卓越成就。

第二部分，深入探讨了AI的核心技术，包括大数据、计算机视觉、语音识别、机器学习、深度学习和AIGC技术等。通过详细的技术解读和丰富的实战操作，帮助读者掌握这些技术的基本原理和应用方法。

第三部分，展示了AI在各行各业的实际应用。从娱乐、商业、医疗、教育到交通、制造和能源，AI无处不在地改变着我们的世界。通过实际案例分析和动手实践，读者不仅可以看到AI技术的广泛应用，还能亲自体验这一技术带来的变革。

第四部分，我们从社会、伦理和文化的角度探讨了AI技术对人类社会的深远影响。智慧城市的建设、AI与社会主义核心价值观的融合，以及AI伦理的挑战与应对，这些内容不仅为读者提供全面视角，也启发他们对未来社会的深层思考。

正如爱因斯坦所言："智慧的真正标志不是知识，而是想象力。"在这个充满变革和创新的时代，我们需要的不仅是对现有知识的掌握，更需要大胆的想象和探索精神。人工智能的未来掌握在每一个敢于思考、敢于创新的人的手中。

希望本书能够成为读者通往人工智能世界的桥梁，激发对未知领域的好奇心和探索欲望。让我们一起，站在智慧与技术的交汇点，共同迎接一个更加智能化、更加美好的未来。

作 者

2024年5月

推荐序

在过去的几十年里，人工智能（AI）经历了从理论构想到实际应用的巨大飞跃。自ChatGPT问世以来，AI发展更是日新月异，AI不仅在学术研究中开始占据重要地位，更是在人们日常生活中展现出强大的影响力。从智能手机上的语音助手到医疗领域的诊断系统，再到自动驾驶汽车，AI技术正在快速渗透到社会的各个角落，改变着我们的生活方式和工作模式。

人工智能不仅是一项技术革新，更是一场深刻的社会变革。AI在提升生产力、优化资源配置和推动科技进步方面发挥着至关重要的作用。然而，它对人类社会的影响远不止于此。AI技术的发展带来了新的伦理和法律挑战，重新定义了人与机器的关系，甚至引发了关于未来工作形态和社会结构的深刻探讨。在这个智能化时代，如何平衡技术进步与社会伦理，成为我们必须面对的重要课题。

普及人工智能知识，对于培养具备创新能力和适应未来社会需求的人才至关重要。AI不再是少数专家的专利，而应成为每个人都能理解和应用的工具。通过广泛的AI教育，我们可以激发年轻一代的创新思维，提升他们的技术素养，为未来的智能社会培养合格的建设者和领导者。

《通识AI：人工智能基础概念与应用》一书正是为满足这一需求而编写的。作者以其深厚的专业知识和丰富的教学经验，系统地介绍了AI的基础理论和核心技术。从大数据、计算机视觉、语音识别、机器学习到深度学习以及AIGC技术，本书介绍了当前AI领域的主要技术，并通过实际案例和实战操作，帮助读者将理论知识转化为实际应用技能。此外，本书还紧跟AIGC技术的发展前沿，使读者能够及时了解这一领域的最新动态，这是一本非常及时的AI教材。

苹果公司创始人乔布斯说过："作为工具制造者的人类拥有制造工具的能力，从而放大他本身具有的内在能力。"普及AI教育，不仅是为了掌握一项技术，更是为了培养一种思维方式和解决问题的能力。在这个充满变革和不确定性的时代，我们需要的不仅是技术专家，更需要具有批判性思维和创新精神的全能人才。通过学习和应用AI技术，我们可以更好地理解世界，解决复杂的问题，推动社会的可持续发展。

展望未来，人工智能的发展前景令人振奋。随着技术的不断进步，AI将在人类生活的各个方面发挥更大的作用。从智能医疗、智慧城市到个性化教育，AI有望为我们创造一个更加高效、便捷和美好的世界。然而，我们也必须认识到，AI带来的挑战同样不容忽视。我们需要在技术创新和社会责任之间找到平衡，确保AI技术的发展能够造福全人类。

希望本书能够成为你了解和掌握AI技术的桥梁，激发你对未来的无限思考与探索。让我们共同努力，迎接智能时代的到来，开创一个更加光明和智慧的未来。

清华大学鹏瑞教授、清华-伯克利深圳学院兼职教授

加拿大工程院院士、加拿大工程研究院院士、IEEE Fellow

多伦多大学兼职教授

张晓平

2024年6月

目录

第一部分　人工智能基础——进入AI世界

第四部分　人工智能与社会——共创美好未来

第/一/部/分

人工智能基础

——进入AI世界

第 1 章 Chapter

与人工智能的初次邂逅

学习目标

全面了解人工智能的基本概念和定义，认识其在人们日常生活中的广泛应用；通过学习人工智能的发展历程和关键事件，初步了解机器学习、神经网络和深度学习的基本原理，并了解计算机视觉和自然语言处理技术；展望人工智能未来发展趋势，为进一步深入学习打下基础（本章 1 课时）。

学习重点

- 理解人工智能的定义和运作方式，认识其在人们日常生活中的应用。
- 掌握人工智能的核心概念和发展历史，分析其实际功能和常见误区。
- 初步了解机器学习的基本类型和应用。
- 初步了解神经网络和深度学习的基本原理及应用。
- 初步了解计算机视觉的基本概念及其实际应用。
- 初步探索自然语言处理的基本原理和大语言模型的应用。
- 初步了解图像与视频生成技术的基本原理及应用。
- 初步探索人工智能的历史发展及关键事件。
- 讨论人工智能的当前应用及未来发展方向。

1.1 初识人工智能：它是什么

1.1.1 引言：探索人工智能的奇妙世界

随着科技的飞速发展，我们的世界正变得越来越智能，智能设备如同星辰般点缀着我们的生活。想象一下，从家里的智能音箱到随身携带的智能手机，人工智能无所不在，已经悄然成为我们日常生活的一部分。那么，什么是人工智能？它如何运作？又如何在我们几乎未察觉的情况下，改变了我们的生活和工作方式？

人工智能（Artificial Intelligence，AI）是计算机科学的一个分支，它使机器展现出类似人类的智能行为。这不仅包括基本的学习和响应，还涵盖了逻辑推理、规划、创造性思考，甚至情感识别等复杂能力。随着科技的发展，人工智能已从科幻电影的梦幻脚本变为我们生活中的实用技术，并广泛应用于各个行业。

如今，我们正站在人工智能的黄金时代的前沿（见图 1-1）。在这个时代，AI 仿佛获得了一把钥匙，打开了模仿人类大脑复杂机制的大门。它不仅学会了如何处理和理解信息，更是在不断精进，每一次学习都如同为其智慧的宝库添砖加瓦。

图 1-1 人工智能时代

从解析人类语言的深奥之谜到解读复杂图像的微妙之处，再到模拟人类的决策过程，AI 技术的飞跃发展让它在各种场景下展现出令人惊叹的适应性和创造力。深度学习技术让机器能够自我学习，不断优化其算法，每一层网络结构都在模仿人脑的神经元活动。自然语言处理技术则让机器能够理解和生成人类的语言，使交流变得无比流畅，仿佛机器也能品味语言的细腻情感。

而在机器视觉领域，AI 的进步使其能够像人眼一样精准地识别和分析视觉信息，从繁杂的背景中迅速识别目标。无论是在医疗影像分析还是在自动驾驶车辆中，AI 都展现了惊人的能力。

这些技术的突破不仅推动了 AI 在实际应用场景中的“行动”与“思考”，更是在悄无声息中，引领我们进入一个智能化的新纪元。在这个时代，机器不仅执行命令，还能与人类一起思考、创造、或者梦想。AI 已不再是冷冰冰的计算机程序，而是一个充满可能的智能伙伴，与我们共同面对未来的挑战与机遇。

人工智能对于现代社会既是工具，也是伙伴。它不仅可以帮助医生诊断疾病、协助研究人员挖掘复杂数据中的规律、提高企业运营效率，还在教育和艺术领域担纲创新的角色。然而，AI 的迅猛发展也引发了一系列关于社会、伦理及职业安全的讨论。从机器人可能取代人类的工作到 AI 决策的透明度与公正性问题，这些都是我们需要共同面对和解决的挑战。

在这个充满奇迹的AI时代，让我们一起探索这个神奇的智能世界，揭开它的神秘面纱，了解它如何在不知不觉中改变我们的世界。

1.1.2 人工智能的基本定义与思考

人工智能作为现代科技的重要支柱，其定义和理解经历了几十年的演变。AI的目标是创造出能够执行复杂任务、进行思考、分析并做出决策的机器。这些机器不仅展现出强大的计算能力，还展现出接近人类的认知功能，例如感知、理解、预测和学习。

1 人工智能的界定

“智能”广义上指的是理解、思考和解决问题的能力。1950年，艾伦·图灵提出了著名的“图灵测试”（见图1-2），作为判断机器是否能够展现人类智能的标准。图灵测试的核心思想是，如果一台机器能够在对话中让一个人相信它是另一个人，那么这台机器就可以被认为是“智能”的。“人工智能”顾名思义，是由人类创造出来模仿人类智能行为的技术。从最初的逻辑机器到现代的自学习系统，AI的发展不断推动着这一定义的深化。

图1-2 图灵测试

2 典型的AI定义与发展历程

人工智能的定义在历史上有多种表述，但普遍接受的定义来自斯坦福大学教授约翰·麦卡锡。他在1956年的达特茅斯会议上将其描述为“使机器能够进行我们通常认为需要人类智能的活动”。这些活动包括游戏玩法、语言理解和计算推理等。在最受欢迎且最权威的人工智能教科书《人工智能：一种现代方法》中，人工智能被定义为“一门研究和构建智能代理的科学”。智能代理（Intelligent Agents）是一种能够感知其环境并根据感知到的信息做出决策的AI软件，旨在自动化执行特定任务或达成目标。

随着时间的推移，人工智能已从简单的规则和响应系统演化为具备深度学习和自主决策能力的复杂网络。AI的发展历程是人类对智能极限的不断探索和挑战，每一步的进展都是对“智能”的再认识和对“可能”的重新定义。

3 人工智能定义的一些关键点和误区

1）AI 是可以执行复杂认知功能的机器

在理解 AI 的深层含义时，我们必须首先明确“复杂认知功能”这一概念。它包括了从感知周围环境的信息（如视觉图像、声音、文本等），到处理这些信息，并据此做出相应反应的整个过程。例如，一个智能助手能通过分析用户的语音指令理解其意图，并执行相应的操作。这种能力超越了简单的命令执行，涉及复杂的人类语义理解和情境分析。

2）AI 不仅限于更好的编码或更快的处理器

人们往往误以为提升 AI 的能力仅仅是编写更高级的代码或使用更快速的处理器。尽管这些因素对于增强计算机的处理能力和运行复杂算法确实很重要，但 AI 的本质在于模拟人类的智能行为。这包括提升学习能力，即机器通过经验不断改进自我，这一点体现在机器学习和深度学习技术的发展上。这些技术使机器能通过分析大量数据自动提取知识，而无须人为每一步编程指导。

3）AI 技术的转变：从工具到伙伴

AI 技术正在改变人们与机器的互动方式，如图 1-3 所示。在过去，机器仅被视为执行命令的工具。然而，随着 AI 技术的进步，机器现在能够参与决策过程，甚至在某些情况下替代人类进行决策。例如，自动驾驶汽车系统不仅能识别道路情况，还能根据实时交通信息做出行驶决策。这一点体现了 AI 从工具到伙伴的演变：它不仅服务于人类，还能与人类共同作业，协作处理更复杂的情况。

图 1-3 人工智能是一个充满各种可能性的伙伴

4 弱人工智能与强人工智能以及超级人工智能

在人工智能领域，通常将其分为两大类：强人工智能（Strong AI）和弱人工智能（Weak

AI）。这两种分类反映了人工智能系统的设计目标、功能复杂性以及理论上的智能水平。

弱人工智能，又称为狭义人工智能，是目前最常见的人工智能形式。这类 AI 系统被设计用来处理特定的任务或问题。例如个人助手软件（如 Siri 或 Google Assistant），它们能够理解并回应用户的语音指令，执行如设置提醒、发送信息、播放音乐等特定功能。弱人工智能还包括推荐系统、自动驾驶汽车、面部识别等技术。这些系统在其特定的应用领域表现出色，但它们并不具备真正的理解能力或自主决策能力，其“智能”严格限制在预设的规则和学习的数据范围内。

强人工智能，也称为通用人工智能（Artificial General Intelligence，AGI），是一种理论上的人工智能形态，这种 AI 在理论上具有广泛的认知能力，不仅能够执行特定任务，还能进行自主学习、推理、解决问题，并且具备意识。强 AI 的概念更接近人类的智能，理论上它能够理解和表达情感，做出道德判断，甚至在各种未知和非结构化的环境中做出合理的决策。目前，尽管科学家和研究者在推动 AI 技术的发展，但真正实现强人工智能还面临巨大的技术挑战。

在强人工智能中，还有一种超级人工智能（Artificial Super Intelligence，ASI），这是一种假设中的人工智能形态，它在包括创造力、问题解决能力和情感智能在内的所有领域都超越了人类智能。ASI 代表了 AI 发展的高级阶段，其中机器不仅复制人类的认知能力，还超越了人类，可能会在社会的各个方面带来深远的变革。

弱人工智能和强人工智能代表了人工智能技术从实际应用到未来愿景的不同阶段。随着技术的发展和对人工智能理解的深入，我们会逐渐看到强人工智能的雏形，这将是科技发展的一个重大突破。

5 对智能本质的思考

在探索人工智能的边界时，我们还要学会进行深入的思考，探究什么使我们成为人类。智能，这一概念在我们的头脑中经常会引发深入的思考和讨论。

1）智能的本质究竟是什么

智能是否仅仅是一系列复杂数据的处理与反应，还是涉及更深层次的“理解”与“意识”？当我们设想未来，不仅在预见技术的发展，同时也在挑战我们对生命、自我意识和存在本质的理解。这一系列的探讨不仅是科学的延伸，更是对我们作为人类的本质提问。

首先，想象一下，如果我们能够与一台机器进行对话，并且这台机器能回答任何问题，那么我们会认为它具有智能吗？按照图灵测试的核心思想：如果一台机器能在对话中让人类无法区分它和另一个真正的人类的区别，那么这台机器可以被认为是“智能”的。这种表现出来的智能真的等同于人类的智能吗？

2）智能系统是否具有人类的自我意识

再深入一步，智能是否仅仅是信息处理的能力？我们常说人类具有智能，因为人不仅能处理信息，还能感知、理解、预见未来并做出决策。例如，一个孩子通过不断试错学会了骑自行车。这种学习能力，是不是就是智能的一种表现？智能的本质是否涉及“理解”或者“意识”层面的东西？

此外，如果智能包括能够预见未来和制订计划的能力，那么在某种程度上，智能是否也意味着拥有创造未来的力量？比如，科幻作品中描述的高级智能机器人，它们不仅能执行复杂任务，还能进行艺术创作，甚至表达情感。这种能力使得机器人在某些情况下似乎拥有了“自我意识”。

让我们进一步思考：智能的存在是否必须依赖于生物体？如果未来的科技可以模拟出一个完全虚拟的智能存在，这种存在能被认为是有生命的吗？人工智能系统能获得诺贝尔奖吗？如图 1-4 所示。这不仅是对“智能”的探讨，更涉及“生命”的重新定义。

图 1-4 人工智能系统能获得诺贝尔奖吗

通过以上思考，我们不仅在探讨智能的科技层面，更是在挑战我们对生命、意识和存在本质的理解。不仅关注科技的进步，更深入地思考科技进步背后的意义，启发我们对未来世界的想象和期待。因此，人工智能远非简单的技术发展，它是对机器赋予人类般认知能力的一种尝试。随着这种趋势的发展，我们将继续见证 AI 技术如何塑造一个全新、智能化的未来世界。

1.1.3 机器学习介绍：AI 的基石

在探索人工智能的奇妙世界中，机器学习无疑是其中一个闪耀的明星。它不仅是人工智能领域中最令人兴奋的分支之一，更是推动现代科技突破的核心力量。想象一下，如果有一种技术能够让机器从海量数据中自学成才，而不需要人类一步一步编程指导，那将是多么革命性的事情！这正是机器学习所能实现的。

机器学习使得计算机不仅仅是简单地执行任务，而是通过分析和学习大量的数据，自行找出解决问题的方法。换句话说，其主要优势在于它能够处理并分析大规模数据集，识别复杂模式和关系，这是人类或传统计算方法难以快速完成的。这种能力让机器在决策制定上变得更为强大，使其在众多领域的应用变得既可行又高效。

想象一下，你的计算机学会了识别你的写作风格，并自动完成了你的句子；或者你的手机可以通过分析你的购物习惯，并推荐了你可能喜欢的新产品。这些都是机器学习魔法的现实应用。

机器学习的技术分为几种主要类型：监督学习、无监督学习、半监督学习和强化学习（见图 1-5）。其中，监督学习是最常见的类型，它通过给机器提供大量的例子（即输入数据和对应的正确输出），来教会机器如何处理类似的情况。这就像是在教一个孩子区分各种水果一样，给他看很多不同的水果图片，并告诉他每种水果的名称。

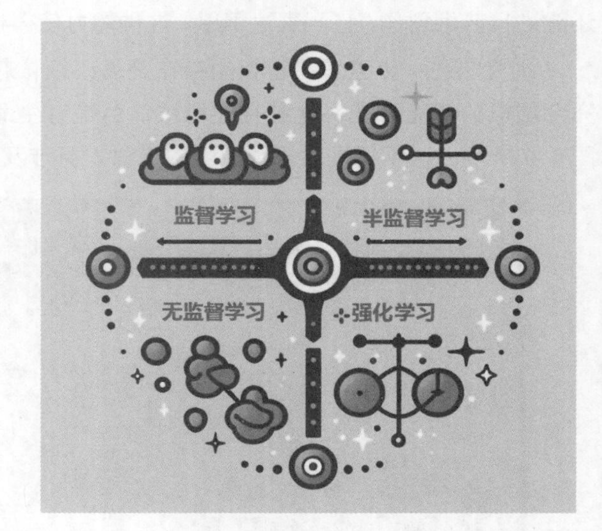

图 1-5 机器学习的类型

而无监督学习（Unsupervised Learning，也称为非监督学习或非监督式学习）则更像是让机器自己去玩一个探索游戏，它不需要明确的指导，而是要自己在数据中发现模式和关系。这种方式常用于市场细分，帮助营销人员理解消费者群体中的不同分布。

通过这样的技术，机器学习不仅改变了我们与技术的互动方式，更深刻地影响了我们对世界的认识。

1.1.4 神经网络和深度学习介绍：模仿人脑的先进 AI 技术

在人们的日常生活中，人工智能技术已经成为一种无形的存在，而神经网络和深度学习是这一科技领域中最引人注目的进展。这些技术源自于对人类大脑复杂结构的模仿，不仅仅是工具，更是能够理解和处理大量复杂数据的强大“大脑”。

神经网络由成千上万的处理单元——“神经元”组成，它们通过模仿大脑神经元的连接方式，传递和处理信息。这些连接点称为“权重”，在网络训练过程中持续优化，使网络能够更有效地学习和响应。每个神经元接收多个输入，通过加权求和并通常结合一个非线性函数处理，从而产生输出。这种复杂的结构使神经网络不仅能解决简单的线性问题，还能探测到数据中隐藏的复杂非线性模式。

深度学习推动了这一概念的发展，通过增加网络的层次，即所谓的“深度”，每层对输入数据进行转化，逐层抽取出更为高级的特征，如图 1-6 所示。这在图像处理中表现尤为明显：底层仅识别图像的基本线条和角点，而更深的层次则能识别复杂的对象特征，比如人脸或一辆汽车的完整结构。

图 1-6 神经网络与深度学习

神经网络和深度学习改变了我们与数据交互的方式，为机器提供了近乎人类的理解力，开启了一种全新的可能性，让我们能够更深入地解读周围的世界。这不仅是技术的胜利，也是对未来潜能的一种展望。

1.1.5 计算机视觉介绍：实现机器对视觉世界的深度理解

计算机视觉是人工智能领域的一颗璀璨明星，它赋予机器识别和理解视觉世界的能力。通过高级的图像和视频分析，这一技术不仅使机器能“看见”周围的环境，而且能深入“理解”图像和视频所表达的内容。从智能手机的面部解锁功能到城市监控系统的自动警报功能，计算机视觉在日常生活中扮演着越来越重要的角色。

计算机视觉的过程始于图像的捕获，通常借助摄像头或其他成像设备。一旦图像被捕获，就会送入先进的处理算法，进行更深层次的分析。这些算法能够执行多种操作，如边缘检测以识别出对象的形状，色彩分割以区分不同的物体，特征提取以抓取图像中的关键信息等。

通过这些复杂的分析步骤，机器能够识别出图像中的各种元素，如人脸、车辆或其他重要对象。这种技术不仅局限于识别，它还能理解这些元素在现实世界中的关系和意义，使得机器在执行任务时能够做出更加精准的决策。例如，现代安全监控系统可以自动识别可疑行为，并在必要时向警方发送警报。

计算机视觉是探索人工智能如何与我们的世界交互的一个最佳例子。它不仅展示了技术如何服务于社会，还提供了一个视角，让我们看到机器如何逐渐学会理解复杂的人类环境。

1.1.6 自然语言处理（NLP）：连接人类与机器的对话桥梁

自然语言处理（Natural Language Processing，NLP）是一门让机器理解并回应人类语言的神奇科技，它正逐步改变我们与技术产品的互动方式。从手机中的智能助手，到能够跨语言障碍帮助我们翻译外文的应用，NLP 的应用无处不在，让我们的生活更加便捷和多彩。

NLP 的魔力在于它能够深入到语言的核心——从简单的词汇处理到复杂的语境理解和情感分析，没有什么是 NLP 做不到的。而在这一切的背后，是深度学习技术的力量支持。近年来，随着深度学习的飞速发展，NLP 领域也迎来了自己的春天。

大语言模型（Large Language Models，LLMs）的诞生是NLP领域的一个重要发展（见图1-7），如 BERT（Bidirectional Encoder Representations from Transformers，来自变换器的双向编码器表示）和 GPT（Generative Pre-trained Transformer，生成预训练变换器），它们通过在海量的文本数据上学习，抓取语言的深层规律和模式。这些模型首先在广泛的材料上接受预训练，掌握语言的基本构架，然后在特定任务上进行微调，从而在各种NLP任务中取得了令人瞩目的成效。BERT 和 GPT 都属于大语言模型，它们使用复杂的算法来理解和生成语言，从而极大地推动了 NLP 技术的发展和应用。

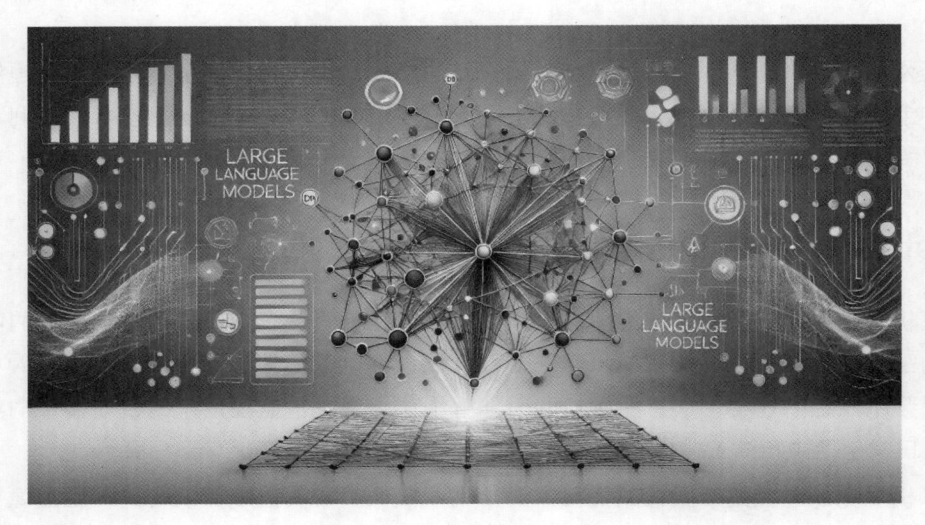

图 1-7 大语言模型（LLMs）

举个例子，像 OpenAI 的 GPT 模型或百度的“文心一言”这样的先进语言处理工具，它们不仅能生成简单的文本，还能进行复杂的逻辑推理和创造性写作。GPT 模型之所以强大，在于它庞大的知识库和出色的上下文理解能力，这使得它生成的文本既自然又流畅，又极具吸引力。

这种模型的出现不仅提升了机器处理语言的能力，更重要的是，它们建立了一座连接人类与机器的对话桥梁。无论是作业帮助、日常聊天，还是编程指导，像 GPT 这样的模型都能发挥巨大的作用，让机器不再是冷冰冰的工具，而是一个能理解人类语言的智能伙伴。

1.1.7 构建世界的视觉形态：图像与视频生成技术

在人工智能的炫目世界中，图像与视频生成技术如同一位魔术师，将虚拟与现实之间的界限逐渐模糊。这些技术不仅改变了我们与机器的互动方式，还创造了全新视觉内容的可能性——

从静态的图片到生动的视频，展现了令人难以置信的数字创造力。

图像生成技术基于深度学习模型，如生成对抗网络（Generative Adversarial Networks，GANs）。生成对抗网络是一种深度学习模型，它由两部分组成：生成器和鉴别器。生成器的目标是创造足够真实的数据以欺骗鉴别器，而鉴别器则尝试区分生成的数据与真实数据。这种相互竞争的机制使得生成的数据逐渐提高质量，变得越来越逼真。这些模型从成千上万的图像中学习如何理解并模仿复杂的视觉数据分布，最终能够创造出全新的图像作品。这些生成的图像在色彩、纹理和细节上足以与现实世界的图像媲美，广泛应用于艺术创作、游戏设计和商业广告中，为各行各业提供了一种成本低、效率高、创新性强的解决方案。

视频生成技术进一步延展了图像技术的边界。它不仅能够生成引人入胜的单帧图像，还需要确保这些图像在时间序列上具有连贯性和逻辑性。通过先进的算法，视频生成技术使机器能够预测和制作出完整的视频序列，其中每一帧都与前后帧紧密连接，共同构建一个连贯的故事。

其中，OpenAI 推出的 Sora 项目尤为引人注目。这个先进的视频生成模型可以根据简短的文本描述生成长达 60 秒以上的视频，如图 1-8 所示。想象一下，未来它甚至能够根据一个故事大纲自动制作出完整的电影。这将改写整个电影行业，将每个人都变成导演的时代不再遥远。Sora 利用其对物理动作和环境互动的深度理解，为训练视频、教育材料和娱乐内容的创作带来了前所未有的新视角。图像与视频生成技术正在开启一个新的艺术时代和创意时代，使我们能够以前所未有的方式探索和表达创意思想。

图 1-8 Sora 生成的视频图像

1.2 人工智能的发展历程：它是如何走入我们的世界

人工智能（AI）技术的历史是一段激动人心的探索之旅，从早期的哲学思考和数学论证，到现代的复杂算法和机器学习系统，每一步都标志着人类对于模仿、扩展甚至超越人脑能力的不懈追求。

1.2.1 早期探索与理论基础

1 图灵测试（1950）

AI 的历史源远流长，但它的理论基石可以追溯到 1950 年，当艾伦·图灵发表了具有里程碑意义的论文“计算机器与智能”*Computing Machinery and Intelligence*。在这篇论文中，他提出了著名的“图灵测试”——一个判定机器是否具备人类智能的思想实验。

图灵测试的思想不仅为人工智能领域奠定了方法论的基础，而且激发了广泛的讨论，引发了关于机器是否能够“思考”的深刻思考。通过这种方式，图灵测试挑战了人们对智能本质的传统认识，开辟了研究机器智能的新途径。这一思想实验至今仍是评估 AI 智能的重要基准之一，深刻影响着 AI 的发展方向和公众对智能机器的期待。

2 早期逻辑机器

在 20 世纪 50 年代，受到艾伦·图灵关于机器智能的思想启发，研究者们开始尝试构建能够执行逻辑推理的计算机程序。这一时期最显著的成就之一是由艾伦·纽厄尔和赫伯特·西蒙在 1956 年共同开发的“逻辑理论家”（Logic Theorist）程序。该程序标志着人工智能实用技术的重要里程碑，是首个能够模拟人类解决复杂问题能力的计算机程序。“逻辑理论家”被设计用来证明数学定理，其方法基于符号逻辑，这种方法后来成为人工智能研究的基础之一。该程序运用了一系列逻辑规则来模拟数学推理的过程，能够自动发现证明数学定理的逻辑步骤。

西蒙和纽厄尔通过“逻辑理论家”展示了计算机不仅可以执行简单的数学运算，还能进行复杂的思维过程，解决需要高级智能的问题。这一发现极大地挑战了当时关于机器能力的传统观念，并为后来的 AI 研究开辟了新的方向。它的成功不仅证明了计算机程序可以进行独立的思考和推理，还激励了更多的研究，由此推动了专家系统等 AI 应用的开发。

在“逻辑理论家”的基础上，后续的研究如“通用问题解决者”（General Problem Solver）和其他早期 AI 程序继续拓展了机器智能的边界。这些程序的开发和应用，不仅证实了计算机能够执行复杂的逻辑操作。更重要的是，它们开启了将计算机用于模拟人类认知过程的全新领域，为现代人工智能的发展奠定了坚实的基础。

1.2.2 人工智能的黄金时代

1 达特茅斯会议（1956 年）

1956 年夏天，在美国新罕布什尔州的达特茅斯学院举行了一次会议，这次会议通常被认为是“人工智能”这一术语和领域的诞生之地。约翰·麦卡锡、马文·明斯基、纳撒尼尔·罗切斯特和克劳德·香农等先驱者齐聚一堂，讨论了机器智能的可能性和未来。此次会议确定了AI作为一个独立研究领域的路线图，预测了未来几十年中AI研究的多个关键方向。

2 专家系统的兴起

20世纪70年代至80年代，AI研究取得了显著进展，特别是在专家系统的开发上。专家系统被设计用来模仿人类专家解决复杂问题，这类计算机程序在特定领域内，如医疗诊断、化学分析和工程问题解决中，展现出了极大的潜力。例如，1979年开发的MYCIN系统能够诊断血液感染并提供抗生素治疗建议，其准确率可以与医生相媲美。

1.2.3 当今人工智能的发展

1 深蓝与国际象棋（1997年）

IBM的“深蓝”（Deep Blue）计算机在1997年击败了世界国际象棋冠军加里·卡斯帕罗夫，这是人工智能发展史上的一个重要里程碑。深蓝的胜利展示了AI在处理复杂策略和决策问题上的能力，同时也引发了公众对AI技术发展和应用前景的广泛关注。

2 AlphaGo与围棋（2016年）

2016年，谷歌旗下的DeepMind公司推出的AlphaGo程序在围棋游戏中战胜了世界冠军李世石（见图1-9）。与深蓝不同的是，AlphaGo使用了深度学习和强化学习技术，能够学习大量的围棋数据并自我提高。这标志着AI技术从规则驱动转向了数据驱动和自学习的新阶段。

图1-9 人工智能战胜世界围棋冠军是一个重要里程碑

3 生成式人工智能（AIGC）时代（2018年至今）

在人工智能尤其是自然语言处理（NLP）领域，GPT系列模型的出现标志着一个新的时代，这类模型主要是基于Transformer架构的，一种深度学习模型，主要基于自注意力机制（Self-

Attention Mechanism），用以处理序列数据。该大语言模型由多个自注意力层和前馈神经网络层组成，有效地处理了各种自然语言处理任务，如机器翻译和文本生成。这一系列模型由OpenAI开发，从2018年发布的GPT开始，到后续的GPT-2、GPT-3、GPT-4以及更先进的版本，GPT模型在理解和生成人类语言方面展示了前所未有的能力。

在2024年，全球大型语言模型飞速发展，涌现出多个值得注意的新模型，例如百度公司的文心一言大模型，谷歌公司的Gemini系列，Anthropic公司的Claude系列，Meta AI公司的LLaMA系列模型等。这些模型的多功能性和对复杂数据处理的能力，标志着一个全新的人工智能时代的到来。

人工智能的发展历程如图1-10所示。

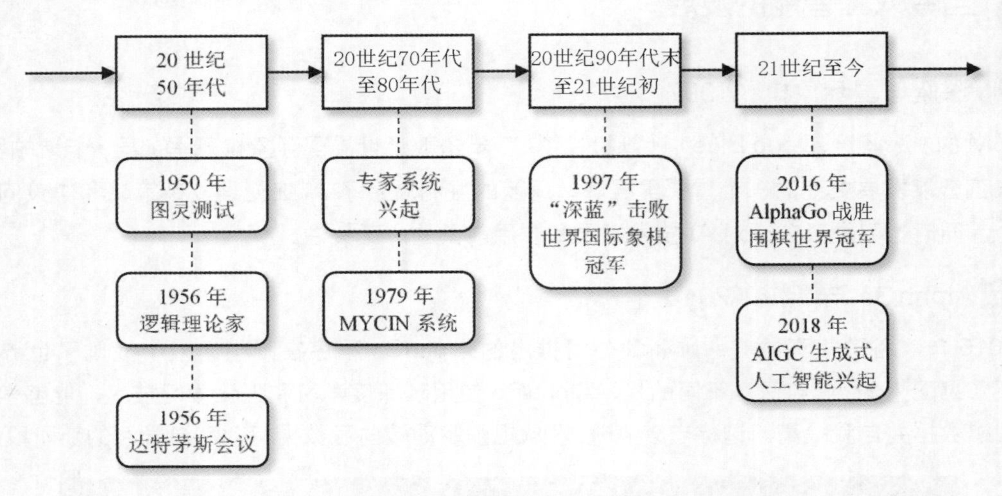

图1-10 人工智能的发展历程

在这些大语言模型的基础上，集合图像、音乐与视频的多模态人工智能（称为多模态AI）也在飞速发展，我们统一把它们称为生成式人工智能（Artificial Intelligence Generated Content，AIGC）。这项技术的发展源自对传统AI技术的扩展，即从简单的数据处理和分析，转向能够进行创造性和生成性任务的复杂应用。

1.2.4 人工智能发展的三起三落

人工智能的历史可以视为一系列的高潮与低谷，每一次技术的挫折与突破都深刻影响了其发展路径。了解这些“起起落落”有助于把握AI技术的未来趋势。

1 第一次兴起：20世纪50年代至70年代

人工智能的最初兴起始于20世纪50年代，标志性事件是我们前面提到的1956年的达特茅斯会议，该会议集结了许多AI领域的先驱。会议后，研究者们对AI充满了预期，认为机器在不远的将来就能模拟人类的所有智能行为。此后，AI研究得到了大量资金支持，尤其是在自然语言处理和问题解决算法方面取得了初步成果。

2 第一次寒冬：20 世纪 70 年代末至 80 年代初

随着时间的推移，AI 研究未能达到预期（无法满足过高的期望），尤其是在理解自然语言和视觉识别方面面临的挑战。结果是研发资金开始枯竭，这个时期通常被称为“AI 冬天”。这一时期的寒冬由 1973 年的莱特希尔报告加剧，该报告批评了 AI 研究的过度承诺，导致英国政府大幅削减对 AI 的资助。

3 第二次兴起：20 世纪 80 年代中期至 90 年代末

1980 年代中期，随着专家系统在商业领域取得成功，特别是 1986 年反向传播算法的广泛应用，AI 技术迎来了新的春天。反向传播算法是一种在神经网络中用于优化权重的方法，通过计算每一层的误差并将其反向传递，逐层调整权重以减少输出误差。这个过程帮助神经网络更好地学习和预测数据，提高模型的准确度。IBM 的深蓝在 1997 年击败世界象棋冠军加里·卡斯帕罗夫，成为 AI 技术实力的象征。

4 第二次寒冬：20 世纪 90 年代末至 21 世纪初

尽管深蓝的胜利引起了广泛关注，但 AI 的进展仍然缓慢，特别是在处理更复杂、更多样化的任务时。资金再次流失，导致许多 AI 项目被搁置。

5 第三次兴起：21 世纪 10 年代至今

随着大数据和计算能力的提升，AI 领域自 2010 年年初经历了前所未有的复兴。深度学习技术，尤其是卷积神经网络和循环神经网络，使得机器能够在图像识别、自然语言处理等领域取得革命性进展。AlphaGo 在 2016 年战胜世界围棋冠军李世石，标志着 AI 的新纪元。此外，自 2018 年起，GPT 系列模型的出现，以及随后大型语言模型的爆炸式增长，预示着 AI 技术在更多创新领域的应用前景。

人工智能发展的三起三落如图 1-11 所示。

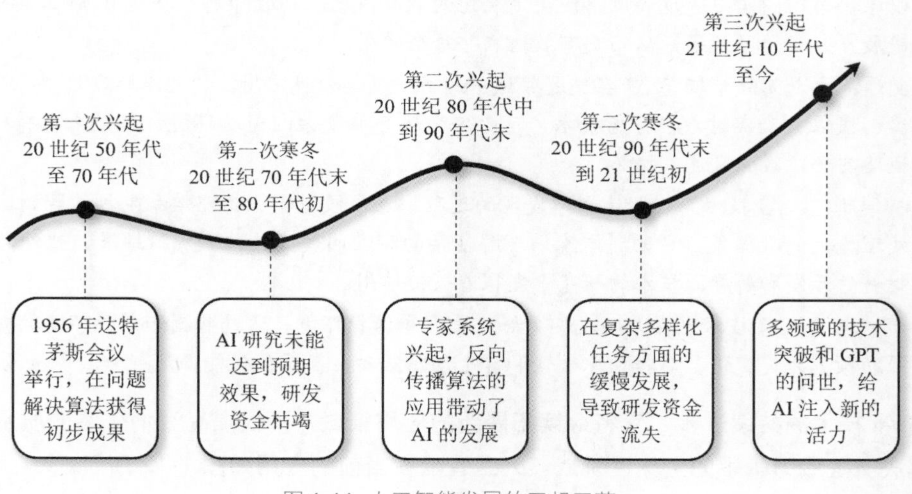

图 1-11 人工智能发展的三起三落

通过人工智能的三起三落，AI 技术逐渐从纯粹模仿人类智能转向深入理解和增强人类的决策能力。这些技术的发展不仅在商业和科技领域产生了深远的影响，也在法律、伦理和社会结构上提出了新的挑战和机遇。

还会出现人工智能发展的寒冬吗？应该不会了，随着 AIGC 的出现，人类正式进入 AI 时代！

1.3 人工智能的现状与未来：它今天做了什么，将来又将如何

人工智能正在改变我们的生活方式，其影响之广泛超出许多人的想象。随着这项技术越来越成熟，人们对其未来发展方向和潜在影响的讨论也越发激烈。

1.3.1 AI 的当前应用

人工智能正在以令人瞩目的速度重塑我们的世界，它的应用已经渗透到生活的每一个角落，从医疗到教育，从艺术到科学研究，无一不在经历着由 AI 驱动的变革。

- 生成式人工智能：在创意领域，生成式人工智能技术已经能够生成高质量的文本、图像甚至音乐作品，这些作品往往让人难以置信地以为是人类创造的。通过在庞大的数据集上训练，这些 AI 模型不仅学会了复制艺术风格，还能在无须直接人为干预的情况下，创作出全新的艺术作品，从而为艺术家提供无限的灵感来源。
- 医疗领域：AI 在医疗领域的应用正帮助医生更准确地诊断疾病、规划治疗方案并进行手术。智能诊断系统能在短时间内分析成千上万的影像数据，以辅助诊断癌症等复杂疾病，而机器人手术系统则通过极高的精度和稳定性，帮助医生执行精细的手术操作。
- 教育：在教育领域，AI 正逐步变革传统的教学和学习方法。通过个性化的学习系统，学生可以根据自己的学习速度和风格获得定制化的教育内容，而教师则可以利用 AI 工具跟踪学生的进展、分析学习效果，从而更有效地指导每个学生。
- 交通：自动驾驶车辆是 AI 在交通领域中的另一项革命性应用。这些车辆通过整合先进的传感器、摄像头和实时数据分析技术，可以安全地导航复杂的道路环境，预计未来将极大地提高道路安全，减少交通拥堵。
- 科学研究：AI 技术正在加速科学发现的过程。在气候科学、物理学和生物学等领域，AI 能够处理庞大的数据集，帮助科学家们理解复杂的科学问题，并预测实验结果。此外，AI 还在新材料的开发和新能源技术的研究中发挥着关键作用。
- 气候环境：AI 技术也在帮助我们更好地管理和保护环境。通过监测和分析环境数据，AI 可以帮助预测天气变化、监控森林砍伐和野生动物活动，甚至优化能源消耗和减少废物产生。

随着 AI 技术的持续进步，它将继续拓展新的应用领域，不仅提高我们生活的质量，还将帮助我们解决一些最为棘手的全球性挑战。人工智能在当前的应用如图 1-12 所示。

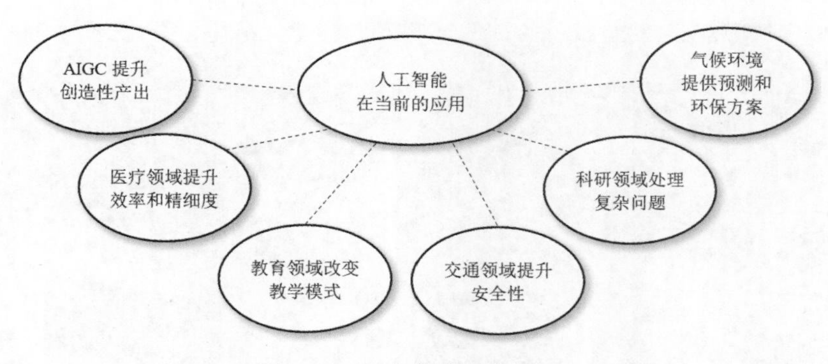

图 1-12 人工智能在当前的应用

1.3.2 未来展望

随着人工智能技术的飞速发展，对未来的展望变得更加广阔和激动人心。AI 不仅将改变我们的工作方式，还将深刻影响社会结构和日常生活。让我们共同探索这个充满无限可能的未来世界吧！

1 更智能的家居生活

想象一下，你的家能够理解你的每一个需求，自动调节温度、光线乃至音乐，创造出完美的居住环境。未来的智能家居将通过 AI 的力量，不仅学习并适应你的生活习惯和偏好，还能预测并自动满足所想的需求，例如，当你牛奶快要用完之前就已经为你在线订购等。

2 智慧城市

AI 技术将成为智慧城市发展的核心。它将管理城市的交通流量，确保公共安全，优化能源消耗，甚至智能处理城市垃圾。通过实时分析大量数据，智慧城市可以迅速响应居民需求和环境变化，使城市运行更加高效和环保。

3 教育革新

AI 技术将彻底改变教育行业的面貌。个性化学习系统将根据每个学生的学习速度和风格调整教学内容，智能教师助手将帮助老师管理课堂和评估学生表现，使教育更加个性化和高效。

这些都只是冰山一角，未来人工智能的潜力无限，它将继续在各个领域开启新的可能性，为我们带来更多前所未有的经历。现在正是深入了解和掌握这一令人兴奋的技术的最佳时机！

4 人形机器人

从最初的模仿人类行为的简单机器人，到现在可以执行复杂任务的高级人形机器人，这一领域已经取得了巨大进步。这些机器人不仅可以在家庭中提供帮助，还能在医疗护理、教育和灾难响应等领域发挥重要作用。随着传感器和 AI 算法的进一步发展，未来的人形机器人将更加智能和灵活，成为人类生活中不可或缺的一部分，如图 1-13 所示。

图 1-13 未来人形机器人将广泛地融入人类生活

5 AI 与人类的协作共融

未来的人工智能，不再是遥远冰冷的机械存在，而是化作了懂得人心的伙伴，与我们肩并肩，心连心。在医学的广阔天地中，它帮我们解读复杂的数据语言，引领我们穿梭于显微镜下的细胞迷宫，发现治愈疾病的钥匙。在艺术的多彩世界中，AI 如同一位灵感之神，激发我们挥洒自如的创造力，使每一幅画作、每一个音符都跳动着新的生命力。

在日常生活中，AI 如影随形，细心地协助我们做选择，处理琐事，它的存在让日常决策不再艰难，让生活的节奏变得更加和谐流畅。当我们面对未知，AI 是那位总能开启新门窗的朋友，带领我们一起探险，一起成长。在这样的未来，AI 与人类的关系不再是简单地使用与被使用，而是真正的同行者，共同书写人类文明的新篇章。人工智能未来应用展望如图 1-14 所示。

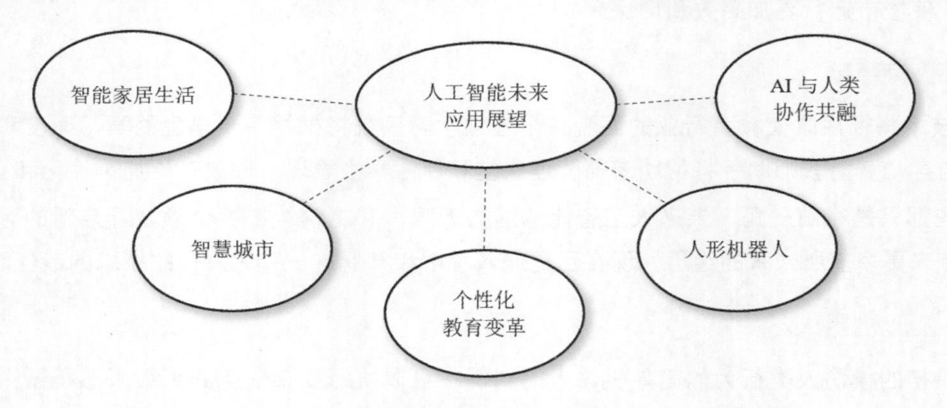

图 1-14 人工智能未来应用展望

1.4 思考练习

1.4.1 问题与答案

问题 1：AI 能够思考吗？

AI 不能像人类那样思考。尽管 AI 可以模拟某些决策过程，但它主要依赖于预先设计的算法和输入的数据。AI 缺乏自主意识，也不具备人类的情感和道德判断能力。它的“思考”实际上是一系列复杂计算和数据处理的结果。

问题 2：AI 能够自我意识吗？

这个问题存在争议，目前普遍认为 AI 没有自我意识。AI 的行为和反应都是基于程序编码和数据驱动的结果。虽然某些 AI 系统可以进行自我学习和适应，但这些都是在人为设定的框架和规则内进行的，缺乏真正的自我意识或者自我感知。

问题 3：AI 技术是自主发展的吗？

AI 的发展并不是自主的，它完全依赖于人类的研究、编程和维护。AI 的设计和功能受到开发者设定参数和选择的数据的严格限制。虽然一些 AI 系统具备学习和适应的能力，但它们的改进和进化仍然需要人类的干预和监督。

1.4.2 讨论题

1. 人工智能是如何定义的，它对我们的生活有哪些影响？

讨论重点：讨论“人工智能”这一术语所涵盖的各种技术，如机器学习、深度学习、自然语言处理，以及这些技术如何模拟人类的认知功能。同时，分析这些技术对现代社会各领域（如医疗、教育、交通）的实际影响。

2. 人工智能的历史里程碑有哪些，它们如何塑造我们对 AI 的理解？

讨论重点：探讨从图灵测试到现代大语言模型等关键发展阶段，分析这些历史事件如何推动了人工智能技术的公众认知和科学研究。

第2章 人工智能在全球的足迹

Chapter

学习目标

了解全球不同国家在人工智能领域的进展和策略。通过掌握中国、美国、欧洲及亚洲主要国家的AI发展概况，认识AI技术在各国实际应用中的成功案例，理解各国在推动AI发展过程中遇到的挑战和应对措施，并展望AI技术在全球未来的发展趋势（本章1课时）。

学习重点

- 在全球视角下，理解AI技术如何推动世界各地经济和社会的发展。
- 了解中国在AI技术和产业发展中的成就与战略规划。
- 探讨美国在AI研究与产业中的领先地位以及关键贡献。
- 认识欧洲在AI技术应用和政策监管方面的特点。
- 分析日本、韩国和印度在AI发展中的独特策略。
- 总结各国在AI发展中的优势和挑战，探讨其对未来的影响。

2.1 全球视角：世界各地的人工智能发展概况

在这个科技迅速发展的时代，人工智能（AI）已成为推动全球创新和变革的主要力量。从硅谷的研发实验室到中国的高科技公司，从欧洲的历史名城到远在非洲的新兴市场，AI的步伐无处不在。在本章中，我们将带你展开一场环球之旅，探索世界各地如何利用AI技术解决实际问题、推动经济发展，并塑造未来社会的面貌（见图2-1）。我们将深入了解不同国家在AI领域的独特创新成果和发展策略，见证一个全球性的智能革命如何在各地逐渐展开。

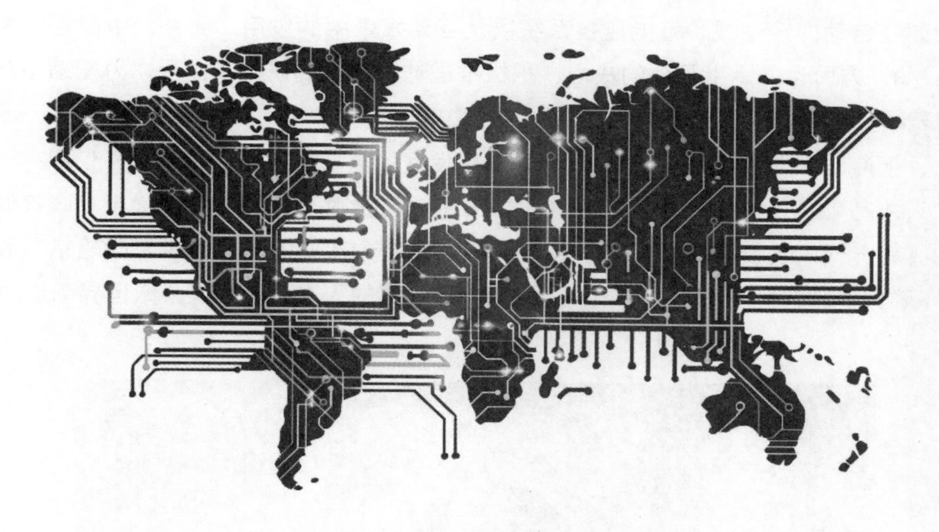

图 2-1 人工智能在世界各地飞速发展

2.1.1 中国人工智能和产业发展概况

中国的人工智能（AI）产业在全球范围内迅速崛起，成为国家科技发展的一大亮点。截至2022 年年底，全球人工智能代表企业数量为 27 255 家，其中我国企业数量为 4 227 家，约占全球企业总数的 16%，如图 2-2 所示。我国人工智能产业已形成长三角、京津冀、珠三角三大集聚发展区。

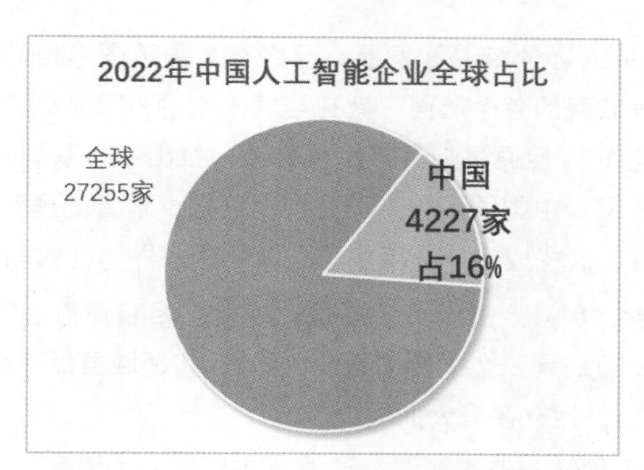

图 2-2 2022 年中国人工智能企业全球占比

中国的 AI 企业生态充满活力，涌现出大量创新型企业和创业项目。这些企业涵盖了 AI 产业的各个方面，包括算法开发、数据分析、机器学习、深度学习、计算机视觉和自动化驾驶等。国内如百度、阿里巴巴和腾讯等通过自家的 AI 研究院，不断推动技术边界，开发出多种应用于实际场景的 AI 产品和服务。例如，百度的 Apollo 自动驾驶平台和腾讯的医疗 AI 诊断系统已经在国内外市场中产生了广泛影响。在多模态 AI 技术方面，中国的创新同样引人注目。多模态 AI 处理和理解来自不同数据类型的信息，如文本、图像、音频和视频，这使得 AI 应用更加广泛和深入，例如在自动内容生成、智能监控系统以及互动娱乐中的应用。此外，中国在发展大语言模型（LLMs）方面也显示出强烈的决心，积极推进这一领域的研究和应用，力图缩小与国际先进水平的差距。

北京、上海、深圳和杭州等城市成为中国 AI 发展的热点地区。这些城市不仅拥有丰富的科技资源和人才基础，还得到了地方政府的大力支持，包括财政资助、税收优惠和政策倾斜。国家层面的《新一代人工智能发展规划》等政策框架为整个产业的发展提供了战略指导和明确的发展目标，确保中国在全球AI竞争中保持领先地位，中国的人工智能发展紧跟世界潮流，如图2-3所示。

图 2-3 中国的人工智能发展紧跟世界潮流

中国政府非常重视 AI 人才的培养和发展，已经在全国范围内推动了多个 AI 教育计划。这些计划涉及从小学到高等教育的各个层面，旨在培养未来的 AI 专家和技术创新者。尽管中国在 AI 顶尖人才数量上存在差距，但通过与高等院校合作，推出了一系列针对人工智能的硕士和博士项目，力图缩小这一差距。中国的研究人员在图像识别、语音处理和自然语言处理等 AI 关键技术领域取得了重要进展，这些成就部分得益于国内外学术界的合作与交流。

尽管中国的人工智能（AI）产业取得了显著的成就，但它在前进的道路上也面临着一系列挑战和局限。首先，人才短缺是一个主要问题。中国的 AI 领域虽然在数量上有了大幅增长，但在高端 AI 人才的供应方面仍然存在很大的缺口。

面对这些挑战，中国的 AI 产业需要继续努力，在加强人才培养、提升科研创新能力及完善监管政策上下功夫，以保持其在全球 AI 竞争中的领先地位。这一进程不仅为科技发展打开了广阔的视野，也为年轻一代提供了深入了解和参与这一激动人心领域的宝贵机会。

2.1.2 美国人工智能和产业发展概况

在全球人工智能的赛道上，美国以其创新的精神和技术实力，目前处于领跑者的位置。美国的研究机构和企业不断推动着人工智能技术的边界，从复杂的机器学习算法到自然语言处理系统，每一项进步都在为我们揭示一个更加智能化的未来。在硅谷的科技巨头和全国的顶尖大学中，人工智能不仅是科学家们实验室里的实验，更是渗透到了我们日常生活的方方面面。

美国政府对于AI的研究与发展亦提供了大力的支持，设立了多项政策和资金来鼓励创新和应用的发展。从医疗健康到智能制造，从教育到国防安全，AI技术正在帮助解决一些最为复杂和棘手的问题。通过这些努力，美国不仅在技术上取得了飞速的进展，更在全球科技舞台上展现了其影响力。美国在人工智能研究与开发方面的领先地位不仅得益于其科技巨头的积极探索，也归功于全美国各地研究机构的不懈努力。这种协同合作在推动AI技术的边界上取得了显著的成效，特别是在出版物的发表、专利的申请以及具有里程碑意义的AI模型的开发上。

2023年，美国AI产业的一项重要进展是在机器学习模型即大语言模型（LLMs）的开发上，其中企业界独立开发了51个显著的模型，这一数字大大超过了学术界的15个，如图2-4所示。这一转变标志着自2014年以来，随着技术商业化的加速，企业在AI模型生产上已经开始超越传统的学术界。这些模型涵盖了从自然语言处理到复杂数据分析等多个AI技术的核心领域，强化了企业在应用创新中的主导地位。

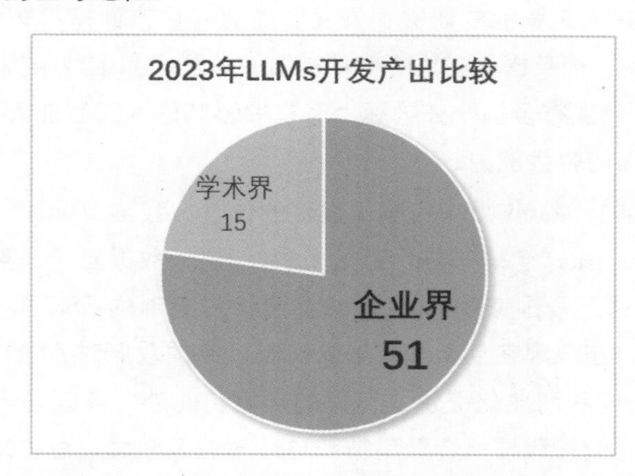

图2-4 2023年学术界和企业界在大语言模型的开发产出对比

在模型开发的成本方面，像OpenAI的GPT-4和谷歌的Gemini Ultra这种高端AI模型的培训成本已达到了史无前例的水平。这些模型的开发不仅需要庞大的计算资源，还需要高昂的维护和运营费用，这进一步证明了企业及其投资者对未来AI技术潜力的坚定信念以及他们对这一领域的重大资金投入。

2023年美国的机构在全球范围内生产的AI大模型数量达到61个，这一数字在全球范围内处于领先地位。这不仅展示了美国在AI技术创新和实用化方面的全球领先地位，也反映出美国在推动AI技术标准和应用范式方面的重要影响力。

美国在人工智能（AI）领域的专利和投资情况表明了其在全球技术创新中的领先地位。2023年，美国在全球被授予的AI专利数量中占有显著的份额，尽管在申请总量上落后于中国。截至2022年，未授予的AI专利数量（128 952项）是授予数量（62 264项）的两倍多。近年来，授予的AI专利数量虽然增加，但未授予的比例也在显著上升，从2015年的42.2%增至2022年的67.4%。

在私人投资方面，美国的AI领域私人投资总额显著高于其他国家，特别是在生成AI技术方面。2023年，美国在AI领域的私人投资总额达到670亿美元，远超中国的78亿美元和英国的38亿美元。这些投资主要集中在硅谷和其他技术创新中心，推动了包括自然语言处理、计算机视觉及机器学习等多个AI子领域的发展。

美国政府还在AI政策和治理方面采取了积极的措施，通过立法和政策调整，增强AI应用的安全性、安保和道德使用。这包括对AI系统的监管框架进行不断的优化和调整，以适应技术发展的快速变化，并确保技术的健康发展。这些综合性的政策和资金投入，确保了美国在全球AI竞争中保持领先地位。

2.1.3 欧洲人工智能和产业发展概况

在2023年，欧洲各国在人工智能的发展表现出了显著的增长和多样性。多数国家都在积极推动国家级的人工智能战略，通过制定和实施全国性政策来指导和促进人工智能的发展和应用。例如，英国和德国在人工智能的研究、开发和商业应用方面持续领先。德国重点关注工业自动化和制造业的智能化，而英国则在人工智能的教育、医疗和金融服务领域取得了突出进展。2023年，英国和德国共计发布了多个在国际上有重要影响的人工智能大模型，显示出这些国家在高端人工智能研发方面的强大能力。

英国在全球人工智能（AI）产业中占据了显著的位置。截至2023年，英国拥有全球第三多的AI公司，大约有2 357家，全球市场份额达6.6%。这一数据显示，英国在全球AI企业数量中仅次于美国和中国，这三个国家的AI企业数量合计占全球的56.2%。英国在AI领域的发展不仅体现在企业数量上，还表现在创新和政策支持上。英国政府对AI的积极支持，包括财政资助和创新政策，为AI研究和商业化提供了良好的环境。此外，英国在AI技术的研发和应用上也有显著进展，特别是在健康科技、金融科技和自动驾驶等领域。总体来看，英国的AI产业得益于强有力的政府支持和丰富的创新生态，使其在全球AI领域中保持领先地位。

德国在人工智能（AI）领域展示了其研究实力和商业实践的深度。截至2023年，德国拥有大约1 233家AI公司，占全球市场的3.4%。这显示出德国在全球AI企业中占据了重要的地位，尽管与领先的美国、中国和英国相比还有差距。德国的AI发展特别注重自动驾驶技术、工业4.0以及健康科技领域的应用，这与其长期以来在工程和制造业方面的优势相吻合。德国政府也积极推动研究和技术创新，例如通过高额投资在人工智能研究中心，强化与工业界的合作，以确保AI技术的实际应用与经济效益相结合。德国在人工智能的应用与技术开发上表现出明显的专业化和集中化特点，其在自动化和优化工业生产过程中的应用尤为突出。这一策略不仅反映了其工业基础的强大，也显示了德国在全球AI竞争中的战略布局。

法国和荷兰也不甘落后，特别是在公共服务和健康医疗的人工智能应用上。法国政府推出了一系列支持人工智能创新的政策，致力于利用AI技术改善公民的生活质量。荷兰则利用其在人工智能和机器学习方面的研究优势，发展智慧城市和可持续交通系统。法国在人工智能领域的发展有其独特性和进展。截至2023年，法国有938家AI企业，显示出其在全球AI产业中的活跃度。法国特别强调 AI 技术的合规性和伦理性，其监管框架强调对 AI 应用的严格监督，尤其是在数据保护和隐私方面，这与欧盟的通用数据保护条例（GDPR）相一致。法国的 AI 策略旨在推动技术创新的同时确保伦理和法律框架的完善。通过这种平衡方式，法国在全球 AI 发展中维护其特有的价值观和监管优势。因此，人工智能的发展是人类的未来，如图 2-5 所示。

图 2-5 人工智能发展是人类的未来

在更广泛的范围内，欧洲其他国家如瑞典和瑞士也在积极布局人工智能领域，通过高等教育和研究机构的支持，加强了在人工智能核心技术和应用研发的投入。这些国家的研究机构和企业在国际合作项目中扮演了重要角色，提升了欧洲在全球人工智能发展中的地位。欧洲在人工智能科技领域的文章发表量也居世界前列。在 AI4S（人工智能驱动的科学研究）领域中，美国和中国一起，发表了超过全球总数 80% 的相关论文。

欧洲在制定人工智能的政策和法规上展现出了前瞻性，走在世界的前列，特别是在人工智能伦理和透明度方面。例如，欧盟的 AI 法案旨在为 AI 技术的应用和发展设定严格的监管框架，以确保技术发展既符合伦理标准，又能促进创新。到 2023 年，欧盟通过的与 AI 相关的法规数量从 2022 年的 22 项增加到 32 项。2021 年是高峰时期，当时欧盟通过了 46 项 AI 相关法规。具体来说，2021 年欧盟委员会提出《人工智能法案》提案，旨在成为全球首个全面的 AI 治理法规。该法案通过区分不同风险级别的 AI 应用，实施相应的监管措施。此外，2022 年欧洲发布《人工智能权利法案蓝图》，强调 AI 系统的安全、公平使用、数据隐私保护等基本原则，旨在构建一个公平且有隐私保护的 AI 环境。

2.1.4 亚洲主要国家人工智能发展概况

亚洲地区除中国外，在人工智能的发展上呈现出快速进步的特点。各国通过独特的创新策略和政策支持，正在形成一个竞争激烈且充满活力的 AI 技术发展格局。从日本的高度自动化和技术集成，到韩国和印度的政策推动和研发投资，这些国家不仅加速了 AI 技术的本土化进程，还在国际舞台上展现了其影响力和竞争力。

1 日本

日本在人工智能（AI）领域的发展正在迅速加速，以其独特的市场和政策环境作为推动力。随着社会老龄化和劳动力短缺问题的加剧，日本特别依赖 AI 技术来提高生产力和解决社会照护需求。例如，在医疗和社会照护领域，日本通过引入 AI 技术来应对严重的医护人力短缺问题。

日本政府在 AI 领域的策略是通过产官合作，推动国家的经济转型。政府不仅制定监管政策以确保 AI 技术的安全和有效应用，还大力支持数字化转型（在日本称为 DX）。此外，日本还致力于成为全球 AI 技术的领导者，通过制定和推广国际监管标准来建立一个安全且可信赖的 AI 应用环境。

在国际合作方面，日本企业与全球企业如 NVIDIA 和 IBM 等紧密合作，共同研发和优化 AI 技术。这些合作不仅加速了 AI 技术的商业化进程，还有助于将日本作为一个重要的全球 AI 创新中心。日本在 AI 的发展中展现了其技术优势和国际合作的能力，通过政府的积极政策和国内外企业的合作，日本正成为全球 AI 领域的一个重要力量。

2 韩国

韩国在人工智能（AI）发展方面取得了显著进展，通过一系列战略性措施和政策推动，不断加强其在全球 AI 领域的地位。韩国政府在 AI 领域的政策推动包括制定中长期发展计划，以及通过国家研发项目支持 AI 技术的应用和发展。例如，Exobrain 项目（2013—2023）旨在开发语言处理领域的 AI 技术，力求达到与世界先进水平。此外，2016 年，韩国发布《智能信息社会中长期准备计划》，并在 2017 年推出“I-Korea 4.0”战略，强调基础科技和智能技术的结合，推动技术融合和产业升级。

韩国 AI 产业的快速发展得益于其强大的科技企业和研发能力。韩国企业在全球 AI 专利申请中表现活跃，尤其是在消费电子、电信和软件领域。报告指出，从 2004 年到 2014 年，韩国在 AI 专利申请数量上几乎增长了五倍。此外，韩国的 AI 知识产出也在稳步增长，表明其科研活动从工程转向了科学领域。

韩国的 AI 策略不仅聚焦于国内发展，也强调国际合作和全球竞争力的提升。韩国企业和研究机构与国际大公司如 Google 和 NVIDIA 等展开合作，共同推动 AI 技术的前沿发展。这些合作有助于韩国在全球 AI 竞争中保持领先地位，并推动其科技产业的国际影响力。

韩国政府启动了一项名为“全民人工智能日常化执行计划”的宏伟计划，旨在提升国家的数字化竞争力和公民的生活质量。这一行动是为了响应自 2022 年 9 月提出的“纽约构想”和“大韩民国数字战略”，并通过 2023 年 6 月的“巴黎倡议”加强数字秩序和规范的构建。政府的目标是通过广泛推广 AI 的应用，使韩国成为全球数字强国的典范。

该计划的一个核心方面是促进 AI 技术在人们日常生活中的广泛应用。政府已经注意到，随着超大型 AI 的出现，人们使用 AI 的门槛明显降低，AI 技术已开始在提高工作效率和生活便利性方面发挥关键作用。例如，根据 2023 年 4 月麻省理工学院的研究结果，使用 ChatGPT 等工具编写报告可以节约大约 37% 的工作时间。

因此，人工智能的发展必须全民参与，如图 2-6 所示。

图 2-6 人工智能发展必须全民参与

韩国通过综合性的国家战略、强大的产业基础以及开放的国际合作姿态，在全球 AI 发展舞台上扮演着越来越重要的角色。未来，韩国有望继续在AI领域展现出领先的技术创新和产业应用。

3 印度

印度正在人工智能（AI）领域迅速崛起，展现出巨大的潜力和进步。政府、学术界和工业界的共同努力使印度逐渐成为 AI 技术的重要推动者。通过一系列的政策和倡议，印度不仅支持 AI 技术的研究与发展，还促进了 AI 在各行各业的应用。

首先，AI 在印度的经济影响显著。根据 NASSCOM 的预测，到 2025 年，AI 将使印度 GDP 增长 450 到 5 000 亿美元，占到预计 50 000 亿美元 GDP 的 10%。AI 的发展主要集中在 IT、金融服务、电信、媒体和零售等行业，这些行业的数字化程度很高，能够快速采用 AI 技术。

印度政府推出了多项倡议来推动 AI 的发展，如 2018 年启动的全国人工智能战略（NSAI），该战略强调利用 AI 促进社会和经济增长，解决伦理问题，建设研发能力，并促进行业、学术界和政府之间的合作。此外，还有阿塔尔创新使命（AIM）等旨在促进创新和企业家精神的项目，以及旨在使 AI 技术惠及所有公民的“AI for All”倡议。

在学术领域，印度的技术研究院，如印度理工学院（IITs）和印度科学学院（IISc）等，处于 AI 研究的前沿。这些机构不仅为 AI 领域培养了大量人才，还进行了许多突破性的研究。印度还定期举办AI和机器学习的会议和研讨会，为专家、学者和研究人员提供了交流和合作的平台。

印度通过其全面和战略性的政策支持 AI 的发展，不仅推动了国内科技进步，还在全球 AI 领域中展现了其日益增长的影响力。印度的 AI 发展策略，以其对经济、社会福祉的贡献和强调伦理与包容性的方法，为全球提供了宝贵的经验和启示。

这些区域的重点和领导力展现了全球 AI 技术的多样化和专业化方向，同时也预示了未来人工智能将更广泛地融入我们的生活和工作中。

2.2 中国智造：我们的成就

在人工智能全球发展的浪潮中，中国不断巩固其作为世界领先科技大国的地位。得益于国家的高瞻远瞩和科学规划，一系列国家级政策和战略性措施被迅速实施，为我国的 AI 产业发展注入了强大动力。自 2016 年推出《“互联网 +”人工智能三年行动实施方案》以来，伴随 2017 年《新一代人工智能发展规划》的发布，中国政府不仅明确了发展方向，更为人工智能的研究与应用创造了优越的政策环境。

中国在全球 AI 专利申请和科技论文发表等方面取得的显著成就，充分展现了我国在人工智能领域的强大研发实力和创新能力。这些成就的取得，离不开国家层面的科学规划和有力支持，体现了政府在推动高新技术发展中的积极作用。在推进国际科技合作方面，中国通过与世界各国的深入交流与合作，不仅提升了我国科技的国际影响力，也为全球科技创新网络的构建贡献了中国智慧。这种开放包容的国际合作态度，加速了我国人工智能技术的全球布局和应用。

2.2.1 在人工智能科研领域的成就

中国在 AI 基础研究和应用研究方面的成就尤为突出，中国的人工智能专利申请量居世界首位。据中国信通院测算，2013 年至 2022 年 11 月，全球累计人工智能发明专利申请量为 72.9 万项，我国累计申请量为 38.9 万项，约占 53%；全球累计人工智能发明专利授权量达 24.4 万项，我国累计授权量达 10.2 万项，约占 42%，如图 2-7 所示。这一数据不仅反映了中国科研人员的活跃度，也显示了中国在全球科技研究中的重要地位。

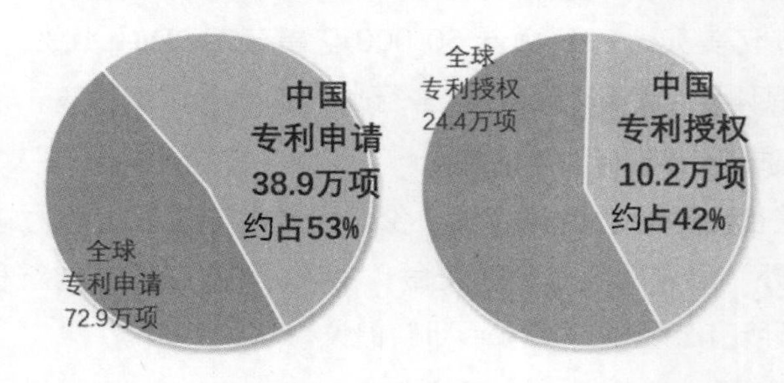

图 2-7 2013 年至 2022 年 11 月人工智能专利申请和授权情况

2.2.2 人工智能产业发展成就

从 2016 年至今，中国的人工智能（AI）市场经历了显著的发展与扩张。根据最新报告，到 2022 年，中国 AI 市场规模已经达到 180 亿美元，预计在未来几年内，即到 2026 年，将以每年超过 20% 的复合增长率继续增长。这一增长得益于国内企业的技术创新，市场需求的迅速扩大，以及政府对 AI 技术发展的大力支持和政策导向。

在企业层面，中国的科技巨头，如百度、阿里巴巴、腾讯和华为，都在AI核心技术领域取得了重要进展。这些企业不仅推动了AI技术的商业化，而且在全球市场中也占据了重要的位置。百度在自然语言处理和深度学习领域取得了突破，尤其是其开发的DeepSpeech技术，基于深度学习的方法在语音识别领域取得了显著的进展。这种技术在理解多种语音输入方面表现得非常出色。科大讯飞是中国领先的语音技术公司之一，其在语音合成和语音识别方面的研究也取得了一系列的成果，应用于语音助手、智能客服等领域。阿里巴巴通过其云计算平台提供强大的AI服务，支持各种商业智能应用，从智能客服到供应链管理等。腾讯的AI研究涉及多个领域，包括医疗影像分析、机器学习平台等。华为开发的“麒麟970”芯片，全球首款集成了NPU神经网络单元的手机芯片，极大地提高了图像处理和图像识别的速度和精确度。麒麟970芯片采用8核心设计，10纳米制程技术，集成了55亿颗晶体管，相较于麒麟960提高了20%的能效并减少了50%的功耗。其NPU的加入使得AI运算效率比传统CPU快25倍，GPU快6.25倍。

中国在最新的生成式人工智能领域也取得了显著的成就和快速发展。截至2022年，生成式AI在中国AI市场投资中占比为4.6%，而到2027年，这一比例预计将飙升至33%，投资规模超过130亿美元。这一显著增长反映了生成式AI技术的迅速发展及其在各行业应用的广泛性。预计五年内，该领域的年复合增长率将达到86.2%，显示出其在全球市场的巨大潜力和吸引力。到2027年，约45%的企业将采用生成式AI来共同开发数字产品和服务，预计这将使这些企业的收入增长翻倍。在中国，生成式AI已开始在软件和信息服务、银行以及通信行业中获得广泛应用，55%的金融机构和电信公司已在2023年投资该技术。

2.2.3 人工智能硬件基础领域的成就：算力、芯片与5G的飞跃发展

中国在硬件基础设施，如算力、芯片和5G通信技术等领域的发展不仅迅猛而且富有创新，这些进展极大地支持了国内人工智能技术的发展和应用。首先，中国在超级计算机领域表现卓越，其多款超级计算机如天河系列均多次名列全球TOP500榜单。这不仅反映了中国在硬件建设的高水平，也体现了国内对高性能计算资源的重视。此外，中国超算中心数量达到全球的37.6%，居全球首位，为各种科学研究和商业应用提供了强大的计算支持。

其次，中国在自主研发AI芯片和GPU芯片方面取得了关键性突破。例如，华为的麒麟系列芯片和昇腾910 AI芯片已广泛应用于智能手机和数据中心等领域。中科寒武纪和北京地平线等公司也相继推出了面向各类应用场景的AI芯片，显著提升了处理效率和智能化水平。这些成就不仅凸显了中国在芯片产业的快速发展，也代表了国家在科技自立自强方面的战略决心。

中国的5G基站建设和开通速度领先全球，截至2022年年底，全国5G基站总数占全球的60%以上。此外，中国在6G技术的研究与发展上同样走在世界前列，拥有全球近一半的6G相关专利申请。这些努力不仅使中国在全球通信技术领域占据了重要地位，也为国内外众多行业提供了高速可靠的通信服务，加速了信息化和智能化的进程。

中国人工智能基础领域的成就如图2-8所示。

图 2-8 中国人工智能基础领域的成就

2.2.4 中国智能制造成就

在过去十年间，中国智能制造也蓬勃发展，不仅展现了技术的进步，也标志着国家战略的成就和未来的前景。

中国智能制造装备产业的规模和供给能力自 2015 年以来稳步提升。特别是在工业机器人和 3D 打印设备领域，增长尤为显著。2015 年至 2021 年间，工业机器人产量从 3.3 万套飙升至 36.6 万套，实现了近 11 倍的增长。同时，3D 打印设备产业规模从 2017 年的 44.5 亿元增长到 2021 年的 129.4 亿元，复合增长率达到 30.6%。这一增长不仅反映了中国在智能装备制造领域的技术进步，也显示了市场对于高新技术产品的强烈需求，如图 2-9 所示。

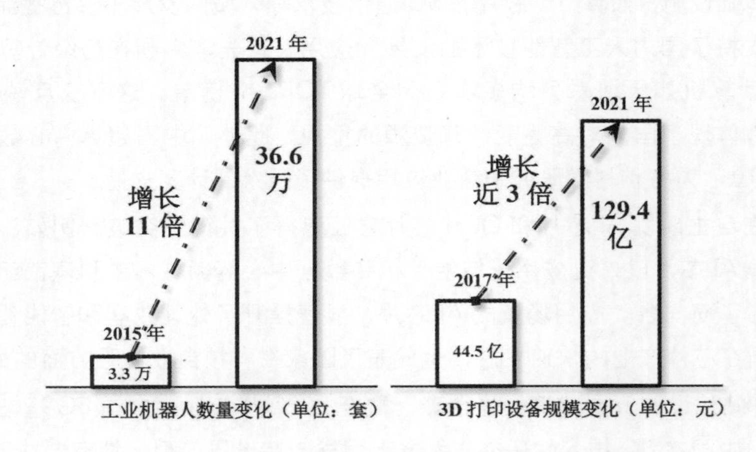

图 2-9 工业机器人和 3D 打印机规模发展展示

中国制造业在数字化和智能化方面取得了显著成果。到 2021 年年底，工业企业关键工序数控化率达到 51.3%，数字化研发设计工具普及率为 74.7%。这些数据表明了中国制造业在提高生产效率和产品质量方面迈出的坚实步伐。

中国在智能制造标准化方面也取得了突破。2020 年，中国企业主持修订的五轴机床检测方法被国际标准化组织（ISO）批准并正式发布，实现了在高档数控机床检测领域的国际标准“零”的突破。此外，中国已在智能制造相关国家标准发布方面取得重要进展，并积极参与国际标准的制定工作，强化了中国在全球智能制造领域的话语权。

中国智能制造的推广和应用通过示范项目的实施得到加速。国家已遴选出数百个智能制造综合标准化与新模式应用项目，这些项目在数字化车间和智能工厂建设中完成后，生产效率平均提高了 44.9%，运营成本降低了 25.2%。这不仅优化了生产流程，还大幅度提高了能源利用率和经济效益。

随着技术的不断进步和政策的深入推广，智能制造将在未来继续推动中国从“制造大国”向“制造强国”的转变。这一过程不仅将提升中国制造业的国际竞争力，也为全球制造业的发展趋势提供了新的标杆。

2.2.5 教育体系建设与人才培养成果

中国在高等教育层面大力推广智能制造和 AI 相关专业。自 2018 年起，中国已有 164 所高等院校开设了智能制造工程专业。这些专业涵盖从系统分析、设计、集成到运营和管理的多元化课程，旨在培养能够跨学科工作的工程技术人才。

为了进一步提升学生的实际操作能力和就业竞争力，中国教育部等四部门自 2019 年起，联合推出了“学历证书 + 若干职业技能等级证书”（简称“1+X”证书）制度试点。在南京工业职业技术大学等试点院校中，该制度实施两年来已显著提升了学生的技术和技能水平，各专业学生就业率达到了 98.3%，毕业生薪资水平也大幅度提升了。

中国已建设了 22 家国家制造业创新中心和 200 多个省级制造业创新中心，这些中心专注于解决智能制造领域的关键技术问题，并支持相关企业的研发创新。据统计，智能制造相关的上市企业在 2021 年的研发投入是 2012 年的八倍，这反映了对高质量人才和创新能力的强烈需求。随着 AI 技术的广泛应用，对 AI 专业技术人才的需求持续增长。中国的 AI 领域专业技术人才数量已超过 5 万人，且在全球 AI 人才分布中占有重要地位。中国拥有大量的技术工人，每年约有 140 万工程师获得资格，是美国的六倍，其中至少三分之一从事人工智能相关工作。政府和企业通过提供丰富的培训和实习机会，加大了对这些人才的吸引和培养力度。

中国的教育体系和人才培养策略不仅提高了智能制造和 AI 领域的教育质量和培养效率，也优化了学生的就业前景。

2.3 科技与国家战略：规划我们的未来

人工智能技术是当代科技革命和产业变革的重要推动力。因此，掌握 AI 技术的发展，对一个国家的经济发展、国际竞争力乃至国家安全都具有深远的影响。人工智能已成为推动经济发展的新引擎。作为新一轮产业变革的核心驱动力，AI 的发展正在释放巨大能量，重构经济活动的各个环节，从宏观到微观层面催生新技术、新产业和新模式。随着中国经济发展进入新常态，深化供给侧结构性改革成为重要任务，AI 的深度应用和产业发展为中国经济注入了新的动能。

中国政府对 AI 的重视程度非常高，视其为国家发展的重要战略资源。2017 年，中国政府发布了《新一代人工智能发展规划》，标志着 AI 发展被提升到国家战略的高度。该规划不仅明确了到 2030 年建设世界主要人工智能创新中心的目标，还系统部署了科技创新、智能经济、智能社会等方面的任务和措施。这一全面的顶层设计为中国 AI 的快速发展奠定了基础，中国在全球 AI 领域的地位由此大幅提升。根据政策推动，中国在 AI 核心技术研发、产业应用及国际合作等方面均取得显著进展。AI 技术的快速发展，使中国在智能制造、智慧城市、金融科技等多个领域都展现出强大的国际竞争力。

2.3.1 中国人工智能产业战略规划历史

中国人工智能的国家战略自 2015 年以来经历了三个明显的阶段，每个阶段都反映了中国在全球 AI 领域竞争中的战略调整和政策推进，如图 2-10 所示。

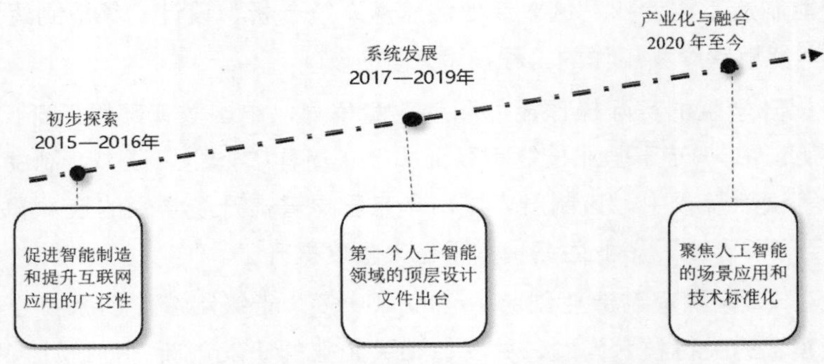

图 2-10 中国人工智能产业战略规划历史

第一阶段：初步探索（2015—2016 年）

在这一阶段，中国政府将智能制造和“互联网 +”作为人工智能整合的第一步。政策主要集中在促进智能制造和提升互联网应用的广泛性，例如 2015 年的《中国制造 2025》首次提出智能制造，标志着智能制造成为推动中国制造业升级的关键。此外，《关于积极推进“互联网 +”行动的指导意见》首次将人工智能纳入 11 项重点行动之一，体现了对新兴技术融合传统产业的重视。

第二阶段：系统发展（2017—2019 年）

2017 年，中国政府将 AI 发展提升至国家战略层面，发布《新一代人工智能发展规划》，这是中国人工智能领域第一个系统的顶层设计文件。该规划不仅详细规定了至 2030 年的发展目标，还强调了人工智能与实体经济的深度融合，推动了 AI 从理论研究向实际应用的转变。同时，中华人民共和国工业和信息化部出台了《促进新一代人工智能产业发展三年行动计划》，细化了未来三年的发展方向和具体目标。

第三阶段：产业化与融合（2020 年至今）

当前阶段，中国的 AI 政策更加聚焦于产业实践和应用落地，特别是在场景应用和技术标准化方面。例如，2022 年科技部等部门发布了《关于加快场景创新以人工智能高水平应用促进经济高质量发展的指导意见》，旨在解决 AI 产业发展中的实际问题。同时，国家标准化管理委员会发布了《国家新一代人工智能标准体系建设指南》，加强了人工智能领域标准化工作。

这三个阶段的政策演进不仅反映了中国对人工智能重要性的认识逐步加深，也显示了从初步探索到深度融合再到产业应用的战略布局，标志着中国在全球 AI 竞争中的地位不断提升。

2.3.2 中国人工智能的政策框架和战略目标

中国的人工智能发展战略核心是“1+N”政策体系，其中“1”代表国务院在 2017 年发布的《新一代人工智能发展规划》，这不仅是国家层面的首个系统性人工智能部署文件，也将 AI 提升至国家战略高度。该规划为 2030 年的发展设定了明确目标和任务。而“N”包括在该顶层设计之后，部委层面陆续推出的一系列实施方案和政策，涉及数据实融合、场景创新等多个方面，如图 2-11 所示。

图 2-11 中国的人工智能 1+N 战略

按照 2017 年《新一代人工智能发展规划》，国家强调了技术创新的核心地位，特别是在图像识别、自然语言处理、自动驾驶等关键领域的突破。规划中提出，将通过国家科技重大项目和国家研发计划来支持这些领域的基础研究和应用开发。此外，规划也提到了加强人工智能核心系统、高端智能装备和智能服务机器人等产品的开发，以及支持企业通过技术创新提升国际竞争力。

中国人工智能发展的战略旨在通过系统的推进，争取在全球人工智能领域达到领先地位，并推动社会和经济的全面智能化。首先是到 2025 年，人工智能基础理论实现重大突破，部分技术与应用达到世界领先水平，人工智能成为推动产业升级和经济转型的主要动力。新一代人工智能理论与技术体系初步建立，自主学习能力的 AI 技术取得突破，多领域实现引领性研究成果。

其次，到 2030 年，人工智能理论、技术与应用总体将达到世界领先水平，中国成为世界主要的人工智能创新中心。形成较为成熟的新一代人工智能理论与技术体系，在类脑智能、自主智能等领域取得重大突破，占据科技制高点。人工智能产业竞争力达到国际领先水平，应用广泛，形成完备的产业链和高端产业群，核心产业规模超过 1 万亿元。建立全球领先的科技创新和人才培养基地，完善法律法规、伦理规范和政策体系。

在强化基础设施与人工智能算力方面，主要任务是建立和完善国家级 AI 开放创新平台和公共算力平台，确保为人工智能的研究与应用提供充足且先进的计算资源。这包括增强现有的计算设施，扩展高性能计算能力，以及优化算力资源配置，使之能够支撑大规模的 AI 操作和复杂的数据分析。

在国际合作与标准制定方面，中国将继续积极参与和推动国际人工智能标准的制定工作，通过与多国合作，加强我们在全球 AI 领域的影响力和领导地位。这包括参与制定国际技术标准，促进技术规范的国际一致性，确保中国的 AI 技术不仅与全球市场兼容，而且具有强大的国际竞争力。这些国际合作将有助于促进全球 AI 技术标准的统一，增强我们在全球科技舞台上的话语权和影响力。

2.3.3 以人工智能 + 行动推动国家新质生产力发展

新质生产力是通过技术革命性突破、生产要素创新配置和产业深度转型升级产生的先进生产力，包含更高素质的劳动者、更高技术含量的劳动资料和更广范围的劳动对象及其优化组合。当前，生成式人工智能催生和引领新一轮科技革命和产业变革，成为加快培育和发展新质生产力的重要引擎。

人工智能不仅是引领未来的战略性技术，更是新一轮科技革命和产业变革的核心驱动力，对经济运行和社会发展有重大影响。首先，人工智能催生了新产业、新业态和新模式，我国人工智能产业已经形成完整的产业链，在多个领域广泛应用；其次，人工智能加速了传统产业的智能化改造和升级，在制造、医疗、教育、交通和农业等领域实现了重大突破，让传统生产力向新质生产力飞跃；最后，人工智能助力宏观经济调控，结合经济分析算法模型，对经济数据进行深度挖掘，为宏观经济调控和产业政策提供决策依据，确保经济持续健康发展。

2024 年《政府工作报告》明确指出，要深化大数据和人工智能等研发应用，开展“人工智能 +”行动，打造具有国际竞争力的数字产业集群。为此，我们应紧密围绕新质生产力的发展方向，利用我国超大规模市场和丰富应用场景的优势，通过数据驱动、算法优化和模型创新，加快科技创新，以高质量发展和高水平应用培育经济新动能。

在科技创新方面，重点发展人工智能关键核心技术，加强基础理论研究，攻克通用大模型等关键技术，建立关键共性技术体系，打造产学研用创新联合体，实现技术自立自强。在产业发展方面，应健全“人工智能 +”产业应用生态，推进人工智能技术在经济社会各领域的广泛应用，促进人工智能与实体经济的深度融合。在引智育才方面，加快人工智能学科体系和人才培养机制优化，推进高校相关专业建设，培养应用型人才，促进科研创新转化和产业创新的人才循环，完善人才引进服务。在科学治理方面，构建人工智能伦理框架，推进综合性立法，提高监管能力，推动全球人工智能共治共享，让创新成果惠及全人类。

2.4 思考练习

2.4.1 问题与答案

问题 1：美国在人工智能领域的哪两个机构是 AI 技术的佼佼者？他们的重要贡献是什么？

美国的 Google DeepMind 和 OpenAI 是 AI 领域的佼佼者。Google DeepMind 以其在神经网络和强化学习模型方面的先进技术而闻名，特别是通过 AlphaFold 预测蛋白质的三维结构。OpenAI 则以其 GPT 语言模型系列而知名，这些模型能够生成极其逼真的人类语言响应，并开发了能根据文本描述生成图像的 DALL•E 模型。

问题 2：中国在 AI 技术发展中的几家领先企业是哪些？它们在哪些领域表现出了创新？

中国的百度、阿里巴巴和腾讯是 AI 技术发展的领先企业。百度擅长自然语言处理和自动驾驶技术，阿里巴巴在 AI 驱动的零售、金融和物流行业中表现出色，而腾讯则在内容生成、游戏和社交网络服务方面进行了创新。

问题 3：欧盟在 AI 技术监管中采取了哪些关键措施？

欧盟通过制定 AI Act（欧盟 AI 法案），为 AI 系统的开发和应用设定了明确的分类和合规要求，尤其是针对高风险的应用，如生物识别和情感识别系统。此外，欧盟对违规的企业可能处以高额罚款，最高可达公司全球销售额的 6%。

2.4.2 讨论题

1. 考虑到 AI 技术的快速发展，未来可能出现哪些新的伦理和社会问题？我们应如何应对这些挑战？

讨论重点：AI 技术的隐私侵犯、就业影响、决策透明度和算法偏见等问题。探讨可能的法规、教育措施和技术解决方案。

2. AI 技术在全球范围内的不均衡发展可能导致哪些经济和政治后果？

讨论重点：技术鸿沟、经济不平等和国家间的竞争或合作动态。探讨如何通过国际合作和政策制定减少不均衡带来的负面影响。

第3章 你与AI的未来

Chapter

学习目标

了解人工智能对全球劳动市场的深远影响，掌握 AI 在各个领域中的具体应用及其对就业的影响，理解 AI 技术在推动职场变革中的角色与重要性。学习在 AI 时代保持职业竞争力所需的技能和素质，并树立终身学习的理念，了解其在 AI 时代的重要性（本章 1 课时）。

学习重点

- AI 在劳动就业市场中的替代效应和收入效应。
- 生成式人工智能对职业自动化的影响和潜在的就业增长领域。
- AI 时代对职业技能的要求，包括技术技能、软技能和适应能力。
- 终身学习的重要性及其实现方法，如在线课程、讨论会和实践应用。
- AI 对未来劳动市场的展望，特别是人机协作模式。

3.1 职场变革：人工智能如何塑造你的职业未来

人工智能（AI）已经从科幻小说的概念跃升为现实世界中不可或缺的技术力量。从语音助手到自动驾驶汽车，AI 的应用已经渗透到我们日常生活的方方面面。然而，AI 的影响不仅局限于提高我们的生活便利性，它正在深刻地重塑全球劳动市场和就业结构，从而改变每个人的未来。这一技术革命引发了一系列紧迫的问题：AI 将如何影响未来的工作机会？它会替代还是创造就业岗位？这些变化又将如何影响即将步入职场的年轻一代？

3.1.1 AI 的应用对劳动就业市场的影响

1 替代效应和收入效应

在现代劳动市场中，人工智能（AI）技术的应用已经开始深刻地改变传统的工作模式，预计从 2023 年开始的五年会直接影响到全球 3 亿人的就业。这种改变主要体现在两个方面：替代效应和收入效应。

替代效应指的是 AI 技术取代人类执行的重复性和结构化良好的任务，例如在制造业和服务业中的应用。比如，随着机器人技术的发展，汽车制造业已经看到焊接作业的人工需求减少了约 70%。同时，在零售行业，自助结账系统和在线客服聊天机器人的广泛部署已经在很大程度上替代了传统的收银员和客服人员的岗位。这些变化导致传统职位的需求下降，但同时也带来了新的技术挑战和职业机会。

在中国，这一影响呈现出多维的特性。AI 技术替代预计将影响中国约 26% 的工作岗位。在具体行业中，工业的替代率最高，达到 36%，主要是因为工业机器人能够在生产线上执行大量重复性高的任务，例如自动化组装和包装。农业也将见证显著的变化，预计有 27% 的岗位将被替代，主要通过使用无人机和智能农业机器人来进行农作物的监控和管理。建筑业和服务业同样面临较高的自动化风险，分别有 25% 和 21% 的职位可能被 AI 替代。

收入效应是指 AI 技术通过提高生产效率、增强生产力和开拓新的业务模式，创造新的就业机会的现象。比如在医疗领域，AI 技术通过深度学习算法提高了癌症诊断的准确率，这不仅提高了患者的治疗效果，也推动了健康管理和远程医疗职位的增长。

在中国，预计人工智能将带动约 38% 的就业增长，其中服务业将经历最大幅度的增长，新增岗位比例达到惊人的 50%。这些新岗位包括医疗保健、教育和技术支持等领域，响应了多样化服务的增加需求。建筑业的就业增长也将达到 48%，主要得益于智能化城市建设和绿色建筑的发展需求。工业虽然面临高度自动化，但仍预计新增 39% 的岗位，主要集中在高技能和技术维护领域。

2 生成式人工智能对就业的影响

最近的生成式人工智能，尤其是大语言模型（LLMs）的出现，已经开始在职业自动化方面显示出其强大的潜力。根据最新数据，高达 62% 的工作时间涉及基于语言的任务，这些任务正在逐渐被 AI 所接管。例如，从简单的数据输入到复杂的法律草案审查，AI 的应用正在使这些工作更加高效，同时也引发了对技能要求的根本变化。

根据 2023 年 9 月世界经济论坛的报告《未来工作：大语言模型和工作》指出，受人工智能影响最大的行业是金融服务业，信息技术、数字通信、媒体、娱乐和体育产业。报告列出了被生成式人工智能自动化取代的最高的 15 个职业及其被人工智能取代的百分比，图 3-1 中是这些职业的列表。

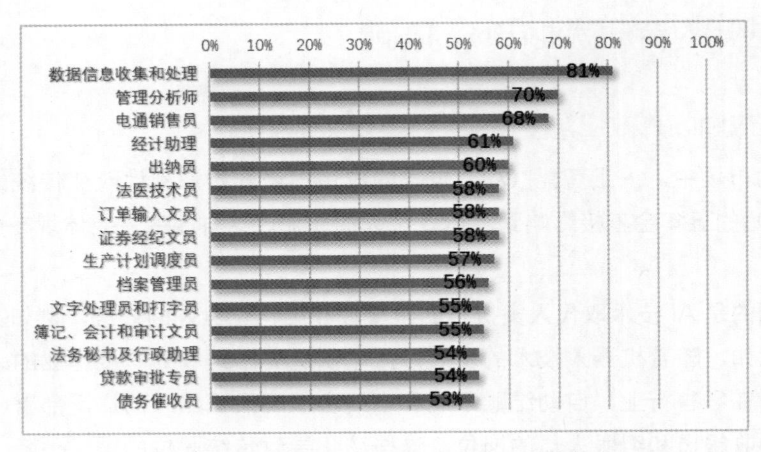

图 3-1 人工智能自动化未来在各职业中的占比

人工智能或许无法直接完成涉及批判性思维和解决复杂问题能力的任务，但它能够通过增强生产力为劳动者提供帮助。大语言模型的辅助将节省劳动者的时间，从而提高他们的生产力，不过生产力的提升也意味着完成同样的工作量所需的人力大幅减少。当劳动者的工作任务涉及数学和科学分析时，生产力的增强效果尤为显著。例如，保险核保师最有可能从人工智能中受益，因为其 100% 的任务都能够通过人工智能得到增强。有报告列出了使用生成式人工智能自动化增强生产力最高的 15 个职业，图 3-2 中是这些职业的列表。

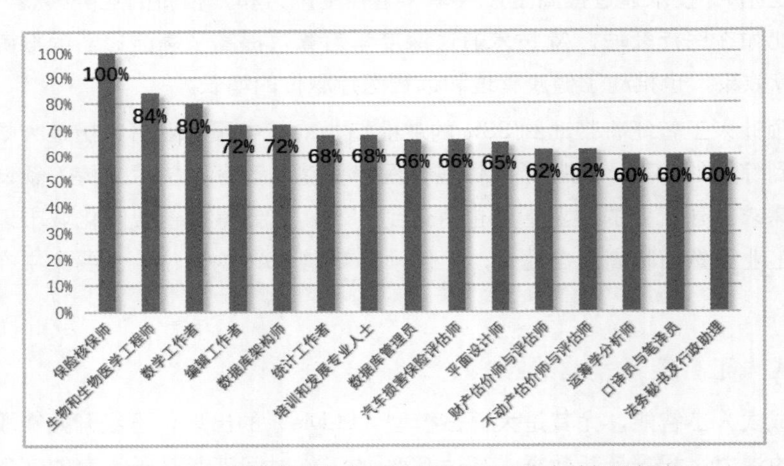

图 3-2 人工智能自动化未来对各职业中生产力的提升幅度

总的说来，需要更频繁人际交往的工作被大语言模型颠覆的可能性较小，例如医疗保健人员、教师、社会工作者、职业顾问和人力资源经理等。具体来说，人力资源经理的工作任务中，只有 16.1% 有可能实现自动化，22.2% 的工作有可能得到增强。前者包括“确定项目或运营的资源需求，管理预算或财务”，而后者主要涵盖“解释法规、政策或程序，并培训他人进行运营或熟悉工作程序”。相比之下，大语言模型可以将软件开发人员 28.7% 的任务实现自动化，使 43.2% 的任务得到增强。前者包括分析数据和系统性能，而后者涵盖评估产品和技术及编写指令。与体力活动更相关的工作实现人工智能自动化的潜力也较低。这包括体力劳动者、美发师、农业劳动者和公路维修工人等。

生成式人工智能对媒体与娱乐以及广告业领域也产生了重要影响。例如，在媒体行业中，华盛顿邮报利用名为“Heliograf”的AI程序自动生成新闻报道，自2016年以来，这一技术已帮助华盛顿邮报生成了超过850篇涵盖选举、奥运会等重大事件的文章。这不仅提高了报道的效率，也扩展了新闻覆盖的广度。在广告行业，AIGC的应用也极大地改变了内容的创建方式。通过生成高度个性化的广告内容，AIGC技术显著提高了广告的点击率和用户参与度。具体数据显示，使用AIGC技术的广告活动转化率提高了20%，这表明AIGC不仅优化了广告效果，也为广告主带来了更高的投资回报。这些变化预示着AIGC技术将在更广泛的领域内改变传统的工作方式和业务流程。

总的说来，与传统的自动化技术不同，人工智能主要影响了需要较高教育水平的白领职业，如商业专业人员、管理人员、科学和工程专业人员以及法律、社会和文化专业人员。这些职业通常涉及非常规的认知任务，AI在这些领域的应用促进了工作效率和创新能力的提升。

3 未来人工智能时代的就业展望

在人工智能（AI）迅速演进的今天，我们正站在一个工作与技术共舞的新纪元门槛上。未来的就业展望将不再是人类与机器的竞争，而是一场精彩的协作交响乐。在这个交响乐中，人工智能不仅仅是工具或替代者，而是成为我们的合作伙伴，共同开创未来工作的新篇章，如图3-3所示。

图3-3 未来的人工智能就业

随着人工智能技术的深入，传统的工作角色将被重新定义。机器人和智能系统能够承担重复性高的任务，而人类职员则可以专注于需要创造性思维、情感判断和复杂决策的工作。例如，医疗领域的AI可以处理数据分析和诊断支持，医生则更专注于病人护理和治疗方案的定制。这种人机协作模式不仅提高了效率，也提升了服务的质量。

人工智能的融入将使劳动市场更加灵活。远程工作、自由职业和项目制工作将成为常态，人们可以根据个人的生活节奏和职业兴趣选择最合适的工作模式。这种灵活性不仅帮助实现工作与生活的平衡，也促进了全球人才的自由流动和更广泛的创新合作。

在未来的人工智能时代，“人机协作”将是关键词。我们不仅仅是在开发智能的机器，更是在塑造一个能够提升人类潜力和增强人类经验的未来。通过智能技术的助力，我们可以释放人类的创造力和情感智慧，共同创造一个更加高效、包容和充满机遇的新世界。

3.1.2 人工智能时代必备素质技能

在人工智能迅猛发展的新纪元，对个人素质与职业技能的标准正经历着前所未有的革新。接下来我们将深入探讨这个人工智能时代所需的关键素质和技能，帮助读者准备迎接未来的工作环境。

1 技术技能

在人工智能（AI）迅速发展的时代，技术技能成为进入职场的重要钥匙。无论是哪个行业，掌握一定程度的技术能力对于求职者来说都是基本的要求。首先，借助 AI 进行编程的能力已经成为许多行业标准的一部分。在人工智能时代，我们使用自然语言指挥人工智能进行各种编程，可使编程成为一种简单的对话。在人工智能时代，不仅仅是传统意义上的技术行业，如软件开发和工程领域，连营销、金融，甚至艺术和媒体等领域也越来越多地依赖于这种编程技能来优化工作流程和增强创造力。

紧随编程能力之后的是借助 AI 进行数据分析的能力。在这个数据驱动的时代，能够解读复杂数据并从中提取洞见是极具价值的能力。数据分析不仅限于统计或 IT 行业，现在几乎每个行业都需要利用数据来做出更精准的决策。例如，在市场营销领域，数据分析师能够通过分析消费者行为数据来优化广告投放策略和提高客户参与度。

此外，随着 AI 和机器学习技术的普及，了解机器学习领域也将成为求职者的重要技能。机器学习是 AI 的一个分支，它使计算机系统能够基于数据识别模式并做出决策，而无须进行明确编程。

生成式人工智能是一种利用机器学习模型，特别是利用深度学习技术来生成新内容的 AI 形式，这包括使用生成式人工智能来进行文本、图像、音乐和视频的制作等。掌握生成式人工智能技术正在成为人工智能应用领域中一项重要且值得投资的技能。

技术技能的发展是终生学习的过程，随着科技的不断进步，新的工具和平台也在不断涌现。未来的劳动者需要不断更新自己的技能库，以适应这种快速变化的环境。例如，云计算、大数据平台和 AI 工具的掌握将成为各行各业的标配。通过掌握这些技术技能，未来的职场人不仅可以提高自身的市场竞争力，还可以在职业生涯中保持持续的增长和发展。

2 软技能

在人工智能时代，随着机器越来越多地承担重复和计算密集的任务，人类的软技能变得更加宝贵。这些技能不仅能够弥补技术的不足，还能在多变的工作环境中保持人类的不可替代性。

批判性思维是在复杂世界中做出理性决策的关键能力。它涉及有效地分析问题，并从多种可能的解决方案中评估并选择最合适的一种。在数据驱动的决策过程中，批判性思维能力尤其重要，它帮助个体在面对海量信息和潜在的数据解释时，能够明智地判断哪些数据是可靠的，哪些建议是可行的，从而做出最合理的决策。

同时，创新能力也在 AI 时代显得尤为重要。在一个由快速技术变革推动的社会中，创新是推动个人和组织持续进步的动力。这种能力不仅限于发明新产品或技术，更广泛地涉及改进服务流程、优化用户体验或开拓新的市场策略。具备创新思维的个体能够在常规思维模式之外思考，发现新的解决方案，甚至在看似平常的流程中找到改革的机会。

沟通技能在现代职场中同样不可或缺。有效的沟通不仅意味着能够清楚地表达自己的想法，更包括倾听和理解他人的观点。在跨学科团队中，技术人员需要向非技术同事解释复杂的技术问题，而非技术背景的团队成员也需要向工程师传达用户需求。只有当双方都能够有效交流时，团队才能成功协作，共同推动项目向前发展。

最后，情商或情绪智力，是管理自己情绪和理解他人情绪的能力。在高压和快节奏的工作环境中，高情商的人能够更有效地管理压力，激励团队成员，维护团队的和谐。此外，高情商的个体通常具有更强的人际关系管理能力，能够在冲突中寻求和平解决方案，保持团队的稳定和效率。

3 适应能力

在人工智能（AI）快速发展的今天，工作方式正在经历革命性的变化。适应能力，特别是学习适应和灵活性，已成为现代职场中的关键生存技能。在这个由技术驱动的新时代，不仅仅是技术本身在进步，对个体的要求也在提高——我们不只需要掌握现有技术，还要不断学习和适应新的工具和系统。

学习适应能力，要求个人不仅能够迅速掌握新技术，还能灵活运用这些技术来应对不断变化的工作需求。人工智能时代技术迭代非常迅速，在这种环境下，仅仅依靠过去的知识和技能已无法满足未来职场的需求。持续学习和适应新技术成为个人竞争力的关键。这不仅涉及技术技能的更新，更包括对新工作方法的适应，使得个人能够在变化中找到立足点。

同时，灵活性在现代职场中同样至关重要。在不断变化的工作环境中，能够快速适应新的角色和职责是成功的关键。这种灵活性体现在多个方面，包括调整工作方法以适应新的项目需求，或是根据团队的变化调整自己的工作重点。例如，一个项目经理可能需要在项目的不同阶段中，根据项目的优先级和团队的需求，灵活调整管理策略和领导方式。

在 AI 时代，这些适应能力不仅帮助个体在职场上应对即时的挑战，更为他们在未来的职业生涯中铺设坚实的基础。具备了持续学习的能力和灵活调整的技巧，个体不仅能够适应当前的变化，还能够预见并准备未来的变化，从而在职场中找到新的成长机会和职业路径。

因此，未来的劳动市场将不只是看重个人的专业技能和知识水平，更看重他们适应新环境、掌握新技术的能力。

3.2 终身学习：如何在 AI 时代保持竞争力

在人工智能（AI）飞速发展的今天，终身学习已成为每个人必备的能力，尤其是对于正准备步入或已经身处职场的人们来说，保持学习的热情和能力是非常重要的。

3.2.1 树立终身学习的理念

在过去，许多人可能认为学习是在学校完成的活动，一旦毕业后步入职场，系统性的学习就告一段落。然而，在当前这个知识更新速度日益加快的时代，这种观念已不再适用。技术的快速发展，尤其是人工智能技术，正在深刻改变各行各业的工作方式。从自动化的制造流水线到智能化的服务交互，AI 的应用正在重新定义许多职业的技能需求。终身学习不仅可以帮助个人适应这种快速变化的环境，保持职业竞争力，还可以提供更多的职业选择和发展机会（见图 3-4）。通过不断地学习，可以掌握最新的技术，理解新兴的行业趋势，从而在职业生涯中保持灵活性和前瞻性。

图 3-4 在 AI 时代保持竞争力

3.2.2 保持自己竞争力的具体方法

在人工智能时代，技术快速演进和行业界限不断模糊。在 AI 时代保持竞争力，需要持续学习和适应新技术。图 3-5 所示为人工智能时代保持竞争力的一些具体的方法，帮助读者在这个充满变革的时代中不断提升自己。

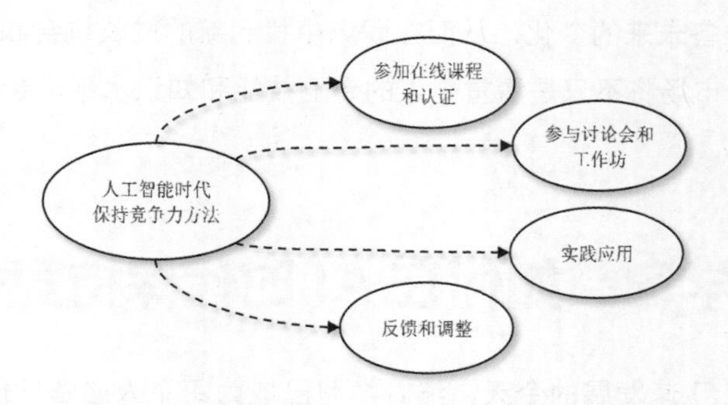

图 3-5 人工智能时代保持竞争力方法

1 参加在线课程和认证

随着教育技术的发展，越来越多的顶尖教育机构和专业组织提供了覆盖广泛领域的在线课程。这些课程不仅涵盖了从编程语言到数据科学，从人工智能到各种技能等基础课程，还提供了实战操作的机会，使理论与实践相结合。

- 方法：利用如慕课等各种网上教育平台，你可以接触到全国乃至世界名校提供的课程。开始时可以选择免费课程，逐步过渡到更专业的课程。
- 实践建议：从基础的 Python 编程课程开始，逐步深入到机器学习和人工智能应用。通过项目作业，将学到的理论知识应用到实际问题中，比如开发一个简单的机器学习模型来预测数据。

2 参与各种讨论会和工作坊

讨论会和工作坊是了解最新技术趋势和行业最佳实践的有效途径。这些活动不仅提供了学习新知识的平台，还能让你与行业领导者直接交流，获得前沿的见解和建议。

- 方法：关注行业内的主要会议和工作坊，许多活动现在提供虚拟参与方式，便于学生参加。
- 实践建议：参加一个关于新兴技术的线上研讨会，如 AI 在医疗或金融领域的应用，学习这些技术是如何解决实际问题的，尝试将会议中的观点和技术应用到学校的科学项目中。

3 实践应用

将所学的理论知识通过实际项目来应用，是巩固知识和提升技能的最佳方式。实践可以帮助你更好地理解抽象概念，并提供机会发现和解决实际问题。

- 方法：在学习新技术或工具后，设计一个小项目来测试你的学习成果。例如，使用学到的数据分析技能来分析学校的运动队表现数据，或用 Python 制作一个小游戏。
- 实践建议：尝试与同学合作，共同开发一个项目，如一个简单的网页或一个自动化脚本，以解决具体的问题。这样的合作不仅能提升技术技能，还能锻炼团队合作能力。

4 反馈和调整

学习的过程中获得反馈至关重要。合理的反馈可以帮助你认识到自己的盲点，优化学习计划。

- 方法：在完成每一个学习单元或项目后，向教师或同行求取反馈。使用在线论坛或社交媒体平台与更广泛的社区交流你的学习成果和遇到的挑战。
- 实践建议：创建一个个人学习博客，记录自己的学习进程和项目经验。定期回顾和总结，调整学习策略，确保学习方向和个人职业目标保持一致。

通过这些具体的方法，读者可以在人工智能时代建立和维持竞争力，不仅适应当前的技术变革，还能在未来的职业生涯中寻找到属于自己的机会。这样的持续学习和适应新挑战的能力，将是你宝贵的资产。

3.3 思考练习

3.3.1 问题与答案

问题1：人工智能（AI）在未来的劳动市场中，可能会对哪些职业产生较大的影响？

人工智能将对许多职业产生影响，尤其是那些重复性高的工作。例如，在制造业中，自动化和机器人技术可以执行重复的物理任务，减少人工需求；在交通运输行业，自动驾驶汽车和无人机的发展可能减少对司机和飞行操作员的需求；在客户服务领域，AI聊天机器人和虚拟助理可以处理许多客户咨询，从而减少传统客服人员的职位；在健康医疗领域，AI的应用如医疗影像分析和病例预测可以极大地提高诊断的速度和准确性，减少初级筛查医生的工作量。

问题2：尽管AI技术可能导致某些职位消失，它也能创造新的就业机会。请列举两个因AI而产生的新职业领域。

AI技术的发展创造了多个新的职业领域，例如数据分析和机器学习领域，这里需要专业人才来解析大量数据并从中提取有价值的信息；另一个领域是AI系统的开发与维护，这需要具备深厚的技术知识的人才来开发、测试和维护这些先进的系统，以确保它们的有效运行和适应技术的最新进展。

问题3：在AI日益重要的未来，列出三种你认为对职业发展至关重要的技能。

在AI重要性增加的未来，至关重要的技能包括：①技术技能，如基础的人工智能知识和与AI交互的能力；②创新与解决问题的能力，这能让个人在机器可以执行日常任务的未来，解决更复杂的问题并展现创新思维；③人际交往与协作能力，这些是AI难以替代的重要技能，能在团队中发挥关键作用，提高工作效率和创造力。

3.3.2 讨论题

1. 人工智能是否会彻底取代人类在所有职业领域的工作？

讨论重点：分析哪些职业领域最可能被AI取代，哪些领域可能较少受到影响，例如创意产业与人际互动密集的职业。探讨AI取代工作的潜在利弊，如效率提升和失业问题。讨论社会如何应对这种变化，例如通过教育和政策调整。

2. 终身学习在技术快速发展的社会中有何重要性？

讨论重点：探讨终身学习对于个人职业发展的意义，尤其是在技术持续进步和职业角色变化的环境中。分析不同年龄和职业阶段的人如何实施和受益于终身学习。讨论教育体系如何适应终身学习的需求，包括在线教育资源的作用。

第二部分

探索AI的核心

——AI技术背后的秘密

第 4 章

Chapter

大数据的魅力

学习目标

了解大数据的力量、历史简述和定义特征，理解大数据的工作原理，以及大数据与人工智能的结合如何驱动现代科技领域的创新。通过具体应用实例，如个性化推荐系统、智能健康监测、自动驾驶汽车和智能制造，认识大数据在实际生活中的深远影响。此外，了解大数据在云计算中的优化作用，探讨大数据未来的广阔前景，尤其是在人工智能与机器学习、量子计算及可持续发展领域的应用（本章 1 课时）。

学习重点

- 大数据的定义和核心特征。
- 大数据的历史发展及其在现代社会中的重要性。
- 大数据的工作原理，包括数据采集、处理、分析、挖掘和可视化。
- 大数据与人工智能的结合及其在各个领域的实际应用。
- 云计算在大数据处理中的作用及其未来发展方向。
- 大数据的实际应用实例，如个性化推荐系统、智能健康监测、自动驾驶汽车和智能制造。
- 大数据在人工智能与机器学习、量子计算及可持续发展领域的未来展望。

4.1 大数据的力量

在现代社会，随着信息技术的快速发展，我们每天都在产生海量的数据。从智能手机的每一次点击，到社交媒体的互动，再到在线购物的每一笔交易，所有这些活动都在不断生成数据。这些数据的累积形成了所谓的“大数据”。那么，什么是大数据，它有哪些特征，又是如何在各个领域中发挥作用的呢？欢迎进入大数据的世界！

4.1.1 大数据的历史简述：从数据仓库到大数据革命

大数据，这个在21世纪初迅速崛起的概念，其实根源可以追溯到几十年前。最初，企业和组织收集数据主要是为了记录日常操作和进行简单的统计分析。这一阶段，数据量相对较小，处理技术也相对简单，大数据的发展历史如图4-1所示。

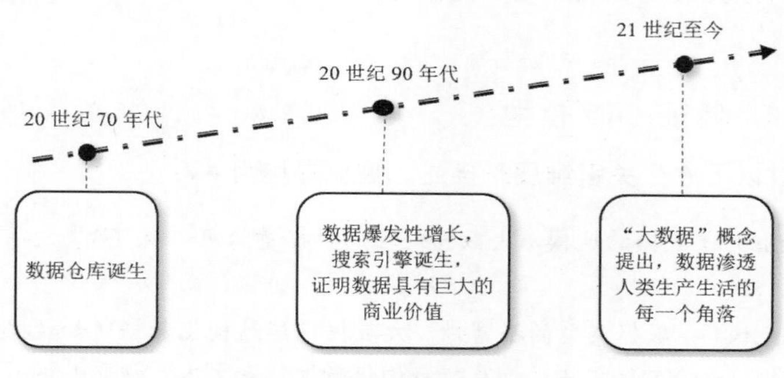

图4-1 大数据的发展历史

1 数据仓库的诞生

在20世纪70年代，随着计算机技术的发展，数据存储和管理的需求日益增加，数据仓库（Data Warehouse）应运而生。数据仓库是一个集中存储环境，旨在帮助企业保存历史数据，支持决策制定过程。这一概念由IBM的研究人员威廉·英蒙（William H. Inmon）提出，他被誉为"数据仓库之父"。数据仓库的建立标志着企业开始重视从历史数据中提取价值，以及如何高效地组织和访问这些数据。

2 互联网的崛起和数据的爆炸

进入20世纪90年代，随着互联网的普及和信息技术的发展，数据的生成量开始呈指数级增长。网络每天产生的大量数据推动了数据管理需求的转变。1998年，Google的成立预示着大规模数据处理技术的重大突破。Google的搜索引擎和后续的广告模型显示了处理和分析海量数据的巨大商业价值。

3 大数据的产生和普及

在2005年，O'Reilly Media的Roger Magoulas提出了"大数据"这一术语，用以描述这些无法用传统数据库工具有效管理的巨量数据集。此后，大数据开始作为一个重要概念在技术和商业领域内流行开来。

随着智能手机和社交媒体的普及，个人数据的产生量进一步加大，云计算和物联网的发展又为大数据的存储、处理和分析提供了更多可能性。这些技术的结合推动了大数据技术的革命，也使得大数据应用越来越广泛，从商业智能到医疗健康，从智慧城市到个性化教育，大数据正逐步渗透到人类生活的每一个角落。

4.1.2 大数据的定义、特征和来源

1 大数据的定义

大数据，顾名思义，指的是那些因其规模巨大、类型多样或生成速度快而无法通过传统的数据处理软件进行有效处理的数据集合。这些数据通常来自多个源，包括文本、图片、视频和传感器数据等。

2 大数据的核心特征：4V 模型

大数据通常通过以下 4 个关键维度来描述，被业界称为 4V：

- 体积（Volume）：数据的规模，大数据处理的数据量级可以从 TB（太字节）到 PB（拍字节）甚至更高。
- 多样性（Variety）：数据类型的丰富性。大数据包括结构化数据（如数据库中的表格数据）、半结构化数据（如 XML 文件）以及非结构化数据（如文本、视频和图片）。
- 速度（Velocity）：数据生成和处理的速度。在大数据环境下，数据流入的速度极快，需要实时或几乎实时的处理能力。
- 价值（Value）：数据的价值密度相对较低，这意味着大量的数据中只有少部分是有价值的，需要通过适当的分析才能从中提取有用的信息。

3 大数据的来源

大数据的来源渠道多种多样，如图 4-2 所示。

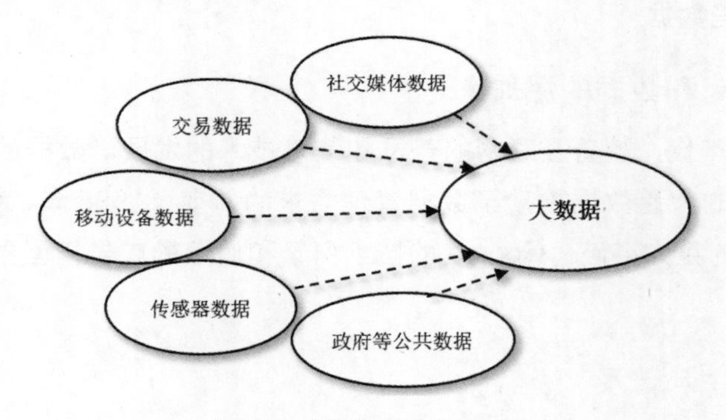

图 4-2 大数据的来源渠道

- 社交媒体数据：来自微博、微信、各种论坛等社交平台的用户生成内容，包括文本、图片、视频和用户行为数据。
- 交易数据：从电子商务网站、金融市场等领域收集的购买记录、股票交易记录等。
- 移动设备数据：智能手机和其他移动设备生成的数据，包括位置数据、应用使用数据和通信记录。
- 传感器数据：来自物联网设备如智能家电、穿戴设备和工业传感器的数据。

- 政府等公共数据：政府和公共机构发布的数据，如统计数据、气象数据和公共记录。

4.1.3 大数据的工作原理

在现代信息时代，大数据已成为企业和组织不可或缺的资源。理解大数据的工作原理，即如何采集、处理以及分析这些数据，是掌握其潜力的关键。图4-3所示为大数据的工作原理和流程。

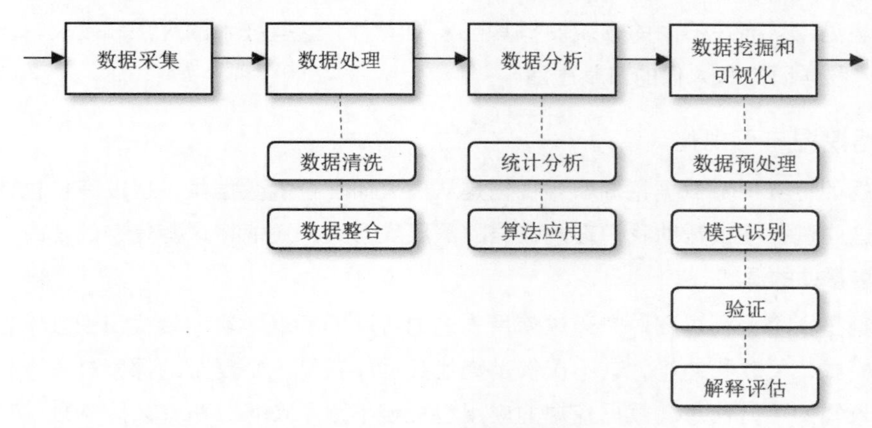

图4-3 大数据的工作原理和流程

1 数据采集

数据采集是大数据处理的第一步，涉及从各种来源获取数据。这些数据源可以是电子商务平台的用户交易记录、社交媒体的用户发帖行为、传感器收集的实时数据，或是公共数据集等。有效的数据采集不仅需要广泛的技术手段来捕获各种类型的数据，还需要确保数据的质量和完整性。为了管理这些数据，通常会使用高级的数据仓库技术，如Hadoop或云存储服务，这些技术能够支持大规模的数据存储并保证数据的易访问性和安全性。

2 数据处理

一旦数据被采集，下一步就是数据处理，这一阶段包括数据清洗和数据整合两个关键过程：

- 数据清洗：在这一步骤中，将会移除无效、错误或不完整的数据记录。这是确保数据分析准确性的重要步骤。例如，去除重复记录、修正结构错误、填补缺失值等，都是数据清洗中常见的任务。
- 数据整合：此过程涉及将来自不同来源的数据合并在一起，以便进行统一的分析。在这个过程中，可能需要解决数据来源的格式不一致和数据定义不匹配的问题。数据整合不仅提高了数据的可用性，也为复杂的数据分析提供了更为丰富和完整的数据集。

3 数据分析

数据处理之后，接下来就是数据分析阶段，这一阶段是从处理好的数据中提取有价值信息和洞见的过程。数据分析分为两类：

- 基础统计分析：包括描述性统计分析，如计算平均值、中位数、方差等统计指标，这些指标帮助理解数据的基本趋势和分布情况。
- 复杂的算法应用：涉及使用机器学习算法进行模式识别、预测分析和推荐系统等。例如，使用聚类分析来识别消费者行为中的相似群体，或通过回归分析预测销售趋势。随着技术的发展，更多先进的算法，如深度学习，被用于处理更复杂的数据分析任务，例如图像和语音识别。

通过这一系列的步骤，大数据不仅能够被有效管理和分析，还能够转换为对决策制定具有重要影响的洞见，从而在不同的领域发挥其巨大的潜力。这些技术的应用和发展，正逐步改变着商业策略、科学研究和人们的日常生活。

4 数据挖掘与可视化

在大数据的世界中，数据挖掘和可视化是从庞大而复杂的数据集中提取有价值信息的两个关键工具。这些过程不仅帮助我们理解数据的深层次含义，还能将这些复杂的信息转换为对决策过程有直接帮助的洞察。

数据挖掘是一个分析过程，它通过使用先进的统计、机器学习和模式识别技术在庞大的数据集中识别模式、关联和趋势。这不仅仅是查找数据：它是一个复杂的探索过程，旨在从原始数据中发现未知的可行信息。数据挖掘的应用包括但不限于市场分析、风险管理、欺诈检测、和客户关系管理等。

数据挖掘过程包括几个关键步骤：

（1）数据预处理：在此阶段，数据被清洗和整理，移除无用或错误的数据，确保后续分析的准确性。

（2）模式识别：使用统计和机器学习算法探索数据中的模式和规律。

（3）验证：检验发现的模式的有效性和可靠性，以确保它们是真实且有意义的。

（4）解释和评估：最终的步骤是解释结果，并评估这些模式对实际问题的解决程度。

数据可视化是数据分析的重要组成部分，它将复杂的数据集转换为直观的图形和图表，使非技术背景的用户也能轻松理解数据的含义。通过视觉展示，数据可视化帮助用户快速识别数据中的趋势、异常和模式。优秀的数据可视化需要考虑以下要素：

- 清晰性：视觉表现应直接清晰，避免不必要的复杂性。
- 准确性：图表和图形必须精确表达数据的真实状态，避免误导解读。
- 美观：良好的视觉效果可以增加报告的吸引力，提高用户体验。

流行的数据可视化工具，如 Tableau 和 Power BI，提供了强大的功能，支持从简单的柱状图和线形图到复杂的交互式仪表板的创建。这些工具不仅加快了从数据到洞察的转换过程，而且使数据的分享变得更加容易，促进了基于数据的决策过程。

数据挖掘和可视化在大数据分析中相辅相成。数据挖掘揭示数据中隐藏的信息，而数据可视化则将这些信息转换为易于理解的格式。一方面，数据挖掘为数据可视化提供了内容和上下文；另一方面，可视化则帮助分析师和决策者更好地理解挖掘结果，加强了数据的解释性和可用性。

4.2 大数据的应用与人工智能：最佳拍档

大数据与人工智能的结合，无疑是现代科技领域中最具变革性的合作之一。这两者如同最佳拍档，共同推动了无数创新和突破。大数据提供了丰富的资源，而人工智能则通过其高效的算法解锁了这些数据的潜能。从智能推荐系统到自动化决策过程，这种融合正在重新定义行业标准，并为未来的技术进步奠定了坚实的基础。

4.2.1 云计算与大数据：完美结合以驱动未来

云计算已成为大数据分析的重要推动力。随着数据量的剧增，云计算为企业提供了一种灵活、成本效益高的方式来存储、处理和分析这些数据。这种技术的进步不仅解决了存储大量数据的问题，还极大地提高了数据处理的效率和速度。云计算一般是指通过互联网提供计算资源和数据存储的服务，用户可以按需购买这些服务，通常是基于使用量付费。这种模式允许企业根据需要扩展或缩减资源，避免了昂贵的硬件投资和长期维护的成本。云计算与大数据的未来如图4-4所示。

图4-4 云计算与大数据

大数据处理的云解决方案有如下特点：

- 弹性扩展：云平台可以根据处理需求动态分配资源。例如，当需要处理大量数据时，云服务可以临时增加计算能力，任务完成后再减少资源，实现成本效率的最优化。
- 数据存储与管理：云服务提供了各种数据存储解决方案，如对象存储、文件存储和块存储，支持各种数据类型和结构。企业可以根据数据的特性和应用需求选择最合适的存储服务。
- 数据安全与合规性：云提供商通常会提供高级的安全措施来保护存储在其服务器上的数据。此外，他们还会遵守地区或行业的特定合规要求，帮助企业应对数据保护方面的法规挑战。

云计算与大数据的实际应用如下：

- 实时数据分析：云平台能够支持处理实时数据流，例如来自社交媒体、物联网设备或在线交易的数据。企业可以使用云服务来监测这些数据，并即时做出反应，优化运营或改善客户体验。

- 机器学习和人工智能：云服务为机器学习模型和AI应用提供了必要的计算资源。这些平台提供预构建的机器学习服务，企业可以利用它们来训练更复杂的算法，改善数据分析的质量和精度。
- 大规模数据可视化：云平台允许企业创建复杂的数据可视化，帮助决策者直观地理解数据分析结果。通过云服务，这些可视化可以与实时数据集成，提供持续更新的洞察。

随着技术的不断进步，云计算和大数据将更加深入地融合。未来的趋势可能包括更加智能的数据处理服务、更强的数据安全技术以及更为广泛的机器学习集成。企业将能够更加高效地利用大数据来驱动创新和提高竞争力。随着越来越多的企业转向云计算，我们可以预见一个数据驱动、智能化的未来正快速到来。

4.2.2 大数据的实际应用实例

1 个性化推荐系统

在电子商务和媒体流平台中，个性化推荐系统是大数据与AI结合应用的典范。亚马逊和网飞（Netflix）等公司使用复杂的算法分析用户行为数据（包括购买历史、浏览记录和评分反馈）来个性化推荐产品和内容。例如，网飞的电影推荐系统通过评估数百万用户的观看习惯，利用机器学习模型预测某个用户可能喜欢的新节目。这种方法不仅提高了用户满意度，还显著增加了用户的观看时间，从而增强了用户黏性和订阅续费率。

2 智能健康监测

在健康科技领域，大数据和AI正联手革新传统的健康监测和疾病预防方法。可穿戴设备如苹果手表能够收集大量关于用户活动水平、心率、睡眠质量等的数据。利用这些数据，AI算法可以预测健康风险和异常，甚至在严重健康问题发生前提醒用户。此外，AI驱动的分析工具能够帮助医生在处理复杂病例时做出更准确的诊断决策，例如通过分析医疗影像数据来辅助诊断癌症的早期阶段。

实际案例：大数据在疾病预测和健康管理中的应用

1. 背景

随着医疗行业数据量的爆炸式增长，包括电子病历、医学影像、基因组数据以及可穿戴设备生成的健康数据等，医疗专家和数据科学家开始探索如何利用这些庞大的数据集来提升疾病诊断的准确性和效率。

2. 案例：心脏病预测模型

一家领先的医疗研究机构开展了一个项目，旨在通过大数据分析来预测心脏病的风险。该项目收集了成千上万患者的历史健康记录、生活习惯、家族病史以及实时生理监测数据。

3. 实施步骤

（1）数据收集：首先从多个医疗数据库中收集患者的历史医疗记录和其他相关信息。

（2）数据预处理：对收集的数据进行清洗和整合，包括去除异常值、填补缺失值，以及标准化处理，确保数据质量。

（3）模型开发：使用机器学习技术，如随机森林和支持向量机（Support Vector Machine，SVM），开发一个能够根据输入的健康数据预测心脏病风险的模型。

（4）模型训练与验证：利用一部分数据训练模型，并用另一部分数据测试模型的准确性和可靠性。

4. 结果

该心脏病预测模型在测试中显示出高度的准确性，能够有效识别出高风险患者，并为医生提供实时的健康管理建议。这不仅帮助医生在早期阶段采取预防措施，减少了急性心脏事件的发生，也为患者提供了更个性化的治疗方案。

5. 影响

此案例展示了大数据在医疗健康领域的强大潜力，通过高效地利用数据，可以大幅提高疾病预防和治疗的效果。此外，这种方法的成功实施也鼓励了更多的医疗机构投入资源进行类似项目，推动了整个医疗行业向精准医疗和预测性健康管理的转变。

3 自动驾驶汽车

自动驾驶汽车技术是AI和大数据结合的另一个突出例子。自动驾驶汽车如特斯拉，依赖于大量从传感器（如摄像头、雷达和超声波传感器）收集的数据来感知周围环境。这些数据被用来训练深度学习模型，使车辆能够理解其环境并做出安全的驾驶决策。AI系统能够实时处理来自车辆周围的复杂数据，识别道路标志、其他车辆、行人和道路障碍，从而确保安全驾驶。随着数据量的增加，这些系统的决策能力也在不断优化和提高。

4 智能制造

在制造业，大数据和AI的结合正在改变生产线的运作方式。智能制造利用传感器收集的数据（如机器性能、产量和质量控制参数）来优化生产过程。通过分析这些数据，AI可以预测设备故障，减少停机时间，优化资源分配，从而提高生产效率。

4.2.3 大数据的未来展望

随着技术的不断进步，大数据的未来前景无限广阔，尤其是在人工智能与机器学习、量子计算以及可持续发展领域的应用。大数据的未来展望如图4-5所示。

1 人工智能与机器学习的融合发展

人工智能与机器学习是推动大数据革命的两大核心技术。随着算法的不断优化和计算能力的增强，这两大技术与大数据的结合正变得日益紧密。未来，我们可以预见到更多基于AI和机器学习（Machine Learning，ML）的自动化工具出现，这些工具能够更有效地处理和分析大规模数据集，提供更精准的预测，更深入的洞察。

图 4-5 大数据的未来展望

例如，通过深度学习模型，机器可以自动识别图像和语音数据中的模式，这不仅可以应用于自动驾驶汽车的视觉系统，还可以用于医疗领域，比如通过分析医学影像来辅助诊断。这些应用展示了 AI 和 ML 如何通过大数据挖掘出更多的价值，同时也指向了未来 AI 技术可能带来的行业变革。

2 量子计算对大数据的潜在影响

量子计算以其超强的计算能力和处理速度，被认为是未来科技的一个重要发展方向，它对大数据的处理能力尤其具有革命性的潜力。量子计算机通过量子位进行数据处理，与传统计算机相比，可以在极短的时间内完成复杂的计算任务。

在大数据领域，量子计算的应用可能会使数据加密和安全性得到根本性的提升。此外，量子计算也能够优化大数据算法，提高数据分析的效率，特别是在需要同时处理大量变量和数据集的复杂系统分析中，如气候模型的模拟和金融市场的预测。

3 大数据在可持续发展中的作用

大数据在推动可持续发展方面扮演着越来越重要的角色。通过分析环境、社会和经济数据，大数据可以帮助政府和组织做出更科学的决策，优化资源分配，减少浪费，提高能效。大数据的未来发展如图 4-6 所示。

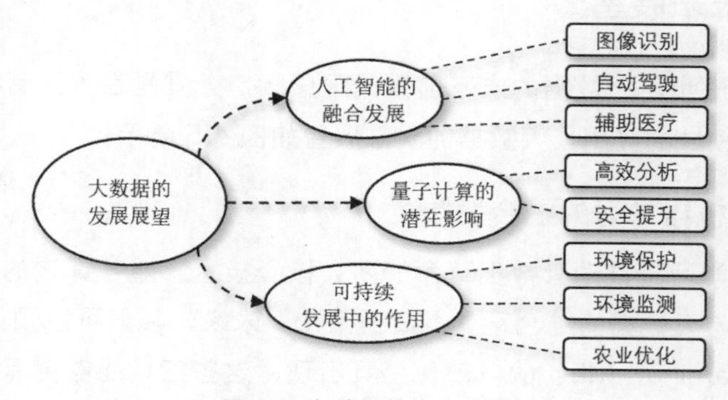

图 4-6 大数据的未来发展

例如，在环境保护方面，大数据可以用来监控空气质量和水质，预测污染趋势，从而指导政策制定和环境治理。在农业领域，通过分析土壤数据和气象数据，大数据可以帮助农民优化种植策略，实现精准农业，提高农作物产量的同时减少化肥和农药的使用。

总之，随着技术的进步，大数据正逐步成为推动社会、经济和环境可持续发展的关键力量。未来，随着更多创新技术的应用，大数据的潜力将进一步被挖掘，为世界带来更多正面的改变。

4.3 思考练习

4.3.1 问题与答案

问题 1：大数据的“4V”模型中包括哪些关键维度？

大数据的“4V”模型包括 4 个关键维度：体积（Volume）、多样性（Variety）、速度（Velocity）和价值（Value）。体积指的是数据的规模巨大，多样性指数据类型的丰富性，速度指数据生成和处理的快速性，而价值指在庞大数据中提取有用信息的能力。

问题 2：数据挖掘在大数据分析中的作用是什么？

数据挖掘在大数据分析中的作用是通过应用统计、机器学习和模式识别技术，在庞大数据集中识别模式、关联和趋势。这些技术帮助从原始数据中提取有价值的信息，支持如市场分析、风险管理和客户关系管理等多种应用。

问题 3：个性化推荐系统如何利用大数据与 AI 技术提升用户体验？

个性化推荐系统通过分析用户的行为数据（如购买历史、浏览记录和评分反馈）来个性化推荐产品和内容。利用大数据与 AI 技术，系统能够预测用户的偏好和行为，提供更加精准的推荐，从而提高用户满意度和增强用户黏性。

4.3.2 讨论题

1. 大数据如何帮助学校改善学生的学习成绩？

讨论重点：探讨学校如何使用学生的成绩和活动数据来分析学习模式。讨论通过数据分析发现学生在哪些领域需要更多帮助，并探索如何根据这些信息调整教学方法。讨论学生和家长对学校使用个人数据的看法，以及学校如何确保这些数据的安全。

2. 社交媒体上的大数据如何影响我们的日常决策？

讨论重点：分析社交媒体平台如何使用用户数据来推送广告和内容，影响用户的购买决策。探讨用户应如何意识到这种影响，并学习如何更明智地处理社交媒体上的信息。讨论社交媒体公司应承担何种责任来保护用户不被误导。

第5章 计算机视觉——机器的眼睛

Chapter

学习目标

了解计算机视觉的基本定义和关键技术，理解计算机视觉如何使机器“看见”和“理解”图像，掌握计算机视觉在各行各业中的实际应用，以及面临的技术挑战和未来发展方向（本章1课时）。

学习重点

- 计算机视觉的定义与关键技术，包括图像识别、目标检测、图像分割和模式识别。
- 深度学习和神经网络在计算机视觉中的应用。
- 计算机视觉在娱乐、文化遗产保护、时尚、环保、智能家居和工业自动化中的应用实例。
- 计算机视觉技术面临的准确性、实时处理能力和数据隐私问题。
- 未来发展趋势，包括深度学习的进一步应用、新技术的探索和新市场的拓展。

5.1 教会机器“看”世界

计算机视觉，这门令计算机具备“目光”的神奇技术，已成为人工智能中的璀璨明星。不仅仅是浅层地“看见”图像，计算机视觉使机器能够深入洞察和理解视觉信息的复杂层面。换句话说，机器不只是单纯地观察世界，它能够解读环境中的每一个细节，从繁杂的图像中捕捉到信息，揭示出隐藏在一张照片或实时画面背后的故事和含义。这项技术如何实现的呢？让我们一起探索这激动人心的视觉科技奥秘。

计算机视觉的定义与关键技术

计算机视觉，一种使计算机能够从图像或多维数据中解析信息的技术。简而言之，这项技术赋予了机器“看”的能力——不仅仅是看到图像的表面，更能理解和解释图像内容的深层含义。

1 计算机视觉的定义

计算机视觉通过模拟人类视觉系统的工作机制，使机器能够识别、追踪和分析现实世界中的对象和场景。通过使用摄像头和其他传感器捕捉图像，计算机视觉系统利用复杂的算法对这些图像进行分析，从而完成从简单的物体分类到复杂场景理解的各种任务。

2 计算机识别的关键技术

计算机视觉是一门让计算机从视觉信息中“理解”世界的科学。它涉及一系列的技术和方法，让机器能够模拟人类视觉系统的功能。这些技术包括图像识别、目标检测、图像分割和模式识别等，它们各自有着独特的作用和实现原理。

1）图像识别

图像识别是计算机视觉中最常见的任务之一，它的目的是让机器能够识别和分类图像中的对象（见图5-1）。例如，通过图像识别，计算机可以区分图中的猫和狗。这一过程通常包括提取图像的特征（如颜色、形状、纹理等）并利用这些特征来识别图像。现代图像识别通常依赖深度学习模型，如卷积神经网络（Convolutional Neural Network，CNN），这些模型能够自动学习图像的复杂模式，从而实现高精度的识别。

图5-1 图像识别

下面通过一个详细的例子来介绍图像识别技术在实际应用中的操作，以及它如何帮助自动驾驶车辆安全地导航。这种技术不仅仅局限于自动驾驶，还广泛应用于许多领域，如安全监控、医疗图像分析等，显示了其广泛的实用性和重要性。

图像识别实例：识别交通标志

识别交通标志的流程分为图像采集、预处理、特征提取和分类4步，如图5-2所示。

1. 图像采集

一切从图像采集开始，就像我们用眼睛看世界一样，计算机需要通过摄像头或其他图像捕捉设备来“看”到图像。这些设备可以是普通的数码相机、手机摄像头或专用的图像采集设备。假设我们的系统装备在一辆正在行驶的汽车上，车上的摄像头不断捕捉前方的道路情况。摄像头需要具备高分辨率和良好的动态范围，以确保即使在光线变化或天气条件不佳的情况下也能清晰捕捉图像。

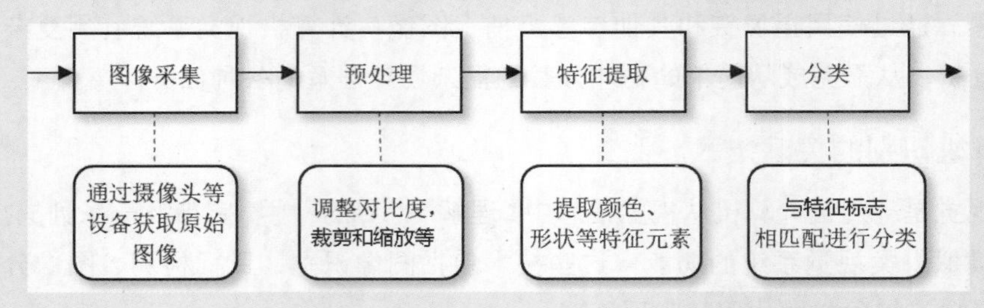

图 5-2 图像识别流程

2. 预处理

采集到的图像首先会经过预处理阶段，这一步非常关键，目的是提升图像的质量，以便更好地进行后续的分析。预处理通常包括以下几个步骤：

（1）调整对比度和清晰度：提高图像的清晰度，使得标志的符号和文字更加鲜明。

（2）裁剪和缩放：将图像中的关注点缩放到交通标志，忽略不相关的背景部分，例如远处的建筑或天空。

（3）这些操作确保了图像中的交通标志被突出显示，同时减少了处理不必要信息的负担。

3. 特征提取

经过预处理的图像接下来将进入特征提取阶段。这一步计算机需要从预处理后的图像中提取出有助于识别和分类的信息。这些信息被称为"特征"，它们是图像中可以代表某些关键视觉内容的元素：

（1）颜色特征：交通标志通常有着鲜明的颜色，如红色停车标志、蓝色的信息标志等。颜色是区分不同交通标志的一个重要特征。

（2）形状特征：交通标志的形状也提供了关键信息，例如停车标志通常是八边形，而让行标志则是倒三角形。

这些特征被提取出来后，就可以用来识别图像中的对象了。

4. 分类

最后一步是分类，这一步使用从图像中提取的特征来预测图像的类别。这一步骤涉及使用机器学习模型，如神经网络，用来识别这些特征代表的交通标志种类，关于机器学习与神经网络原理后续章节会介绍。训练好的模型会根据输入的特征来预测标志的类型，如果提取到的特征与"停车"标志的特征相匹配，模型将输出"停车"标志的标签。同理，如果识别出的特征与"速度限制"标志相符，则模型将输出相应的速度限制信息。

通过以上 4 个步骤，驾驶系统就能根据识别出的交通标志做出相应的驾驶决策，如减速或停车。

2）目标检测

目标检测是计算机视觉领域中一项极具挑战性的技术，它不仅能让计算机识别出图像中的各种对象，更能精确地定位这些对象的位置。这种技术的核心在于，在图像中为每一个识别的对象绘制出一个边界框，这个框清晰地标注了对象的位置和范围。

让我们通过一个具体的实例来深入理解目标检测技术在实际中的应用：设想一个大型购物中心的安全监控系统如何利用目标检测技术来提高安全性。

目标检测实例：大型购物中心安全监控系统

大型购物中心安全监控系统可以通过图像捕捉与初步分析、计算的复杂性和目标搜索、对象的定位和响应以及实际应用与安全响应 4 种目标检测技术来提高安全性，检测流程如图 5-3 所示。

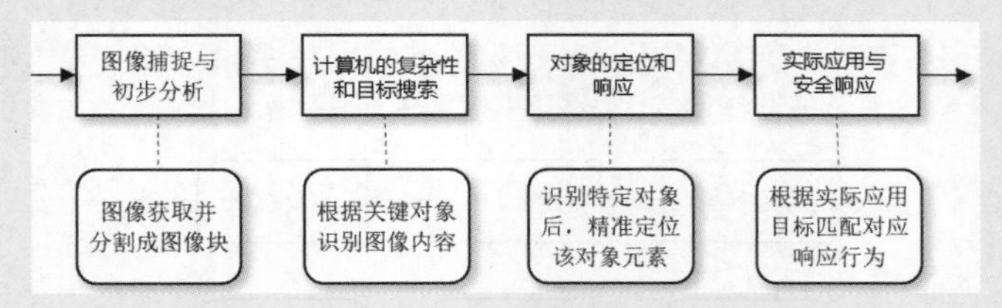

图 5-3 目标检测流程

1. 图像捕捉与初步分析

在这个购物中心，多个高分辨率摄像头不断地监控着商场的各个角落，从入口到走廊，再到停车场。这些摄像头捕获的实时视频流是目标检测系统的“眼睛”，提供了持续的视觉数据。系统的第一步是将这些连续的视频流分解成单独的图像帧，然后进一步将每帧图像分割成数百个小区域或“图像块”。

2. 计算的复杂性和目标搜索

每个图像块都被单独分析，目标检测算法评估这些块是否可能包含关键对象，如人、车辆或其他特定物体。由于图像块数量众多，这个过程需要算法进行大量的计算，以确定哪些图像块最有可能包含关键信息。这种分析需要高效的算法来处理复杂的图像数据，识别出不同形状、大小和颜色的模式，这个步骤需要用到我们后续章节提到的各种神经网络算法。

3. 对象的定位和响应

当算法识别出可能含有关键对象的图像块后，接下来的任务是精确定位这些对象。系统会在这些对象周围绘制边界框，明确标出它们在视频帧中的准确位置。例如，如果检测到一个携带大包裹的人在未经允许的区域徘徊，系统会自动在监控中心的屏幕上高亮显示此人的位置。

4. 实际应用与安全响应

通过这种方式，目标检测技术允许购物中心的安全团队实时监控所有活动，并迅速响应潜在的安全威胁。例如，系统可以配置为识别未在正常营业时间内进入特定区域的人员，或自动追踪可疑行为的人员，并将相关信息及时通报给安保人员。这不仅加强了购物中心的整体安全，还提高了对紧急情况的响应速度和效率。

这个例子清晰地展示了目标检测技术在现实世界中的实际应用，特别是在提升公共安全和监控效率方面的巨大潜力。通过这样的技术实现，购物中心能够更有效地保护顾客和员工的安全，同时维持一个安全和宜人的购物环境。

3）图像分割

图像分割的目的是将图像细分为更多的部分，使得同一部分的像素具有相似的属性，而不同部分的像素则明显不同。这在医学图像分析中尤为重要，如在磁共振成像（Magnetic

Resonance Imaging，MRI）中精确分割不同的组织和器官，如肌肉、脂肪、骨骼等。图像分割技术，如语义分割，处理的是将图像中的每个像素分类到某个对象类别，而实例分割则进一步区分同一类别中的不同实例。

下面我们通过一个具体的应用实例来分析什么是图像分割。

图像分割实例：医学扫描图像中的图像分割

在医疗中，医生需要从磁共振成像（MRI）扫描中识别出不同的组织和器官，以便对病变进行准确诊断。在这里，图像分割技术就发挥了关键作用。图像分割流程如图 5-4 所示。

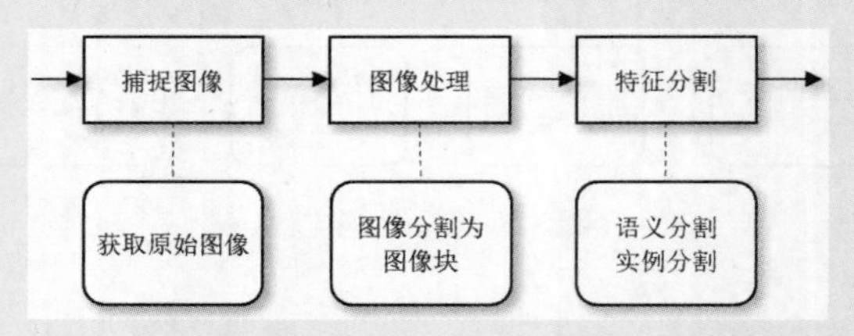

图 5-4 图像分割流程

图像分割的操作步骤如下：

（1）捕捉图像：首先，MRI 设备对患者的特定部位进行扫描，捕捉内部结构的图像。这些图像通常是灰度图，其中的每个像素值代表了不同的组织密度。

（2）图像处理：在图像分割的过程中，算法会分析这些 MRI 图像，将图像分割成数百上千个小图像块。这些区域被算法进一步处理，以确定它们分别属于哪种类型的组织或器官。

（3）特征分割：图像分割技术依靠识别每个区域内像素的相似性。例如，肌肉组织的像素可能显示为一种颜色或灰度，而骨骼组织则显示为另一种颜色或灰度。通过这种方法，算法可以区分图像中的不同组织类型，如肌肉、脂肪、骨骼等。

两种主要的图像分割方法：实例分割与语义分割的应用。

- 语义分割：在这个阶段，算法将图像中的每个像素分类到某个器官类别，不区分同一器官类别中的不同实例。这对于初步识别出哪些区域包含重要器官非常有帮助。
- 实例分割：进一步的实例分割能够区分同一类别中的不同实例，如区分两个相邻的同类器官。这在手术计划和病变评估中尤为重要，因为它允许医生看到每个独立器官的具体位置和健康状况。

通过这种技术，医生能够得到清晰、细致的内部图像，精确诊断疾病，并制定更有效的治疗计划。图像分割不仅提高了医学诊断的准确性，也为患者带来了更为精确的治疗方案，展现了现代医学技术的进步和潜力。

4）模式识别

模式识别是一项关键的技术，它赋予计算机自动识别数据中的模式和规律的能力。这种技术广泛应用于多个领域，使计算机能够通过分析数据进行分类或做出决策。在计算机视觉领域，例如，运动追踪和人脸识别都是模式识别技术的实际应用。运动追踪帮助系统识别和预测物体在视频中的运动轨迹，而人脸识别则通过分析面部特征来识别个体，广泛应用于安全和身份验证领域。下面来详细解释如何将这项技术应用到机场安全检查中。

模式识别实例：机场安全检查中的人脸识别

当旅客进入机场安检区域时，首先遇到的就是人脸识别系统。这个系统首先捕捉旅客的面部图像，这一步骤是整个过程的开始，也是非常关键的一部分。

1. 人脸检测与特征提取

系统自动检测图像中的人脸，并立即开始分析这张脸的关键特征点。这些特征包括眼睛、鼻子、嘴巴的位置，脸部的大小和形状，以及其他可能有助于识别个体的面部标记。这些信息被转化成一个特征向量，即一组数字数据，代表了这张脸的独特属性。

2. 特征比对与身份确认

得到的特征向量随后与预先存储在机场安全数据库中的特征向量进行匹配比较。这个数据库包含了大量已知身份人士的面部数据，允许系统快速地核对和确认旅客身份。如果系统发现匹配的面部数据，它会确认旅客的身份，并允许他们通过安检。

这个过程不仅极大地提高了身份验证的速度和准确性，而且增强了安全性。通过自动化的人脸识别技术，机场能够有效地监控和管理每一个进入和离开的旅客，确保所有人的身份都得到了妥善的核实。

3. 安全与效率的提升

这种人脸识别系统的运用不仅提升了机场的运营效率，还增强了公共安全。它允许机场安全人员更加专注于处理异常情况，而不是每个人的常规检查，从而更有效地利用资源应对潜在的安全威胁。

通过集成这种先进的模式识别技术，机场不仅能保护旅客免受身份欺诈和其他安全风险的影响，还能提供一种快速、无缝的安检体验。这一例子展示了如何将复杂的技术原理应用于现实世界中，以及这些技术如何帮助提升关键基础设施的安全和效率。

5）深度学习与神经网络

在计算机视觉领域，深度学习和神经网络的应用已成为技术进步的核心动力。神经网络是一种模仿人脑神经元结构和功能的计算模型，深度学习则是指在神经网络中应用多层结构（通常称为隐藏层）的学习算法。关于深度学习与神经网络后续章节还会详细介绍，这里简单介绍一下其在计算机视觉中的应用。深度学习，尤其是卷积神经网络（CNN）的使用，极大地提高了计算机对图像和视频的分析能力。卷积神经网络能够模拟人类视觉系统，有效地识别和分类图像中的对象（见图 5-5）。这使得它们在图像识别任务中表现出色，广泛应用于自动标记社交媒体图片、分类医学图像等场景。

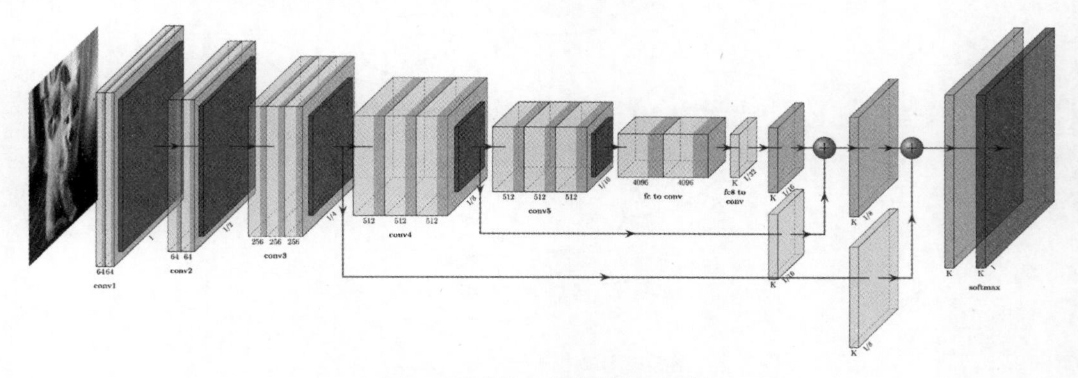

图 5-5 深度学习的卷积神经网络

除此之外，深度学习技术也在目标检测领域发挥了重要作用。通过使用高效的算法如YOLO（You Only Look Once，一次性查看）和SSD（Single Shot MultiBox Detector，单次多框检测器），这些模型能够快速准确地识别图像中的多个对象及其精确位置，特别适合于需要实时处理的应用，如视频监控和自动驾驶。

在图像分割方面，深度学习同样显示出其强大能力，特别是在医学领域，精确的图像分割对于疾病诊断至关重要。例如，U-Net等架构被设计用于高度精确的医学图像分割，能够识别并区分不同的生物组织和结构。

视频分析也是深度学习显著的应用领域之一，这项技术能够追踪视频中的动态对象，并分析其行为模式，应用于安全监控、体育赛事分析和增强现实等多个领域。

随着技术的不断进化和应用的深入，深度学习和神经网络将继续推动计算机视觉向更高精度和更广泛的应用领域发展，为我们理解和互动的视觉世界带来革命性的变化。

通过这些核心技术，计算机视觉正变得越来越智能，它不仅仅帮助机器“看”到世界，更重要的是“理解”世界。这些技术的发展正在推动从自动驾驶到远程医疗的多个领域，为我们的生活带来前所未有的便利和安全。

5.2 计算机视觉的奇妙应用与未来展望

计算机视觉正在不断地改变我们的世界，通过使机器能够“看”和“理解”视觉数据，它在多个行业中推动了工作效率的提升、用户体验的创新，甚至开辟了全新的商业机会。在迅速发展的计算机视觉领域中，尽管取得了巨大的进步，但仍然面临着一系列挑战，这些挑战推动着技术的不断创新和进步。

5.2.1 计算机视觉的应用行业实例

图5-6展示了计算机视觉的应用领域，以下是具体介绍计算机视觉如何在不同领域发挥其独特作用。

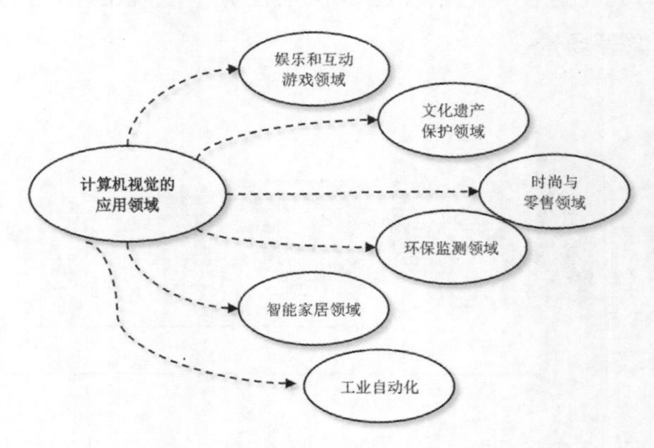

图5-6 计算机视觉的应用领域

1 娱乐和互动游戏

在娱乐行业，计算机视觉技术正变革着我们与数字世界的互动方式。例如，在虚拟现实（VR）和增强现实（AR）游戏中，计算机视觉允许玩家通过自然的身体动作与虚拟世界进行互动。这种技术可以追踪玩家的手势和动作，实时响应游戏中的事件，提供沉浸式的游戏体验。比如，通过计算机视觉，玩家可以用手势释放魔法，或在 AR 游戏中与虚拟宠物互动。

2 文化遗产保护

计算机视觉技术被应用于文化遗产的数字化和保存工作中。通过高分辨率的图像捕捉和三维重建技术，可以创建珍贵艺术品和历史遗迹的数字副本，这些副本有助于学术研究和公众教育，同时为保护这些脆弱资源免受物理损害提供了一个备份。

3 时尚与零售

在时尚和零售行业，计算机视觉技术正在重新定义购物体验。例如，虚拟试衣间允许顾客通过计算机视觉技术在没有实际更换服装的情况下试穿衣物。摄像头捕捉顾客的影像，并通过图像叠加技术在屏幕上展示顾客穿上各种服装的样子，这种方式不仅提高了顾客的购物效率，也为零售商提供了一种无接触的购物解决方案。

4 环保监测

计算机视觉在环境保护领域也展现了巨大的潜力。例如，通过无人机搭载的视觉系统监测森林和海洋的健康状态，可以及时发现火灾、污染或者非法砍伐等问题。这些系统通过分析大量的图像数据，能够迅速识别出环境变化，帮助环保组织做出快速反应。

5 智能家居

在智能家居领域，计算机视觉技术使家庭设备更加智能和互动。例如，智能冰箱可以通过内置的摄像头监测存储的食物，并通过视觉识别技术跟踪食品的存储时间和新鲜度，自动提醒居民补货或使用即将过期的食材。

6 工业自动化

在制造业中，计算机视觉系统用于自动检测产品缺陷、指导机器人进行精确装配等任务。这不仅大幅提升了生产效率，还通过减少人为错误，提高了产品质量。例如，汽车制造中，计算机视觉帮助机器人精确地进行零件装配和焊接。

5.2.2 计算机视觉面临的技术挑战与未来发展

1 技术挑战

- 准确性问题：在复杂环境下，计算机视觉系统的准确性是一个重大挑战。例如，在变化多端的光照条件或遮挡情况下，系统可能难以准确识别或定位对象。这一问题尤其在自动驾驶和安全监控领域显得尤为重要，任何误识别都可能导致严重后果。

- 实时处理能力：随着应用需求的增加，如何快速处理和分析庞大的图像数据集成为了技术发展的关键。在需要实时反应的场景中，如自动驾驶汽车或公共安全监控，计算机视觉系统必须能够即时处理和解析大量视觉信息，以做出快速反应。
- 数据隐私和安全：随着计算机视觉技术在监控、个人设备和社交媒体中的广泛应用，数据隐私和安全问题日益突出。如何保护被系统捕捉和分析的个人视觉数据不被滥用，是技术发展必须考虑的重要问题。

2 未来发展趋势

- 深度学习的进一步应用：深度学习也是推动计算机视觉发展的核心技术。未来的研究将更加侧重于开发新的深度学习模型，这些模型能更有效地处理复杂的视觉信息，提高在复杂环境中的识别准确性和速度。
- 新技术的探索：量子计算和边缘计算等新兴技术有望为计算机视觉带来新的突破。量子计算可以增强数据处理的能力，而边缘计算可以在数据产生地点即时处理视觉信息，减少延迟，提升效率。
- 新市场的拓展：随着技术的成熟和成本的降低，计算机视觉将被应用到更多新的领域，如环境监测、灾害响应和智能制造等。这些新应用领域不仅为社会带来益处，也将推动计算机视觉技术的商业化和普及。

通过克服现有的挑战并利用新兴技术，计算机视觉的未来充满了无限可能，这一领域的进步将继续深刻影响我们的工作、生活以及娱乐方式。

5.3 思考练习

5.3.1 问题与答案

问题 1：计算机视觉如何使机器能够“看见”和“理解”图像？

计算机视觉通过模拟人眼的工作方式，利用摄像头捕捉图像，再通过算法分析这些图像，使机器能识别和理解图像内容。这包括识别图像中的物体、场景以及执行更复杂的图像分析任务。

问题 2：图像识别在计算机视觉中是如何工作的？

图像识别技术通过分析图像中的特征，如使用颜色、形状和纹理来识别图中的对象。目前图像识别技术常使用卷积神经网络（CNN），这种深度学习模型能够自动学习和识别图像中的复杂模式，从而准确地分类图像中的物体。

问题 3：目标检测技术是如何在计算机视觉系统中定位物体的？

目标检测技术不仅识别图像中的物体，还精确标出它们的位置。这是通过在图像中为每个识别的物体画出边界框来实现的，其中每个边界框都清晰定义了物体的位置和范围。

5.3.2 讨论题

1. 计算机视觉如何改变我们的日常生活？

讨论重点：分析计算机视觉技术在智能手机（如面部解锁）、社交媒体（如自动标记照片）和家庭安全（如智能监控摄像头）中的应用。探讨这些技术如何提升日常生活的便利性，以及可能带来的隐私和安全问题。

2. 自动驾驶汽车中的计算机视觉技术对交通安全的影响。

讨论重点：讨论计算机视觉如何使自动驾驶汽车能够识别道路标志、障碍物和行人，从而提高行车安全。探讨技术失败可能导致的后果，如何通过技术改进来减少这些风险。

第 6 章 Chapter 语音识别——机器的耳朵

学习目标

了解语音识别技术的基本定义和工作原理，掌握语音识别的关键技术与方法，理解语音识别在各个领域中的实际应用及其带来的便利。认识语音识别技术的未来发展方向及其潜力，探讨语音识别技术对青少年创意与自我表达的影响（本章 1 课时）。

学习重点

- 语音识别的定义及其重要性。
- 语音识别的关键技术与方法，包括特征提取、声学模型、语言模型、解码和输出以及端到端系统。
- 语音识别在娱乐和社交、教育、健康与健身及青少年创意与自我表达中的应用实例。
- 语音识别技术的未来发展趋势，包括多语种和方言理解、情感识别以及实时语音翻译。
- 语音识别技术对青少年的启发和激励，以及其在创新和实践中的应用。

6.1 机器如何“听”懂我们的语言

语音识别技术，简单来说，就是让机器通过“听”的方式来理解人类的语言。你只需对着手机说出“打开手电筒”，手机便能理解你的指令并执行。这种技术使得与机器的交流变得像与“人”交谈一样自然和便捷，极大地简化了人机互动。

语音识别的意义不仅仅在于它提供了一种无须手动输入的交互方式，更在于它为那些因身体条件限制不能使用传统输入设备的人们打开了新的可能性。比如，行动不便的人士可以通过语音控制家中的智能设备，享受科技带来的便利。此外，语音识别还广泛应用于车载系统、智能家居、客户服务等多个领域，它不仅可以提高效率，减少操作的复杂性，还能提供更加个性化的服务。

6.1.1 语音识别的定义

语音识别，或称为自动语音识别（Automatic Speech Recognition，ASR），是一种使计算机能够接收、解释和理解人类语音的技术，并将其转换成可读的文本或执行命令。语音识别的基本目标是将用户的语音输入转换为机器可以理解和执行的文本指令。这项技术涵盖了从声音信号的捕捉、声音特征的提取到最终的语言理解和执行。这个过程开始于声音的捕捉，通常通过麦克风完成，如图 6-1 所示。当声波被麦克风捕捉后，它们被转换为数字信号，此信号将被进一步处理以解析出有用的信息。

图 6-1 语音识别

6.1.2 语音识别的关键技术与方法

语音识别的关键技术与方法包括特征提取、声学模型、语言模型、解码和输出以及端到端系统，如图 6-2 所示。具体介绍如下。

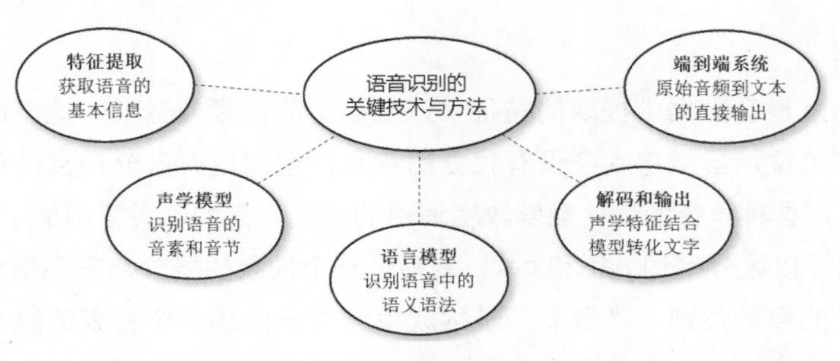

图 6-2 语音识别的关键技术与方法

1 特征提取

特征提取是语音识别中的第一步，它涉及从原始的声音波形中提取有用的信息，这些信息反映了声音的基本属性，如频率、节奏和音量。在这个阶段，声音信号通常被转换为一系列数值特征，称为声学特征。这些特征有助于模型区分不同的声音和语音模式。特征提取的步骤示例介绍如下。

特征提取的基本步骤

1. 声音的数字化：模数转换

语音识别的第一步是声音的数字化。通过麦克风等设备，声音波形被捕捉并转换成数字信号。这一过程中，原始的模拟声音信号通过模拟－数字转换器（Analog-to-Digital Converter，ADC）转换为数字数据，这些数据反映了声音的振幅随时间的变化。

2. 声学特征的提取

一旦声音被数字化，接下来就是从这些数字信号中提取声学特征。常见的声学特征包括频率（音高）、能量（音量）和时域特性（声音的时间结构）。特征提取的目的是尽可能减少数据量，同时保留对于识别语音内容最重要的信息。

3. 使用各种信号处理技术进行声学特征提取

为了有效提取声学特征，语音识别系统可以利用各种信号处理技术。其中，傅里叶变换是一种广泛使用的技术。傅里叶变换是一种强大的数学工具，用于将声音信号从时间域（即我们通常看到的波形图，显示声音如何随时间变化）转换到频率域。频率域的表示形式揭示了声音中不同频率的成分，就像是将一首歌曲分解成不同乐器的声音。这一转换使我们能够清晰地识别出哪些频率是声音中的主要成分，帮助系统更精确地理解声音的结构。

此外，梅尔频率倒谱系数（Mel-Frequency Cepstral Coefficients，MFCC）是另一种重要的特征提取技术，它基于人类耳朵对不同频率的响应而设计，非常适合语音信号。它是根据人类耳朵对不同频率声音的感知能力设计的。人类耳朵对某些频率的变化非常敏感，而对其他频率则相对迟钝。MFCC 通过模拟这种听觉特性，专门挑选出对语音识别最有用的频率特征。这种技术能够有效地从声音信号中提取出那些对于理解和识别语音内容至关重要的信息。

4. 特征向量的创建

从声音信号中提取的特征被组织成特征向量。这些向量就是后续机器学习模型（例如声学模型和语言模型）输入的基础。特征向量的质量直接影响到语音识别系统的准确性和效率。

2 声学模型

声学模型使用从声音数据中提取的特征来识别语音的音素或音节，这里所说的“音素”是语言中最小的语音单位，虽然它本身没有独立的意义，但却具有区分词义的作用。每个音素代表一种声音的变体，这种声音的变化能够改变词语的意义。例如，英语中的 /p/ 和 /b/ 是两个不同的音素，它们可以区分单词 pat 和 bat。音素是一个抽象的概念，它不指代具体的发音，而是指能够区分词义的声音类别。“音节”是构成单词的一个或多个音素的组合，是语言中介于音素和词汇之间的单位。每个音节至少包含一个元音（或者在某些语言中的其他声音作为音节核心），可能还包括前面或后面的辅音。音节是语音节奏的基本单位，对于词汇的发音和流畅度非常重要。例如，单词 computer 分为三个音节：com-pu-ter。

声学模型的工作从接收特征提取步骤得到的声学特征向量开始。该模型分析这些向量，并尝试将它们映射到相应的语音单元上。这一过程涉及大量的数学运算和模型调整，目的是使模型能够准确地预测每一段声音数据可能对应的语音单元。

简而言之，声学模型是一种复杂的计算模型，用于解析和识别语音中的基本声音单元。这些模型通常建立在先进的深度学习技术之上，能够处理丰富的声音信息，并从中学习如何区分不同的语音模式。

深度学习与神经网络在语音识别中的应用

在语音识别领域，深度学习技术的运用极大地提升了计算机处理和理解人类语音的能力。我们主要采用两种模型：卷积神经网络（CNN）和循环神经网络（RNN）。它们在分析和处理语音数据时各有优势。在后续章节中，我们将详细介绍深度学习与神经网络的相关知识，此处仅做简单说明。

卷积神经网络擅长处理结构化数据。在语音识别任务中，卷积神经网络能有效识别声音中的局部特征，如特定音节或音素。这种能力使得卷积神经网络特别适用于需要精细解析音频数据的场景，有助于识别系统精确捕捉到说话内容的每一个细微之处。

循环神经网络在处理时间序列数据（如语音信号）时表现出色。循环神经网络能够记住先前的输入，这些历史信息会影响当前的输出决策。例如，在处理长对话时，循环神经网络能够利用之前句子的语境来更好地理解和预测接下来的语音模式。

通过这两种技术的结合使用，语音识别系统不仅能够“听见”声音，更能够“理解”语音内容的含义，从而准确地将语音转换为文字。这些技术的不断发展预示着语音识别将在未来展现出更广泛和深入的应用潜力。

3 语言模型

语言模型在语音识别系统中扮演着至关重要的角色，它负责根据语言的统计特性预测单词序列的可能性。通过分析大量的文本数据，语言模型学习了单词的常见组合和语法规则，使得语音识别系统不仅能识别单个单词，还能生成语法正确、语义连贯的句子。这对于提高识别系统的理解能力和用户交互的自然性非常关键，这些内容将在后续章节进行详细地讲解。

4 解码和输出

解码和输出是语音识别技术中至关重要的一步。在这个阶段，系统需要将之前提取的声学特征和语言模型的结果结合起来，将机器“听到”的声音转换为准确的文字。

解码和输出

首先，声学模型会分析声音信号，并预测每段声音可能对应的音素或音节。这些音素或音节是构成语言的基本声音单位，例如汉语的声母和韵母，或英语中的辅音和元音。声学模型提供了对可能的音素序列的粗略预测。

接着，语言模型发挥作用。语言模型基于大量文本数据训练，能够理解和预测词汇和词组的组合方式，即常说的“语法规则”。在语音识别中，语言模型帮助系统判断哪些音素序列在语言中是有意义的，哪些序列能够组成实际存在的单词或短语。

解码器是连接声学模型和语言模型的桥梁。它的任务是从所有可能的音素序列中找到最有可能构成用户所说话语的那一种。这个过程涉及复杂的算法，需要在保证译文准确性的同时，也要尽量流畅自然。解码器会考虑多种可能的词序组合，通过算法优化选择出最终的文本输出。

简而言之，解码和输出阶段是将机器对声音的“理解”转换为我们可以阅读和理解的文字。它不仅需要高效、准确地识别声音信息，还需要确保转换后的文本在语言上通顺合理。这一过程是语音识别技术中极为复杂且关键的部分，直接关系到语音识别系统的使用效果和用户体验。

5 革命性的语音识别技术：端到端系统

随着深度学习技术的突破和发展，语音识别领域出现了一种革命性的方法——端到端系统。这种系统的核心思想是：减少复杂的预处理和分阶段处理流程，直接从原始音频信号到文本输出，简化整个语音识别的流程。

在我们之前讲解的传统的语音识别系统中，声音信号需要经过多个阶段的处理：首先是声音的数字化；然后是从这些数字信号中提取声学特征；接着是使用声学模型将特征转换为语音单元；最后通过语言模型和解码器生成文本。这一系列步骤不仅复杂，而且每一步都可能引入错误，影响最终的识别准确性。

端到端系统的出现，打破了这种多步骤处理的传统。它通过一个单一的深度神经网络模型来处理从原始音频到文本的转换。这意味着，音频文件直接输入到模型中，模型输出识别的文本，中间不需要人为干预进行特征提取或单独的声学分析。这种方法简化了流程，降低了出错的可能性，提高了处理速度。

端到端系统通常基于强大的卷积神经网络（CNN）或循环神经网络（RNN），特别是长短期记忆网络（Long Short-Term Memory，LSTM），该网络是一种特殊类型的循环神经网络（后续章节进行详细讲解），这些网络非常擅长处理和预测时间序列数据，如音频信号。这些网络能够自动学习音频数据中的复杂模式，并直接映射到对应的文本，无须人为设定声音特征的提取规则。

端到端的语音识别系统不仅使得模型的训练和部署变得更加简单，还在很多实际应用中展示了优于传统方法的性能，尤其是在处理非常自然的、流式的语音数据时。因此，这种技术已成为现代语音识别技术发展的一个重要方向，预示着未来在这一领域可能会有更多的创新和突破。

6.2 语音识别激动人心的应用

在我们的日常生活中，语音识别技术正悄悄改变我们与世界的互动方式。想象一下，只需说出口令，你的智能手机、计算机或家里的智能音箱就能响应你的需求，从播放音乐、设置闹钟到搜索信息等，所有操作无须触碰，只需轻声细语。这一切的背后是语音识别技术的魔力——一种使计算机和其他设备能够理解和处理人类语言的高科技。语音识别技术不仅使设备更加人性化，还极大地方便了我们的生活，使得交互更加自然和直观。随着科技的不断进步，语音识别正在开启各种令人兴奋的可能性，从智能家居到自动驾驶车辆，它正逐步成为现代科技不可或缺的一部分。接下来，让我们一起深入探索这门使机器具备“听力”的神奇技术及其激动人心的应用领域。

6.2.1 语音识别应用实例

语音识别的应用实例包括娱乐和社交、教育工具、健康与健身和青少年创意与自我表达。

1 娱乐和社交

在数字娱乐的世界中，语音识别技术正开辟着全新的互动体验。智能助手，如 Siri 和 Google Assistant，利用这项技术不仅简化了我们的日常任务，如播放音乐、安排日程或发送消息等，还增添了一种未来感的交互方式。想象一下，当你忙于烹饪或其他手头活动时，只需口头下达指令，智能助手就能为你设定计时器、播放你喜欢的歌曲，甚至回答复杂的问题，这一切都无须你停下手中的工作。

在游戏和虚拟现实（VR）领域，语音识别的应用更是增添了沉浸式的体验。在视频游戏中，玩家可以直接通过语音命令来交互游戏角色或控制游戏进程，从而使游戏体验更加直接和自然。例如，在某些策略游戏中，玩家可以用口令调整战术布局；在 VR 体验中，语音指令允许玩家在虚拟世界中自如地导航或与虚拟环境中的对象互动，而无须使用传统的控制器。这种技术不仅提升了游戏的可玩性，也为游戏设计师提供了新的创意空间，使他们能创造出前所未有的互动场景。

语音识别技术正在改变我们享受娱乐和进行社交的方式，使得交互更加无缝和富有魔力。随着技术的不断进步，未来的娱乐和社交场景将更加智能化和个性化，为用户带来更多定制的体验和乐趣。

2 教育工具

在教育领域，语音识别技术的影响力日益增强，特别是在学习辅导和特殊教育方面表现尤为显著。该技术不仅丰富了学习体验，增加了互动性，而且对于满足学生个性化学习需求提供了极大的支持。

语音识别为学生的语言学习提供了极大的便利。学生可以通过语音输入来练习语言发音和口语表达，系统即时的反馈可以帮助他们改正发音错误，加深学习印象。此外，对于写作练习，学生可以直接通过语音输入文字，这不仅加快了写作速度，还能帮助学生集中思考内容而非键盘输入的技巧，尤其是对于学习障碍的学生来说，这一点尤其重要。

在阅读辅助方面，语音识别技术能将文本转换为语音，这对视力障碍的学生尤为有益。这些学生可以通过听的方式接触和学习课本知识和文学作品，极大地提高了他们的学习效率和学习动力。同时，语音识别还可以帮助教师制作个性化的教学内容，适应不同学生的学习节奏和风格。

特殊教育中，语音识别技术的应用同样具有划时代的意义。对于听力受限的学生，语音到文本的转换功能使他们能够实时看到课堂上的讲话内容，从而不错过任何重要信息。此外，这项技术还能帮助有语言障碍的学生通过改进后的语音合成系统来表达自己，使他们能够更自信地参与到课堂讨论和社交活动中，如图 6-3 所示。

图 6-3 语音识别在教育中的应用

3 健康与健身

在健康与健身领域，语音识别技术正以其便捷性和实用性改变着我们监测健康和管理健身的方式。尤其是在智能手表和健康跟踪设备的使用中，语音识别技术的应用使得这些设备更加人性化，更能贴近用户的日常生活。

智能手表和健康跟踪设备通过集成的语音识别功能，允许用户通过简单的语音命令记录健康数据，如心率、步数或卡路里消耗等。这种交互方式不仅提高了数据记录的效率，还增强了用户的使用便利性。例如，当用户在进行健身活动，如跑步或骑行时，他们可以直接通过语音更新自己的健康状态，无须停下手中的活动去操作设备。此外，这些设备还能通过语音指导提供即时的运动反馈和健康建议，帮助用户优化训练效果和健康管理。

在心理健康领域，语音识别技术同样展现出巨大的潜力。通过语音日记应用，用户可以通过语音记录自己的日常心情和感受，这不仅便于保持心理健康的日常记录，还帮助用户在表达感受时更加自然和放松。此外，一些应用通过分析用户的语音模式和语调来识别其情绪状态，从而提供个性化的心理健康支持。例如，如果系统检测到用户的语音中透露出压力或焦虑的迹象，它可以主动提供放松技巧或推荐联系专业的心理健康顾问。

4 青少年创意与自我表达

在当今数字化时代，青少年正通过各种创新工具探索自我表达的新途径。语音识别技术作为其中的一种强大工具，极大地丰富了青少年在内容创作和艺术设计领域的参与度和创造性。

- 内容创作：对于热衷于视频制作和播客的青少年来说，语音识别技术提供了一种高效的方式来生成字幕和编辑多媒体内容。通过语音识别，他们可以直接将口述内容转换为文字，快速创建视频字幕或文本描述，这不仅提高了内容制作的效率，还使得视频内容更加易于理解和分享。此外，这一技术也支持实时语音命令，使青少年在编辑视频或调整播客内容时，能够更加专注于创意表达，而不是被烦琐的技术操作所困扰。
- 艺术与设计：在数字艺术和设计领域，语音识别同样发挥着重要作用。青少年可以利用语音指令快速调用设计软件中的工具，调整颜色、形状和布局，从而使创作过程更为流畅和直观。例如，在进行数字绘画或图形设计时，通过简单的语音命令"更改颜色为蓝色"或"调整透明度"，可以立即看到相应的效果，这样的交互方式不仅加快了创作步骤，还激发了青少年探索更多创意的热情。

这些应用使得语音识别不仅是一项技术工具，更是青少年创意和自我表达的助力器。通过减少技术操作的复杂性，语音识别技术让青少年能够更自由地探索和表达自己的创意思维，无论是在视觉艺术、数字媒体还是内容创作中，都能够更加自如地将想象转换为现实。这种技术的普及和应用，预示着未来创意表达的无限可能，为青少年的艺术和设计之路开辟了新的视野。

语音识别的具体应用总结如图 6-4 所示。

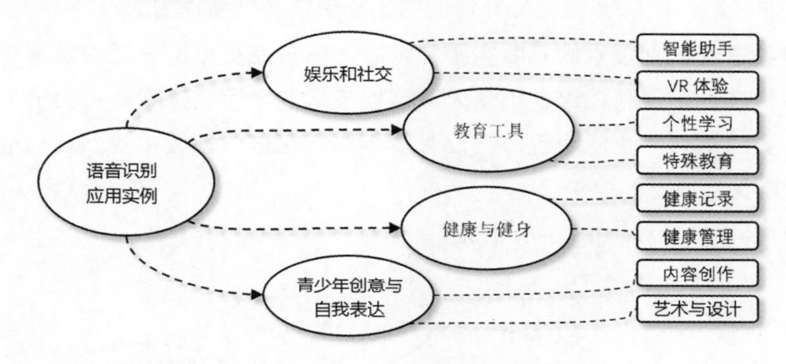

图 6-4 语音识别的具体应用

6.2.2 语音识别的广阔前景

随着人工智能技术的飞速发展，语音识别正迎来其黄金时代，成为现代人机交互中不可或缺的一部分。未来的语音识别技术将更加智能和精准，不仅能理解简单的命令，还能捕捉到语调、情感甚至言外之意，使交流更加自然和人性化。

1 语音识别技术未来发展

未来，语音识别的精度和适应性将会得到显著提升，使得机器能够更加精准地理解和响应人类的语音指令。预计未来几年内，语音识别技术将在以下几个方面展现出显著的进步和变革：

- 多语种和方言理解：随着全球化的深入发展，未来的语音识别系统将更好地支持多种语言和方言，能够无缝交流，消除语言障碍。这将大大促进国际交流与合作，使语音识别技术在全球范围内的应用更加广泛。
- 情感识别能力：未来的语音识别系统将不仅能理解语言的字面意义，还能捕捉到说话人的情绪和语气，使得交互更加自然和人性化。这项技术在客户服务、心理健康等领域的应用将极大地提升用户体验和服务质量。
- 实时语音翻译：随着机器学习模型的进步，语音识别技术在实时语音翻译方面将实现重大突破，让不同语言的人能够即时通信无障碍。这不仅能推动国际贸易和文化交流，还能在紧急救援等场景下发挥关键作用。

2 探索语音识别：为青少年开启科技创新之门

在科技快速发展的今天，掌握和探索语音识别技术对青少年来说具有特别的意义。这不仅是因为语音识别技术本身的魅力和应用广泛，更是因为它能激发青少年对科技的热情，并培养他们的创新思维和技术实践能力。通过深入学习语音识别，青少年可以更好地理解人工智能如何处理和响应人类语言的复杂性，这对于培养他们的逻辑思维和问题解决能力至关重要。

此外，参与到语音识别相关的项目开发中，青少年能亲手实践如何将理论应用到实际操作中，比如开发一个语音控制的智能家居系统或是设计一个语音交互的游戏。这类实践活动不仅增强了青少年对科技的兴趣，还能够显著提升他们的工程技能和创新能力。

在未来，随着语音识别技术的不断完善和发展，它将在更多的领域中发挥着关键作用，为我们的日常生活带来更多便利。青少年今天对这项技术的学习和探索，将为他们未来在科技领域的发展奠定坚实的基础。我们期待每一位青少年都能在这一领域中找到自己的兴趣所在，并为未来的科技创新贡献自己的力量。

语音识别的未来发展总结如图 6-5 所示。

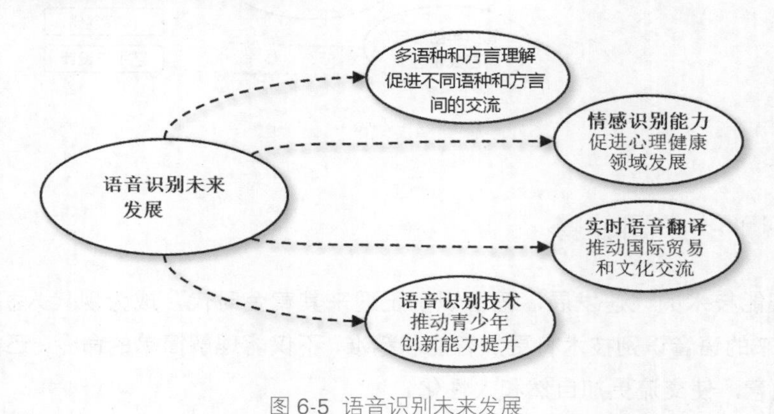

图 6-5 语音识别未来发展

6.3 思考练习

6.3.1 问题与答案

问题 1：什么是语音识别技术，并简述其基本工作原理？

语音识别技术，也称为自动语音识别（ASR），是一种使计算机能够接收、解释和理解人类的语音并将其转换为可读的文本或执行相应命令的技术。其基本工作原理包括声音的捕捉、特征提取（如频率和音量）、通过声学模型将特征映射到语音单元，以及利用语言模型来生成合理的句子结构。

问题 2：解释声学模型在语音识别中的作用是什么？

声学模型在语音识别系统中的作用是使用从声音数据中提取的特征来识别语音的音素或音节。这些模型通常基于深度学习技术，能够处理序列数据，并识别出长距离的语音模式，从而将声音信号映射到潜在的语音单位。

问题 3：举例说明语音识别技术在健康与健身领域中的一个具体应用。

在健康与健身领域中，语音识别技术被用于智能手表和健康跟踪设备，允许用户通过语音命令来记录健康数据，如心率或卡路里消耗。例如，用户在跑步时可以通过语音更新自己的健康状态，而无须手动输入数据，这样可以继续运动而不被打断。

6.3.2 讨论题

1. 语音识别技术如何改变我们与智能设备的交互方式？

讨论重点：探讨使用语音命令控制智能家居设备（如灯光、空调）比传统手动控制有哪些优势和可能的缺点。分析语音控制功能在增加设备使用便利性的同时，可能引发的隐私和安全问题。讨论如何优化语音识别系统，以减少误解和提高响应精度。

2. 语音识别技术在教育领域的潜力及其挑战。

讨论重点：探讨语音识别技术在辅助语言学习（如发音训练和语言实践）中的应用。讨论语音技术如何帮助有特殊需要的学生，比如视力受限学生使用语音阅读图书。分析技术在普及和应用中可能遇到的挑战，例如语言方言的识别问题和技术普及不均的问题。

第 7 章 Chapter

机器学习基础——智能学习者

学习目标

了解机器学习的基本定义和工作原理，掌握机器学习的关键技术与方法，理解机器学习在各个领域中的实际应用及其带来的便利，认识机器学习技术的未来发展方向及其潜力，并探讨机器学习技术对社会的影响（本章 1 课时）。

学习重点

- 了解机器学习的基本定义和工作原理，及其在没有直接编程情况下的自我学习能力。
- 掌握机器学习的主要类型，包括监督学习、无监督学习、半监督学习和强化学习，以及各自的应用场景和方法。
- 简述机器学习的发展历程，从统计学和优化理论的早期探索到现代深度学习的突破性进展。
- 学习机器学习的实际操作流程，包括从数据采集和清洗到模型选择、训练和评估的每个步骤。
- 通过实际案例（如电影推荐系统）展示机器学习的应用，帮助理解如何在现实中构建和优化预测模型。

7.1 机器学习的原理

机器学习是一种让计算机具备学习能力的科技，它可以让计算机在没有直接编程的情况下进行决策和预测。比如你正在教一个孩子辨认不同种类的水果，通过不断地给他看不同的水果图片并告诉他每种水果的名称，孩子最终能够通过图片识别出不同的水果。机器学习的过程也类似于此，我们通过给计算机查看大量的数据，让它自己“学习”如何完成复杂的任务，如识别照片中的对象、理解人类的语言，或者预测未来的趋势。

机器学习已经成为现代科技的核心，它的应用几乎遍布每一个角落。从智能手机中的语音助手，到给用户推荐喜欢的新歌或电影的流媒体服务，再到帮助医生诊断疾病的智能系统，机器学习无处不在。

机器学习还帮助我们解决一些最为复杂和紧迫的问题，如气候变化的模拟预测、新药的研发等。

7.1.1 什么是机器学习

机器学习是一种应用数学统计方法和算法，使计算机系统能够从数据中自动学习并改进性能，而不需明确编程指令。它依赖于模式识别和计算学习理论，旨在建立一个能够接收输入数据并使用统计分析预测输出值的模型。简单来说，机器学习使计算机可以在没有直接编程控制的情况下做出决策和预测。

机器学习的定义涉及几个关键组成部分（见图 7-1），每个部分都承载着该领域的特征和实践方法：

（1）应用数学统计方法和算法：机器学习核心是数学和算法。它使用统计学方法来解析数据，找出数据之间的关系和模式。这些模式被算法用来做出预测或决策，不断优化这些预测的准确性是机器学习的一个重要目标。

（2）自动学习和改进：与传统的程序设计不同，机器学习模型能够通过经验自我改进。随着接收到更多的数据，机器学习算法能够自动调整其参数或决策逻辑以提高未来任务的性能。

（3）无需明确编程：在机器学习中，程序不需要为每一种可能的情况编写明确的指令。相反，机器学习模型通过分析提供的数据自行学习如何完成任务。这意味着它们可以处理编程者未预见的情况。

（4）模式识别和计算学习理论：模式识别是指机器学习识别数据中规律和关联的能力。计算学习理论提供了评估和比较算法性能的框架和理论基础，这些方法其实在机器学习出现之前就有了。

（5）预测输出：机器学习模型的目标是根据输入数据预测输出结果。这些输出可以是数值（回归分析）、标签分类（分类），或者是一系列的动作（强化学习，见后续解释）。

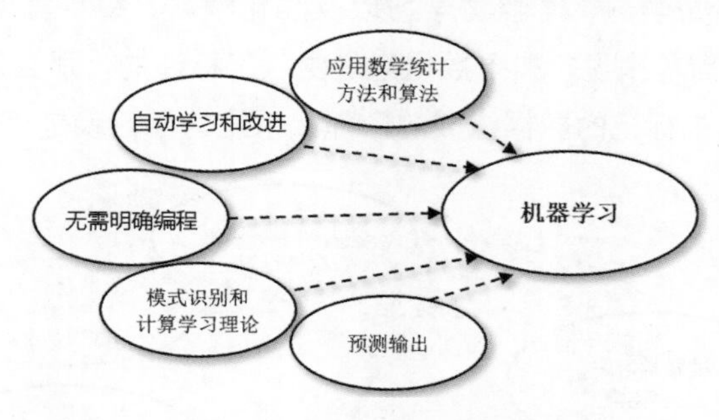

图 7-1 机器学习的组成部分

7.1.2 机器学习的历史

机器学习的发展历程是从多个科学领域逐渐汇集而成的一个跨学科技术领域，其根基深植于统计学和优化理论。在机器学习被正式命名和定义为一个独立领域之前，早期的研究主要依赖于这两个学科的方法和理论。

统计学是处理数据和进行推断的科学，它为早期的机器学习提供了处理样本数据、估计模型和做出预测的基本工具和方法。统计学的方法帮助研究者从数据中提取有用信息，理解数据的潜在模式，并在不确定性时做出合理的判断。这些技术在机器学习的发展中扮演了核心角色，尤其是在模式识别和概率推断方面。

优化理论则涉及如何在给定的参数空间中找到一个最佳解决方案。在机器学习中，优化技术被用来调整算法模型的参数，以便最大化或最小化某个特定的性能指标，如误差率或预测精度。

机器学习的概念在 20 世纪 50 年代由亚瑟·塞缪尔提出，他是一位在 IBM 工作的科学家，开发了一个能够通过玩跳棋游戏自我提高的程序。这个程序通过玩游戏并改进其策略来“学习”如何更好地玩跳棋。这是机器学习最早的实例之一，展示了机器通过经验获取知识的潜力。这标志着机器学习作为一个独立研究方向的起点。之后，随着计算能力和数据获取便利性的提高，机器学习开始吸收并融合更多的统计和优化方法，逐渐形成了目前我们所熟知的形态。

在 20 世纪 70 年代到 80 年代，随着计算机科学的发展，机器学习方法开始向复杂的算法和统计模型发展。在 20 世纪 80 年代，一个新的机器学习领域“神经网络”的研究取得了重要进展。这些早期的神经网络模型受到人脑结构的启发，尝试通过模拟神经元和它们之间的连接来处理信息。

在 21 世纪初，深度学习的兴起标志着机器学习的一个新时代。深度学习是一种特殊类型的机器学习，它使用多层（深度）的神经网络来处理复杂的数据输入。这一技术的突破性发展大大提高了机器学习模型处理图像、声音和文本数据的能力，关于深度学习我们在后续章节会详细讲解。

7.1.3 机器学习的主要类型

前面已经介绍过，机器学习是一门让计算机模拟人类学习行为的科学，它可以根据数据做出预测或决策，而无须进行明确的程序编码。根据训练数据的不同，机器学习可以分为几种主要类型：监督学习、无监督学习、半监督学习以及强化学习。每种类型都有其独特的应用场景和方法，如图 7-2 所示。简单来说，如果数据集是由人工标注的，那么系统的学习就被称为“监督的”；如果数据集是由未标记的数据组成的，那么系统的学习就是“无监督的”。

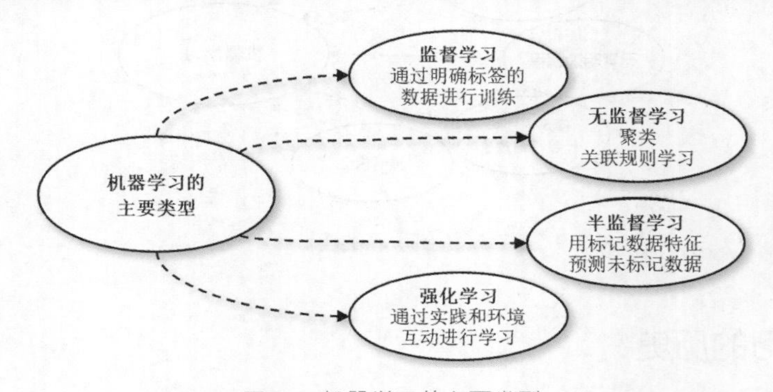

图 7-2 机器学习的主要类型

1 监督学习

这是最常见的机器学习类型，它依赖于标记的数据集。这意味着每个输入数据（如图片、文本或声音）都有一个对应的标签（如分类标签或具体数值），它们一起构成了一个训练样本。通过分析这些带标签的数据，监督学习算法学习如何将输入映射到期望的输出。这种方法广泛应用于图像识别、邮件过滤和预测分析等领域。

监督学习是机器学习领域中最直观、最普遍的一种方法，它就像是在教机器"上学"一样，其中教师的角色由带标签的数据集担任。想象一下，每次你给机器展示一个图片、一段文本或一段声音时，你都会告诉它这是什么，比如这是一只猫、这是一封垃圾邮件，或者这句话的意思是什么。这些标签就像是答案，帮助机器学习并理解应该如何从输入的数据中找到正确的输出。

在监督学习中，我们首先会收集大量的数据样本，并为每个样本提供明确的标签或答案。例如，在图像识别任务中，我们可能有成千上万张图片，每张图片都标记了图中物体的名称。机器学习模型会分析这些图片和它们的标签，尝试找出图像特征与标签之间的关联规律。

通过这种方式，监督学习算法能够学习并建立一个数学模型，这个模型可以对新的数据做出预测。比如，在学习了许多标有"猫"和"狗"的图片后，当你给这个模型一张新的猫的图片（没有标签）时，它可以正确地识别出这是一张猫的图片。

监督学习在现实生活中也有广泛的应用。在图像识别中，它可以帮助自动识别照片中的物体；在邮件处理中，它能够帮助区分哪些邮件是垃圾邮件；在预测分析中，它可以基于历史数据预测股票市场的走势或用户的购买行为。这种学习方式的关键在于拥有大量的、高质量的标记数据，这些数据让机器通过学习已知的例子来获得解决未知问题的能力。

2 无监督学习

与监督学习不同，无监督学习处理的是未标记的数据。算法的目标是探索数据中的结构和模式，而不是从标记的输出中学习。这种类型的学习适用于聚类分析、关联规则学习等场景，如市场细分和社交网络分析。

无监督学习不依赖于预先定义的标签来训练模型。想象一下，你有一堆杂乱无章的积木，而无监督学习的任务就是对这些积木进行分类和整理，找出它们之间的关联和模式，而不是事先告诉机器每个积木属于哪个类别。

在无监督学习中，算法会自行探索数据，试图发现数据中隐藏的结构。这种方法特别适用于我们不知道要寻找什么的情况，或者当我们希望算法能告诉我们数据中有哪些有趣的模式时。例如，在市场细分中，无监督学习可以帮助企业识别不同的顾客群体，每个群体都有其独特的购买行为和偏好，即使这些顾客之前没有被明确分类。

常见的无监督学习方法包括聚类和关联规则学习：

- 聚类：这是无监督学习中最常见的技术之一，其目的是将数据分成若干组，使得同一组内的数据点尽可能相似，而不同组之间的数据点尽可能不同。想象一下，你把不同颜色和形状的积木分类，将相似的积木放在一起，每一组都有共同的特征，如红色的圆形积木一组，蓝色的方形积木一组。

- 关联规则学习：这种方法用于发现大量数据中变量之间的有趣关系，比如在购物篮分析中发现顾客购买某一商品时通常还会购买哪些其他商品。例如，如果发现许多买了面包的顾客也经常购买牛奶，这一关联规则可以帮助商店进行更有效的产品布局和促销活动。

无监督学习为数据探索提供了强大的工具，帮助我们理解和解释数据集的内在结构，从而在没有明确指导的情况下发现数据中的自然分布和关系。这对于处理复杂的数据集非常有用，可以揭示出我们事先未曾预料到的洞见。

3 半监督学习

这种方法介于监督学习和无监督学习之间。它主要用于标记数据稀缺且获取成本高的情况。半监督学习结合了少量的标记数据和大量的未标记数据，通过这两者的组合提高学习精度。这种方法常用于语音识别和文本分类，其中获得大量标记数据代价较高。

例如，你正在准备一场大型的学校晚会，需要对参加的学生进行分组，但你只知道少数学生的兴趣爱好（这些是标记数据），而大多数学生的兴趣并不清楚（这些是未标记数据）。

在这种情况下，半监督学习就像是一个聪明的组织者，它不仅利用那些已知兴趣爱好的学生信息（少量标记数据），还试图从未明确表达兴趣的大多数学生中寻找隐藏的模式和关联（大量未标记数据）。通过这种方式，半监督学习能够构建出一个更全面的模型，来预测所有学生的兴趣分布，这通常会比仅使用少量已标记数据或完全没有标记的数据更准确。

这种学习方法的优势在于它充分利用了未标记的数据来增强模型的预测能力，这在实际应用中非常有价值，特别是在那些获取标记数据成本高昂或困难的场景下。例如，在语音识别技术中，收集和标记大量语音数据以训练模型是非常耗时且成本高昂的，但使用半监督学习，我们可以利用少量的标记语音数据和大量的未标记语音数据来提高识别精度。

同样，在文本分类任务中，可能只有少部分文档被标记了主题标签，而大部分文档没有标签。半监督学习可以帮助我们利用这些未标记的文本来更好地理解和分类所有文本的主题，从而使模型在处理新文档时更加高效和准确。

通过这种结合少量标记数据和大量未标记数据的策略，半监督学习提供了一种成本效益高、应用广泛的解决方案，特别适合那些数据标注资源有限但数据量大的情况。这使得半监督学习成为一个强大且灵活的工具，尤其在现代的大数据环境中显示出巨大的潜力和价值。

4 强化学习

在强化学习中，算法通过与环境的互动来学习达成目标的策略。这种类型的学习不依赖于数据集，而是依靠探索和利用环境来获得反馈。强化学习在需要决策序列的复杂环境中特别有用，如自动驾驶汽车、游戏玩法优化和机器人导航。

强化学习的思想其实来自于心理学。早在 20 世纪初，心理学家通过实验发现，动物（包括人类）的行为往往受到结果的影响——好的结果会让某个行为更频繁发生，这就是我们说的“奖励”。强化学习就是基于这样一个简单的原则：通过奖励来引导学习（见图 7-3）。

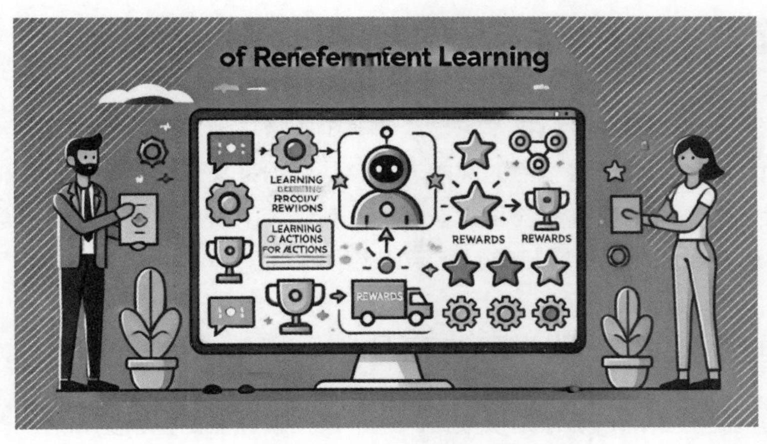

图 7-3 强化学习通过奖励来引导学习

强化学习在 20 世纪 50 年代开始被计算机科学家用作一种算法，帮助计算机通过实践学习如何做出最好的决策。它的理论基础是一种称为马尔可夫决策过程（MDP），这是一套帮助我们理解在不确定的环境下如何做决策的数学方法。例如，在一个探险游戏中，你在每一步都需要选择不同的行动，比如向左走还是向右走，每次选择后游戏都会告诉你得了多少分（奖励），并带你进入一个新的场景（状态）。这就是马尔可夫决策过程的基本思想：你在每一步都做出选择，每个选择都会带来一些结果，包括即时的得分和新的游戏环境。

强化学习是一种独特的机器学习方法，使计算机或机器人能够在试错的过程中学习如何做出最佳决策。在强化学习中，算法（通常被称为“智能体”）需要在一个定义良好的环境中做出一系列的决策。每次做出决策后，环境会根据智能体的行为给出反馈，这个反馈通常是奖励（或惩罚）信号。智能体的目标是最大化其在整个学习过程中获得的总奖励。

强化学习的关键优势在于其能够在没有明确指示的情况下自我改进，这使得它在那些模型难以提前获得所有决策结果的复杂和动态环境中表现得尤为出色。通过不断地探索和学习，强化学习算法能发现新的策略，不断适应并优化其行为，展示了一种接近人类学习方式的智能行为。

强化学习实例：机器人如何在一个迷宫中找到出口

（1）环境设置：我们的环境是一个迷宫，有入口和出口，迷宫里有墙壁阻挡和开放的路径可以行走。

（2）智能体：这里的智能体是我们的机器人。它的目标是从迷宫的入口找到出口。

（3）选择行动：机器人在每一个路口都需要做出决策，比如向左走、向右走、向前走或向后走。

（4）接收反馈：机器人每走一步，环境就会给它一个反馈（奖励或惩罚）。例如，如果它撞到墙壁，可能会收到负面奖励（惩罚）；如果它向出口方向前进，会得到正面奖励。

（5）学习和适应：机器人会根据收到的奖励来调整自己的行动策略。它会尝试不同的路径，记住哪些行为带来了好的奖励，从而在未来遇到类似情况时做出更好的决策。

（6）重复实践：机器人会在迷宫中多次尝试，每次尝试都会根据前一次的经验来改进。它会逐渐学习到一套策略，这套策略能让它最快速地从入口到达出口。

通过这个实际的例子，我们可以看到强化学习是一种通过试错来学习最佳行动策略的过程。

7.2 实战操作：构建你的首个预测模型

在现代数据驱动的世界中，机器学习已成为各个领域中解决复杂问题和推动创新的重要工具。通过系统地学习和实践机器学习的基本流程，从数据采集到模型优化，我们可以掌握这门技术的核心要素，为未来的研究和应用打下坚实的基础。下面将详细介绍机器学习从数据处理到模型构建的具体步骤，并通过实际案例展示其应用。

7.2.1 从数据到模型：机器学习的流程

在机器学习的世界里，一切都始于数据。这个过程就像烹饪一顿美味的晚餐，首先你需要准备好食材，然后选择合适的食谱，最后还需要通过尝试来调整味道。接下来，我们将详细探索机器学习从数据采集到模型评估的每一个步骤。机器学习的流程如图 7-4 所示。

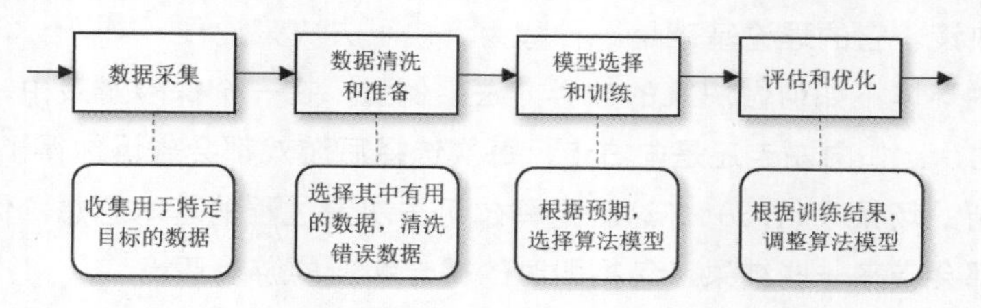

图 7-4 机器学习的流程

1 数据采集

数据是机器学习的起点。我们可以从各种来源收集数据，如在线调查、社交媒体、传感器设备或公开的数据集。想象一下，如果你正在建立一个预测天气的模型，则需要从气象站收集温度、湿度、风速等数据。

2 数据清洗和准备

收集的数据往往是不完美的，可能包含错误、重复项或缺失值。因此，数据清洗变得非常重要，它确保我们用于训练的数据是准确和可靠的。例如，如果你的数据中有些温度记录是“-999”，这显然是不合理的，需要修正或删除。

数据准备还包括特征选择，即选择对模型预测最有用的信息。比如在预测天气的任务中，日期信息可能不如气温和湿度重要。

3 模型选择和训练

选择合适的模型是机器学习流程中的一个关键步骤。有多种不同的机器学习模型可供选择，如决策树、支持向量机或神经网络。选择哪种模型通常取决于数据的类型、问题的复杂度以及预期的输出。一旦选择了模型，下一步就是训练。这一过程中，模型会尝试学习数据中的模式和关系，以便能够对新的数据做出准确的预测。这就像是在教机器如何根据已有的气象数据来预测未来的天气一样。

4 评估和优化

训练完成后，我们需要评估模型的表现。这通常通过将模型的预测结果与实际结果进行比较来完成。例如，检查模型预测的天气情况与实际发生的天气是否一致。

优化是对模型进行调整的过程，目的是提高其准确性和效率。这可能包括调整模型参数、添加更多数据或改变模型结构。优化的目标是使模型在实际应用中表现更好、更准确地预测结果。

通过这个详细的流程，我们可以看到，机器学习就像是教计算机从经验中学习的艺术。它不仅仅是编程或数学，更是一种使计算机能够适应和解决真实世界问题的技术。

7.2.2 机器学习实战的例子展示（有 Python 基础的学习）

下面通过一个实战例子，详细解释机器学习流程，创建一个电影推荐系统。在这个例子中，我们将使用 Python 语言，因为它支持多个强大的机器学习库，如 scikit-learn、Pandas 和 NumPy，这些工具可以简化数据处理和模型构建的过程。

机器学习实战例子：电影推荐系统

1. 数据采集

我们从 MovieLens 数据集中收集数据，这是一个公开的电影评分数据集，包含用户对电影的评分。数据以 CSV 文件格式提供，每一行包含用户 ID、电影 ID、评分和时间戳。

2. 数据清洗和准备

使用 Python 的 Pandas 库来加载和观察数据，检查是否存在缺失值或不一致的数据条目，并进行清洗。

为了让数据适合机器学习处理，我们将电影类型的文本数据转换为独热编码（One-hot Encoding），这样每种电影类型都将有一个相应的列。（注：独热编码（One-hot Encoding）是一种处理分类数据的常用方法，假设我们有一个特征“颜色”，它包含三个可能的值：红色、绿色和蓝色。使用独热编码处理后，每个颜色值都将被转换为一个三位的向量：红色 -> [1, 0, 0]、绿色 -> [0, 1, 0]、蓝色 -> [0, 0, 1]。）

3. 模型选择和训练

我们选择使用协同过滤（Collaborative Filtering）技术，特别是基于用户的过滤方法，它通过找到相似用户的评分行为来推荐电影。

使用 Python 库的 scikit-learn 库中的 train_test_split 方法将数据分为训练集和测试集，然后用训练集训练模型。

4. 评估和优化

利用测试集评估模型的推荐效果，计算诸如准确率、召回率等评价指标。

如果模型性能不符合预期，可能需要重新调整特征提取方法，或尝试其他类型的机器学习算法，如矩阵分解。

可以通过调整模型的超参数，使用如 Python 库的 scikit-learn 的网格搜索（GridSearchCV）工具自动找到最优参数。

通过这个实战例子，不仅能学到如何从零开始构建一个机器学习项目，还能了解到 Python 及其库在数据科学和机器学习中的应用。这种实践经验是理解机器学习概念和技术的有效方法，同时也激发了进一步进行探索和实验的兴趣。

7.3 思考练习：小组探究

7.3.1 问题与答案

问题 1：什么是机器学习，并且它是如何在没有直接编程的情况下工作的？

机器学习是一种使计算机能够接收、解释和理解人类语言的技术，并将其转换为可读的文本或执行命令。机器学习依赖于模式识别和计算学习理论，通过应用数学统计方法和算法从数据中自动学习并改进性能。在没有直接编程的情况下，它通过分析提供的数据自行学习如何完成任务，这意味着机器学习模型可以处理编程者未预见的情况。

问题 2：监督学习和无监督学习在机器学习中有什么区别？

监督学习依赖于标记的数据集，其中每个输入数据都有一个对应的标签，算法从这些数据学习如何将输入映射到期望的输出。常见应用包括图像识别和邮件过滤。相比之下，无监督学习处理的是未标记的数据，算法的目标是探索数据中的结构和模式，而不是从标记的输出中学习。这适用于聚类分析和关联规则学习等场景。

问题 3：为什么数据清洗在机器学习中非常重要？

数据清洗在机器学习中至关重要，因为它确保了训练数据的质量和准确性。未经清洗的数据可能包含错误、重复项或缺失值，这些问题可以导致机器学习模型训练出来的结果不准确或不可靠。通过清洗数据，可以去除或纠正这些错误，确保模型是基于最准确和最相关的信息进行训练的。

7.3.2 讨论题

1. 机器学习在医疗领域的潜在应用。

讨论重点：探索机器学习如何帮助改进疾病诊断，例如通过图像识别技术识别癌症。讨论机器学习处理大量患者数据并预测疾病趋势的潜力。思考机器学习在设计个性化治疗计划中的角色。

2. 强化学习在自动化系统中的作用。

讨论重点：分析强化学习如何在自动驾驶汽车中被用来做出驾驶决策。探讨强化学习在游戏设计中如何用于优化玩家体验。思考强化学习在未来技术中可能的革命性变化，比如在机器人技术或智能制造中的应用。

第8章 Chapter 深度学习——深入AI的奥秘

学习目标

了解深度学习的基本定义和工作原理，掌握深度学习的关键技术与方法，理解深度学习在各个领域中的实际应用及其带来的便利，认识深度学习技术的未来发展方向及其潜力，并探讨深度学习技术对社会的影响（本章1课时）。

学习重点

- 了解深度学习的定义、工作原理及其模拟人脑神经网络的机制。
- 简述深度学习的发展历程，从感知机到现代深度神经网络的关键里程碑。
- 学习不同类型的神经网络，包括前馈网络、卷积神经网络、循环神经网络、长短期记忆网络、自编码器和生成对抗网络。
- 理解深度学习在视觉识别、语音识别、自然语言处理和自动驾驶中的实际应用。
- 探讨深度学习的未来前景和技术挑战，包括模拟人类大脑、提高学习效率。

8.1 深度学习的神秘面纱

深度学习，一个听起来既神秘又高科技的术语，实际上是机器学习领域中的一种先进技术。它被设计来模拟人类大脑处理数据的方式，让计算机可以“学习”从复杂数据中识别模式和特征。我们的大脑怎样通过看到的图像、听到的声音或感受到的触觉来识别物体和理解语言，深度学习技术就是试图用机器达到类似的效果。

深度学习非常重要，因为它极大地推动了人工智能领域的发展，使得机器在视觉识别、语音识别、语言翻译等任务上达到了前所未有的准确率。例如，目前的面部识别和自动驾驶汽车技术大多基于深度学习模型。它不仅改变了科技产品的发展方向，也对医疗、金融、娱乐等多个行业产生了深远的影响。

8.1.1 什么是深度学习

深度学习是一种通过使用具有多个层次的人工神经网络来模拟人脑分析和处理信息的方法。它属于机器学习的子集，关键在于它的网络结构包含多个隐藏层，这使得它能够自动并有效地从大量数据中学习复杂的抽象特征。

深度学习的网络结构通常被称为深度神经网络，包括卷积神经网络（CNN）和循环神经网络（RNN）等类型。这些网络通过模拟人脑神经元的连接和相互作用，能够进行自我学习和决策制定，无须人工干预确定具体的执行规则。

在数学和算法层面，深度学习依赖于复杂的数学模型和算法，如反向传播和梯度下降。这些方法用于优化网络中的权重，以减少预测和实际结果之间的误差，从而提高模型在具体任务上的表现。通过这种方式，深度学习可以实现从图像和语音识别到自然语言处理和无人驾驶等多样化的应用。

总的说来，深度学习是机器学习的一个分支，它使用被称为“神经网络”的算法结构，特别是那些有很多层次（或称为“深层”）的网络。这些神经网络的设计灵感来源于人脑中神经元的结构和功能。每一层网络都由许多简单的处理单元组成，这些单元可以接收输入信息，进行处理后输出到下一层。就像我们大脑的神经元一样，这些单元通过增强有用的连接和削弱不必要的连接来学习。

8.1.2 深度学习的发展历程

深度学习的发展历程是一段充满创新和挑战的旅程，这个领域的进步不仅是算法和理论的进化，还得益于计算技术的快速发展。图 8-1 所示为深度学习的发展历史。

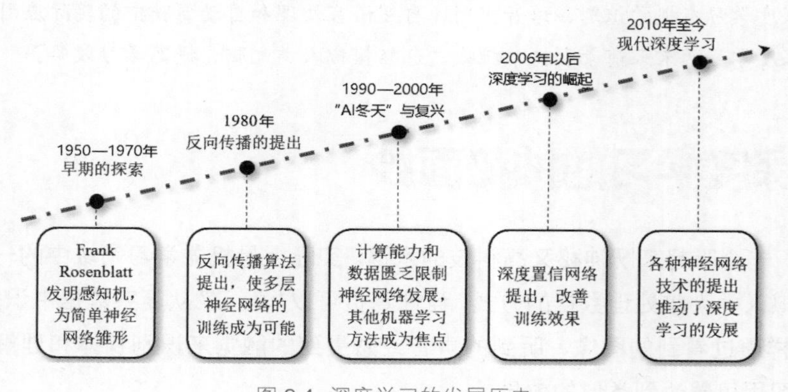

图 8-1 深度学习的发展历史

1 早期的探索（1950—1970 年）

感知机：深度学习的历史可以追溯到 1958 年，当时心理学家罗森布拉特（Frank

Rosenblatt）发明了感知机，这是一种简单的神经网络结构，能够进行基本的图像识别任务。感知机模拟了生物神经元的功能，通过加权输入信号，产生输出决策。尽管感知机在处理线性可分问题上表现出色，但很快就发现它无法解决非线性问题，如异或问题（XOR）。

2 反向传播的提出（1980 年）

多层神经网络与反向传播：在 1986 年，David Rumelhart, Geoffrey Hinton 和 Ronald Williams 发表了一篇开创性的论文，介绍了反向传播算法。这一算法使得多层神经网络的训练成为可能，因为它可以有效地调整网络中所有层的权重。这标志着多层前馈网络（参见8.2节介绍）的实用化，为后来复杂问题的解决方法奠定了基础。

3 “AI 冬天”与复兴（1990—2000 年）

在 20 世纪 90 年代，由于计算能力的限制和数据的匮乏，神经网络研究进入了所谓的“AI 冬天”。在这期间，支持向量机和其他机器学习方法因其效率和理论的健全性而成为研究的焦点。

4 深度学习的崛起（2006 年以后）

深度置信网络：2006 年，Geoffrey Hinton 和他的团队提出了深度置信网络（Deep Belief Network，DBN），重新点燃了对深层神经网络的兴趣。这种新型网络结构通过一种称为无监督预训练的方法初始化网络权重，改善了网络训练的效果。

计算能力的飞跃：随着图形处理单元（Graphics Processing Unit，GPU）的广泛应用和计算资源的大幅提升，深度学习模型能够处理比以往更大的数据集，并训练更复杂的网络。这为深度学习的广泛应用奠定了硬件基础。

5 现代深度学习（2010 年至今）

重大成就：自 2010 年代初以来，深度学习在许多领域都取得了显著的成就，包括视觉识别、自然语言处理和强化学习。特别是 2012 年，AlexNet 在 ImageNet 比赛中的胜出，彻底证明了深度学习在图像识别领域的强大能力。

技术突破：除了网络结构的创新，如卷积神经网络（CNN）、循环神经网络（RNN）和长短期记忆网络（Long Short-Term Memory，LSTM）外，算法和优化技术的进步也极大地推动了深度学习的发展。

深度学习的历史是对人类智慧的一次次挑战，每一次技术的突破都为我们打开了新的可能。

8.1.3 深度学习的工作原理

深度学习通过建立一个从输入到输出的复杂系统来工作。例如，当你上传一张图片到深度学习模型时，第一层可能只识别图片中的边缘，第二层可能识别边缘组合成的形状，更深的层次则可能识别出具体的物体，如人脸或是车辆。在这个过程中，每一层都在其前一层的基础上构建更高级的理解。深度学习的工作原理如图 8-2 所示。

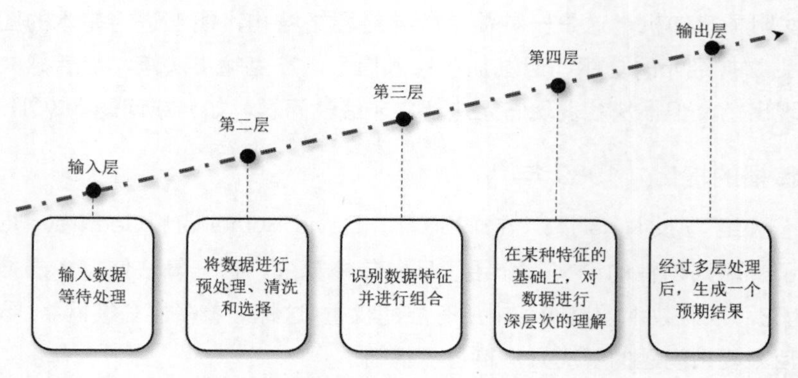

图 8-2 深度学习的工作原理

深度学习的工作原理流程：一个处理图像的例子

（1）第一层（输入层）：这是深度学习模型的起点，上传的图像首先被转换为一系列数值，这些数值对应图像中每个像素的强度。这种格式的数据可以被模型进一步处理。

（2）第二层（边缘检测层）：在这一层，模型使用一组称为卷积核的滤波器来扫描整个图像。这些卷积核负责捕捉图像的基本特征，如边缘、线条和角点。每个卷积核都将对图像的一个小块（例如 3 × 3 或 5 × 5 的区域）进行操作，提取出局部特征。

（3）第三层（形状检测层）： 在通过第一层的处理后，图像中的简单特征（如边缘和线条）被进一步组合成更复杂的形状。在这一层，模型可能开始识别出组合的形状，如圆形、矩形等基本几何图形。这是通过在前一层的输出上应用更多的卷积操作实现的。

（4）第四层（对象识别层）：随着网络层次的加深，每一层都在前一层的基础上继续构建更高级的理解。在这些层中，模型开始从基本形状中识别出复杂的对象，如人脸、汽车或其他具体物体。这一过程涉及大量的非线性转换，使得模型能够从广泛的图像特征中学习并抽象出具体对象的高级表示。

（5）第五层（输出层）：在经过多层处理后，最终的输出层将生成一个向量或者一组数值，这些数值代表不同类别的预测概率。例如，在一个面向 10 类对象的分类任务中，输出层会给出每一类对象对应的预测概率。

在这个过程中，每一层的输出都依赖于前一层的输出，通过这种层层累积的方式，深度学习模型能够处理和解释极其复杂的数据模式。此外，整个网络通过反向传播算法在训练过程中不断调整卷积核和其他参数，以最小化预测错误，从而优化模型性能。

注：反向传播算法是深度学习中用于训练神经网络的一种核心技术。它帮助网络通过迭代过程逐渐优化参数，后续章节将详细介绍。

8.2 神经网络：大脑与机器的桥梁

神经网络是深度学习的核心，它的设计灵感来自我们的大脑。想象一下，你的大脑里有无数个神经元通过电信号相互通信，帮助你理解这个世界——神经网络的工作原理也类似。它由很多层次构成，每一层都有许多小的处理单元，称为“神经元”。这些神经元通过处理数据来学习识别各种模式，比如区分照片中的猫和狗。通过学习，神经网络能够逐渐改善它的判断能力，变得越来越聪明。在这一节中，我们将一起探索神经网络的构建方式，以及它们如何帮助机器“学习”并执行各种复杂任务。

8.2.1 什么是神经网络

神经网络是深度学习的核心，是一种算法构架，模拟人脑神经元网络处理信息的方式。这种构架包括多层的单元或“神经元”，每个神经元可以接收来自前一层的输入，并进行加权求和后，通过一个非线性的激活函数输出到下一层。神经网络通过调整连接各神经元的权重（即学习参数）来学习复杂的数据模式和功能。

我们可以将一个神经网络想象成一个非常复杂的电路系统，其中每个“电路”或“神经元”都可以接收和发送信息。这些神经元不是孤立工作的，而是相互连接，通过大量的信号互动，共同完成任务。神经网络如图8-3所示。

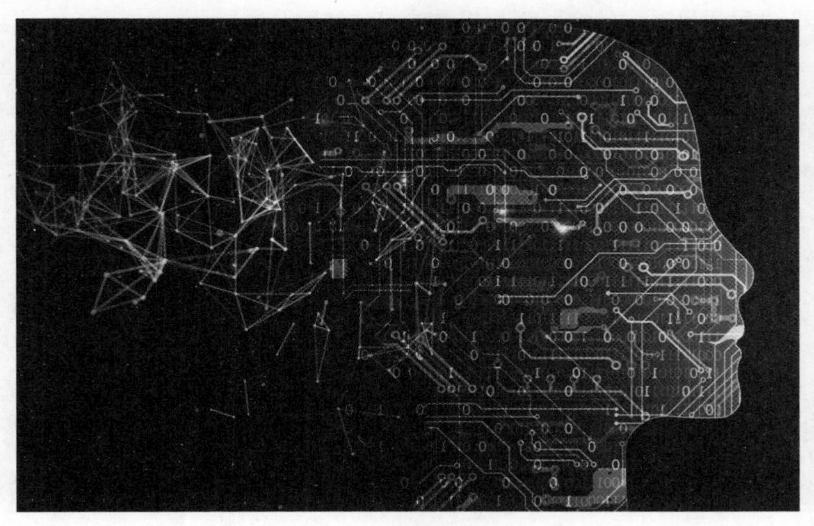

图8-3 神经网络

在一个基本的神经网络中，我们有多层这样的神经元。这种最基本的神经网络称为前馈神经网络，其形式包括三层：输入层、隐藏层和输出层。输入层接收初始数据，如图像的像素值或文本数据的字符；隐藏层处理输入数据，通过数学运算提取特征和模式；输出层则根据从隐藏层接收到的信息做出最终的判断或预测。例如，当我们用神经网络来识别照片中的物体时，输入层可能接收成千上万的像素数据，隐藏层会分析这些数据来识别特定的形状和纹理，比如猫的耳朵或狗的尾巴，最后输出层就会告诉我们这张图片是猫还是狗。

神经网络的学习过程类似于人类学习。通过不断训练和调整内部连接（即前面介绍的权重），网络能够逐渐提高其识别准确性。这个过程中，网络会反复尝试，每次尝试后根据结果调整权重，以期待下一次得到更好的表现。这种通过重复实验和错误调整来优化性能的方法，使得神经网络在处理复杂问题时表现出惊人的能力和灵活性。

通过这种方式，神经网络能够学习执行各种复杂的任务，从自动驾驶汽车的视觉系统到为医生辅助诊断疾病的分析工具，它们正变得越来越智能，越来越擅长模拟人类的决策过程。

8.2.2 神经元

神经元是构成神经网络的基本单元，可看成小型的信息处理中心，它的工作方式类似于人类大脑中的神经元。一个神经元的工作开始于接收一系列的输入信号，这些信号通过称为“权重”的参数加权，这一过程类似于我们在做决定时权衡不同信息的重要性。

以学习骑自行车为例，当你骑车时，大脑会接收到各种感觉输入，如视觉上看到的路线，身体的平衡感以及速度的感知等。这些信息（输入）都会被大脑处理，并产生相应的输出，比如调整方向或变换速度，以保持平衡并控制自行车前进的方向和速度等。在神经网络中，每个输入都有一个相应的权重，这些权重决定了相应输入的重要性，正如在骑车时你可能更重视前方的障碍物而非身后的风景。神经网络与权重的描述如图 8-4 所示。

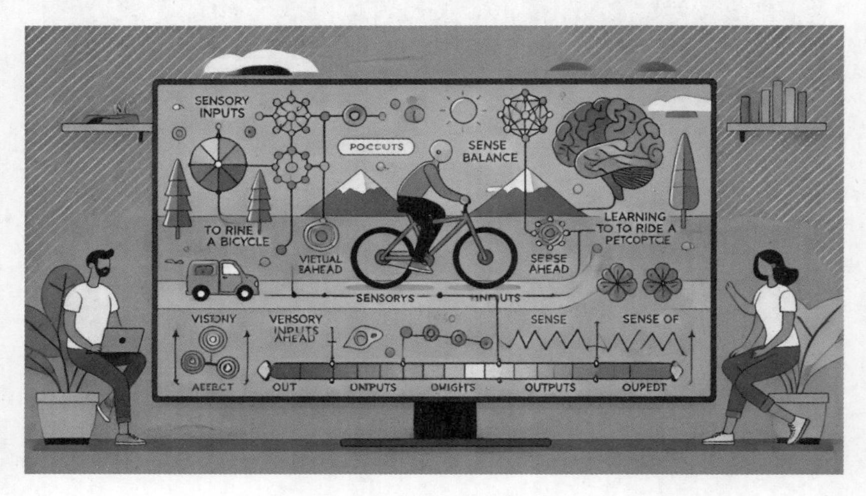

图 8-4 神经网络与权重

此外，每个神经元还有一个“偏置”参数，它有点像是骑自行车时的初始平衡状态。偏置有助于调整神经元的输出，即使在所有输入都是零的情况下，神经元仍然可以有非零的输出。这就像是即使自行车静止不动，你也需要进行微调来保持平衡一样。

神经元的输出不是直接将加权后的输入简单相加，而是通过一个“激活函数”来转换这些加权输入。激活函数的作用类似于大脑决定何时做出反应的阈值，它决定了神经元是否应该被激活，即输出信号到下一层。在我们的自行车例子中，就像判断何时需要更强烈地踩刹车或加速，以响应路况的变化。

通过这样的机制，每个神经元都能在接收到输入信息后产生有意义的输出，这些输出再被传递到网络中的下一层神经元，整个网络共同工作，最终完成复杂的任务，如识别图像中的物体、翻译语言或驾驶汽车。

8.2.3 神经网络的常见种类

神经网络中有多种类型，每种类型根据其结构、工作原理和应用领域的不同而有所区别，每种神经网络都有自己的特点和用途，如图 8-5 所示。以下具体介绍这些常见的神经网络类型。

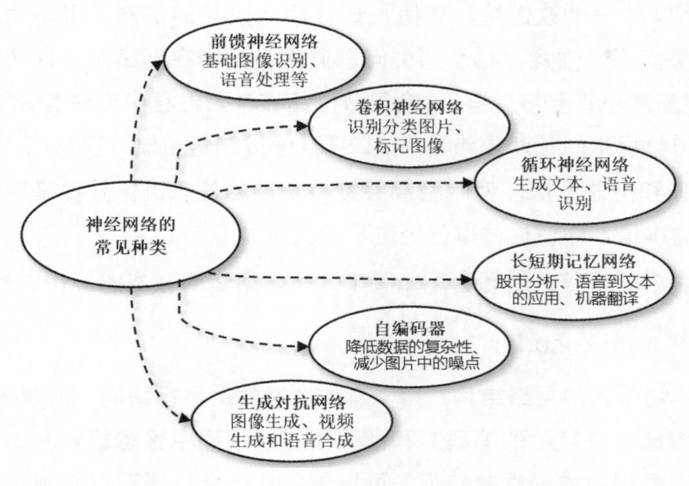

图 8-5 神经网络的常见种类

1 前馈神经网络（Feedforward Neural Networks，FNN）

原理：这是最基本的神经网络。数据从输入层单向流向输出层，不包含任何循环或反馈。网络通过各层的权重和偏置处理数据，使用激活函数非线性转换信号。例如工厂的流水线上，每个工人（神经元）完成一部分工作后，把半成品传给下一个工人，直到产品完成。这个网络就是这样，信息从开始到结束单向流动，不回头。

应用：基础的图像识别、语音处理或者对事物进行分类。

2 卷积神经网络（Convolutional Neural Networks，CNN）

原理：这种网络非常擅长处理图片，专门设计用于处理具有明显网格状结构的数据（如图像）。CNN 通过卷积层提取输入数据的局部特征，使用滤波器或核对数据进行处理，然后通过池化层（又称为下采样，在 CNN 中的一种网络结构，主要功能是减少数据的空间大小，从而减少网络中的参数数量和计算量）降低维度，提高网络的空间层次感。我们可以把它想象成一个戴有特殊眼镜的艺术家，能够看到图片中的小细节（如线条和颜色块），然后逐步整合这些细节来理解整幅画。

应用：用来识别和分类图片，比如自动为社交媒体上的照片打标签。

3 循环神经网络（Recurrent Neural Networks，RNN）

原理：这种网络擅长处理像对话或音乐这样一连串的信息。适用于序列数据处理，如时间序列分析或自然语言处理。RNN 能够处理输入数据之间的时间动态关系，每个神经元的输出不仅取决于当前输入，还受前一状态的输出影响，形成内部状态的记忆。比如你在听故事，每次听到一句话都会记住之前的内容，这有助于理解整个故事。

应用：生成文本，如自动写诗，或者语音识别，帮助计算机理解和生成人类的语言。

4 长短期记忆网络（Long Short-Term Memory，LSTM）

原理：这是 RNN 的一个改进版，更擅长记住很久以前的信息。RNN 解决了普通 RNN 训练过程中的梯度消失问题。注意：梯度消失问题通常是由于在网络层之间传递时，梯度（即对权重的调整信号）逐渐减小直至接近零。这会导致网络在学习过程中无法有效更新早期层的权重，从而难以捕捉和学习数据中的长期依赖关系。LSTM 通过门控机制（遗忘门、输入门和输出门）控制信息的长期依赖和短期记忆，使网络能够维持长期的信息流。就像是有一个超级记事本，可以帮你记住重要的事情，即使这件事已经过了很久了。

应用：在需要考虑前后信息的场合，如股市分析、语音到文本的应用、机器翻译等。

5 自编码器（AutoEncoder，AE）

原理：属于无监督学习的网络结构，用于有效地对数据进行编码。自编码器由两部分构成：编码器（将输入压缩成一个较小的编码）和解码器（从编码中重构输入）。它的目标是最小化重构误差，从而提取数据中的最重要特征。可以想象成一台机器可以将整个图书馆的图书压缩成一本精华手册，在需要时将手册内容还原成原来的图书。自编码器的作用就是如此，它学会如何精简数据同时又能够重新还原数据。

应用：用于降低数据的复杂性，如减少图片中的噪点，或者帮助更好地理解大数据集。

6 生成对抗网络（Generative Adversarial Networks，GAN）

原理：由两部分组成：生成器和鉴别器。生成器的任务是创建尽可能接近真实的数据，而鉴别器则负责区分生成的数据和真实数据。这两部分相互竞争，促使生成数据的质量不断提高。简单来说，这就像是一个由两个神经网络组成的特别团队。其中一个是艺术家，专门创造新奇的作品（如新图片），而另一个是评论家，评判艺术家的作品是否足够真实。它们之间相互竞争，共同进步，创作出越来越逼真的作品。

应用：图像生成、视频生成和语音合成。

通过这些不同的神经网络，计算机可以学习处理和理解各种复杂的数据，就像人类大脑一样。这些网络帮助机器在各种情况下做出决策，从而使我们的生活更加便捷和有趣。

8.2.4 展望未来：深度学习与人脑

深度学习的发展历程始终与我们对人类大脑的理解紧密相连。神经网络设计的初衷就是模仿人脑的神经元网络，以实现类似地处理和学习能力。随着时间的推移，科学家们不断地从神经科学中获取灵感，以改进算法和结构，使机器更好地模拟人类的思维过程。未来，随着我们对大脑工作机制更深入的理解，深度学习技术也将达到一个新的高度。

未来的深度学习模型将更加高效和自适应。随着计算能力的提升和算法的优化，我们可以预见到会开放出更复杂的神经网络结构。这些网络不仅能快速处理海量数据，还能够从中学习到更深层次的模式和规律。此外，模仿人脑的神经可塑性，未来的网络将能够实时调整自身结构，以更好地适应新的任务和环境变化。

深度学习未来的发展也可能在模拟人类情感和认知方面取得突破。目前，深度学习模型主要优化于特定的任务，如视觉识别或语言处理，但随着研究的深入，将有可能开发出能够理解和模拟人类情感反应的算法。这将极大地改善人机交互，使机器能够更好地理解和响应人类的情绪和需求。

更进一步，深度学习技术有望与神经科学的发展紧密结合，推动医学和健康领域的革新。例如，通过模仿大脑处理信息的方式，深度学习可以帮助我们设计出新的神经修复技术或是开发出能够模拟大脑功能的先进设备，这对于治疗神经退行性疾病或脑损伤等症状将具有革命性的意义。

8.2.5 神经网络构建实例（有 Python 基础的参考学习）

为了向读者介绍如何构建和训练一个神经网络，下面通过一个简单的项目来实现这一点。我们将使用 Python 语言构建一个识别手写数字的神经网络模型，并详细说明整个过程。这个例子假设读者已经具备一定的 Python 编程基础，并且熟悉基本的编程环境。

这个项目不仅会帮助读者理解 AI 的基本概念，还会让读者亲手构建一个实用的神经网络模型。首先从数据的准备开始，然后逐步建立和训练我们的网络，最后评估其性能。这是一个既有趣又富有教育意义的实践过程，让我们开始吧！

一个神经网络构建实例：使用流行的 MNIST 数据集来识别手写数字

1. 定义问题

我们的任务是构建一个能够识别 0~9 的手写数字的神经网络模型。这种类型的任务非常适合入门级的机器学习项目。

2. 准备数据

我们将使用 MNIST 数据集，这是一个包含大量已标记手写数字图像的公开数据集。在 Python 中，我们可以轻松地使用 tensorflow 或 keras 库来加这些数据：

```
from tensorflow.keras.datasets import mnist
(train_images, train_labels), (test_images, test_labels) = mnist.load_data()
```

这些数据将自动分为训练集和测试集。

3. 设计神经网络结构

使用 keras 库，我们可以轻松地构建一个前馈神经网络：

```
from tensorflow.keras import models
from tensorflow.keras import layers
network = models.Sequential()
network.add(layers.Dense(512, activation='relu', input_shape=(28 * 28,)))
network.add(layers.Dense(10, activation='softmax'))
```

这个网络包括一个具有 512 个神经元的隐藏层，并使用 ReLU 激活函数，以及一个输出层，使用 softmax 激活函数，对应 10 个数字类别。

4. 编译模型

在训练之前，我们需要编译模型，设置损失函数、优化器和评估指标：

```
network.compile(optimizer='rmsprop',
                loss='categorical_crossentropy',
                metrics=['accuracy'])
```

5. 准备输入数据

由于 MNIST 数据集中的图像尺寸为 28×28，因此我们需要将每个图像数据转换为一个 784 元素的向量，并归一化处理：

```
train_images = train_images.reshape((60000, 28 * 28))
train_images = train_images.astype('float32') / 255
test_images = test_images.reshape((10000, 28 * 28))
test_images = test_images.astype('float32') / 255
```

6. 准备标签

将标签转换为独热编码格式：

```
from tensorflow.keras.utils import to_categorical
train_labels = to_categorical(train_labels)
test_labels = to_categorical(test_labels)
```

7. 训练网络

开始训练网络：

```
network.fit(train_images, train_labels, epochs=5, batch_size=128)
```

8. 评估模型

使用测试数据来评估模型性能：

```
test_loss, test_acc = network.evaluate(test_images, test_labels)
print('Test accuracy:', test_acc)
```

通过以上这些步骤了解到了如何使用 Python 和 Keras 构建和训练一个神经网络。

8.3 思考练习

8.3.1 问题与答案

问题 1：深度学习如何模拟人类大脑？

深度学习通过使用多层的人工神经网络来模拟人脑的神经元网络。这些网络能够通过其多层结构从输入数据中学习复杂的抽象特征，类似于人脑如何通过观察和处理信息来识别物体和理解语言。

问题 2：什么是感知机，它在深度学习历史中的重要性是什么？

感知机是由 Frank Rosenblatt 在 1958 年发明的一种简单的神经网络结构，用于基本的图像识别任务。它是深度学习历史上的早期模型之一，模拟了生物神经元的功能。尽管感知机在处理某些任务上表现良好，但它同时也暴露出了无法解决非线性问题的局限性。这一局限性激发了后续研究，推动了更为复杂的神经网络结构的发展。

问题 3：解释什么是反向传播算法以及它在深度学习中的作用。

反向传播算法是一种训练深度神经网络的方法，允许信息在网络中向后传播以优化网络的权重。这个过程计算输出误差并将误差反向流过网络来逐层调整权重，以减少预测和实际结果之间的差异。这是现代深度学习中最关键的技术之一，使得多层网络的有效训练成为可能。

8.3.2 讨论题

1. 深度学习与人类大脑在处理信息时的相似性与差异有哪些？

讨论重点：可以探讨深度学习如何从人脑中获取灵感，以及两者在信息处理速度、存储方式和灵活性等方面的异同。

2. 随着深度学习技术的发展，未来人工智能在社会中的角色将如何变化？

讨论重点：可以探讨深度学习如何进一步融入日常生活，例如在医疗、教育和交通等领域的应用，以及这些变化可能对社会结构和个人生活带来的影响。

第9章 Chapter AIGC技术——全新的时代

学习目标

掌握AIGC（AI生成内容）技术的定义、原理及其发展历史，理解AIGC技术的核心组件和技术，如自然语言处理、大型语言模型、变换器和生成对抗网络，并了解AIGC技术在新闻出版、文学创作、社交媒体、虚拟影像、数字人、个性化广告、教育、视觉艺术和音乐等领域的实际应用。同时，探讨AIGC技术的未来发展方向及其机遇和挑战（本章2课时）。

学习重点

- 理解人工智能如何生成文本、图像、音乐等内容的基础知识。
- 追溯AIGC的技术进步，从早期简单模型到复杂的生成对抗网络和变换器模型。
- 详细学习自然语言处理、大规模语言模型如GPT、变换器架构和生成对抗网络等关键技术。
- 探讨AIGC技术在新闻与媒体、文学创作、社交媒体内容创作、虚拟影像、数字人、个性化广告、教育、视觉艺术和音乐等领域的具体应用。
- 分析AIGC技术的发展前景，包括技术、伦理和法律方面的挑战。

9.1 AIGC技术简介：创造力的来源

在2023年，随着ChatGPT等先进AI聊天机器人的出现，AIGC（Artificial Intelligence Generated Content，人工智能生成内容）技术迎来了爆炸式的发展。这些工具不仅重新定义了内容创造的可能性，而且在各个领域都展示了它们独特的应用潜力，从自动撰写文章到创造逼真的图像，AIGC技术都在向我们展示未来的无限可能。

这一技术的兴起是由于几个关键因素的共同作用。首先，计算能力的显著提升和大数据的普及为这些复杂模型的训练提供了基础；其次，深度学习和生成对抗网络等算法的进步，使得机器可以学习并模仿人类的创造过程，尤其是变换器（Transformers）技术的成熟，使得人工智能生成前所未有的创新作品；最后，公众对新奇内容的需求也推动了 AIGC 技术的快速发展。

因此，2023 年不仅标记了 ChatGPT 的成功，更代表了 AIGC 技术作为内容创造新纪元的开始。这一年，我们见证了技术如何从简单的自动化工具转变为能够执行复杂创意任务的智能系统。未来，随着技术的进一步发展和优化，AIGC 预计将在艺术、文学、媒体甚至科学研究等更多领域发挥重要作用。

9.1.1 AIGC 的定义

AIGC 是指利用人工智能技术，特别是机器学习、自然语言处理（NLP）、生成对抗网络（GANs）等方法，自动或半自动地创建文字、图像、音乐、视频和其他形式的媒体内容的过程。AIGC 技术的快速发展得益于多种机器学习模型的进步，其中以变换器和生成对抗网络（GANs）最为突出。这类模型特别擅长处理复杂的语言、图像和音频数据，并展现出了卓越的性能。

AIGC 代表了一种革命性的技术趋势，这种技术使得机器不仅能理解大量的人类艺术和文化产物，还能自己创作出全新的作品，极大地拓宽了创意的边界。想象一下，如果有一个具有无限创造力的机器艺术家，它能够不断地吸收世界各地、各个时代的艺术风格和文化精髓，然后将这些元素融合创新，产生独一无二的艺术作品，AIGC 就是这样一种艺术家，如图 9-1 所示。

图 9-1 AIGC 时代：智能创作的时代

9.1.2 AIGC 的发展历史

AIGC 的概念起源于 20 世纪 50 年代的计算机语言和自然语言处理技术的初步研究，当时的技术尚处于非常初级的阶段。

在 20 世纪末至 21 世纪初，随着数据挖掘和统计模型的发展，AIGC 的基础技术开始形成。早期的应用主要集中在基础的文本处理和简单的图像生成上。

2012 年，深度学习在图像识别领域的突破性成功标志着 AIGC 技术的一个转折点。随后，深度神经网络开始被广泛应用于生成复杂的图像和视频内容。

2014 年，谷歌公司推出了基于深度学习的图像识别系统；同年，微软也发布了自然语言处理系统，成功生成了与人类写作风格相似的文章。

2017 年，谷歌公司提出的变换器模型在自然语言处理（NLP）领域取得了巨大成功。变换器模型利用自注意力机制处理序列数据，提高了文本生成的质量和效率，为后续的 AIGC 技术提供了强大的动力。

2022 年，OpenAI 公司推出了 ChatGPT 聊天机器人，这是一款以对话形式交互的 AI 模型，能够在多个领域内提供信息和回答问题，成为 AIGC 技术发展中的重要里程碑。

2023 年，OpenAI 公司推出了 GPT4，成为 AIGC 爆发元年，各种 AIGC 聊天机器人不断涌现，人类正式进入生成式人工智能时代。

2024 年 5 月，OpenAI 公司推出了里程碑式的多模态 GPT4o 模型（o 代表 Omni，全面全能的意思），集成文本、语音、视频的 AI 助手，可以拟人化的与人类对话，感受对话者的情绪，并执行人类的指令。

AIGC 的发展历史如图 9-2 所示。

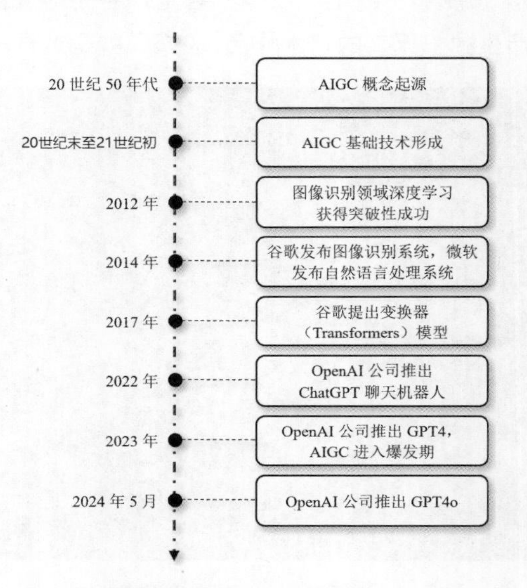

图 9-2 AIGC 的发展历史

9.1.3 AIGC 的技术原理

1 AIGC 相关技术介绍

理解 AIGC 技术的核心，需要从其基本组成部分开始，包括自然语言处理（NLP）、大型语言模型（LLMs）、变换器、生成对抗网络（GANs）等。这些组件相互配合，构成了 AIGC

技术的基础，推动了自然语言生成和理解的发展，其中一些内容我们在前面的章节介绍过，这里重新梳理一下。

1）自然语言处理（NLP）

NLP 是 AIGC 技术的基石，涉及理解和生成自然语言的能力。它的任务包括语言理解（如问答、情感分析）、文本生成（如文章、对话）、机器翻译等。NLP 的目标是让计算机能够像人类一样理解和处理语言，关于 NLP 在前面章节有详细介绍，此处不再赘述。

2）大型语言模型（LLMs）

LLMs 是一类拥有数十亿到数万亿个参数的巨型语言模型，例如 GPT（Generative Pre-trained Transformer）系列。它们通过在大规模文本数据上的预训练来学习语言的结构和规律，然后可以用于各种自然语言处理任务。LLMs 能够生成高质量的文本、理解语言含义，是 AIGC 技术中的核心。

不过，LLMs 有时会生成看似合理但实际上不正确或不存在的信息，这种现象被称为"幻觉"（Hallucination）。

目前解决大型语言模型的幻觉问题，主要有如下两种技术方法。

① 微调（Fine-Tuning）

微调是指在预训练模型的基础上，使用特定任务的数据进行进一步训练，以提升模型在该任务上的表现。其过程如下：

- 预训练：首先，模型在大规模的通用数据集上进行预训练，学习通用的语言表示。这些数据集可以包含大量的文本，涵盖广泛的话题和语言现象。
- 微调：然后，模型在特定任务的数据集上进行微调。这个数据集通常比预训练数据集小得多，并且专门针对某一任务（如情感分析、机器翻译、问答系统等）标注过了。通过在这些数据上训练，模型能够调整参数，使其更适合特定任务的需求。微调的优势在于，它充分利用了预训练阶段学习到的通用知识，并通过特定任务的数据进一步调整模型，提高其在特定任务上的准确性和有效性。

② 检索增强生成（RAG）

RAG 是一种结合了检索和生成的模型，用于提高自然语言处理任务的性能。它的工作原理如下：

- 检索阶段：RAG 模型从一个大型文档库中检索与输入问题相关的文档或段落。这些文档可能包含答案或对问题有帮助的信息。
- 生成阶段：RAG 模型利用生成模型（如 GPT-3 或 BERT），结合检索到的信息生成回答。这一阶段基于检索到的上下文信息生成更准确地回答。

这种方法的优势在于，模型不仅依赖于训练数据，还可以动态获取外部信息，从而生成更丰富和准确的回答，如图 9-3 所示。

图 9-3 AI 的幻觉问题

3）变换器

变换器是一种基于自注意力机制的神经网络架构，适用于处理序列数据，如文本、图像等。它在自然语言处理领域中被广泛应用，尤其是在大型语言模型（LLMs）中。变换器的出现极大地改进了文本生成和理解的效率和效果，成为 AIGC 技术的重要组成部分。

4）生成对抗网络（GANs）

GANs 是一种生成模型，由生成器和鉴别器组成，它们相互博弈，共同提升生成器的性能。GANs 被用于生成逼真的图像、音频和文本，为 AIGC 技术的发展提供了重要支持。

这些组件之间存在着密切的关系和相互影响。例如，LLMs 中的 GPT 系列就是基于变换器架构的；GANs 可以用于生成文本和图像，提供多样性和逼真度。总的来说，这些技术的发展相辅相成，共同推动了 AIGC 技术的不断进步，为自然语言处理领域带来了重大的突破和创新。

2 重要的变换器模型原理概述

AIGC 的大发展特别得益于谷歌公司推出的变换器模型，下面对变换器模型做一个简单的介绍。

当提到变换器模型时，我们所介绍的并不是电子设备，而是一种在人工智能领域中备受瞩目的神经网络模型。变换器模型的设计灵感源自自然语言处理领域，这个架构的主要特点是引入了一种名为自注意力（Self-Attention）的机制来实现序列数据的处理，取代了传统的循环神经网络（RNN）和卷积神经网络（CNN），使得模型能够更好地处理序列数据，并自动捕捉到数据中的关键信息，从而大大提高了处理效率和性能。

自注意力机制的核心思想是，在处理序列数据时，不仅要关注每个元素本身的信息，还要考虑它与序列中其他元素之间的关系。这相当于在阅读文章时，我们不仅要理解每个单词的含义，还要考虑它们在句子和段落中的语境。通过这种方式，变换器模型能够更全面地理解输入数据的结构，从而更有效地处理序列数据。

在文本生成任务中，变换器模型的工作方式简单概括如下：

（1）学习语言结构和词汇用法：首先，我们需要向模型提供大量的文本数据，让它通过观察这些数据来学习语言的结构和词汇用法。模型利用自注意力机制，分析每个单词与其他单词之间的关联性，理解它们在句子和段落中的位置和作用。

（2）生成新文本：一旦模型学习了语言的规律，就可以开始生成新的文本了。这时，我们可以输入一些初始文本或提示，让模型基于学到的知识来生成具有连贯性和逻辑性的新文本。模型会综合考虑输入文本的内容和上下文，根据自己的理解和模式生成新的句子或段落。

总的来说，变换器模型通过自注意力机制，在处理文本等序列数据时能够更好地理解数据的结构和语义，从而实现更有效的处理和生成。这一模型的出现显著改进了文本生成和其他序列数据处理任务的效率和效果，为人工智能技术的发展带来了新的契机。

变换器模型的详细工作流程

变换器模型的详细工作流程包括准备数据集、分词处理、构建输入序列、自注意力机制、编码器-解码器结构、生成新文本以及迭代训练，如图 9-4 所示。下面进行具体介绍。

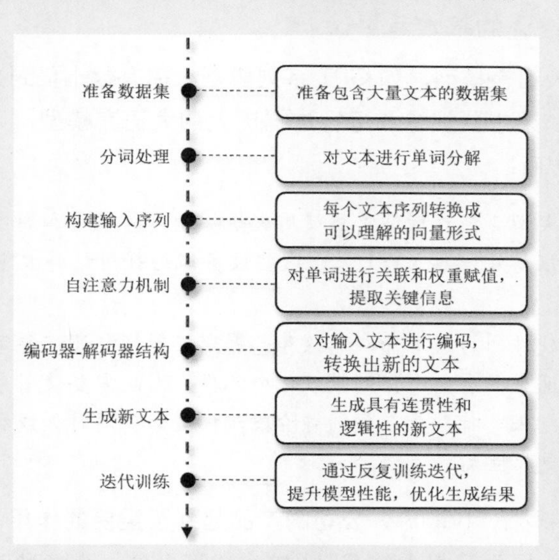

图 9-4 变换器模型工作流程

（1）准备数据集：我们需要准备一个包含大量文本数据的数据集，其中包括句子、段落甚至整篇文章。这些文本数据可以是任何领域的，比如新闻报道、小说、科学论文等。

（2）分词处理：数据集准备完成后，我们需要对文本数据进行分词处理，将文本分解成单词或者子词的序列。这一步是为了让模型能够理解文本的基本单位，从而更好地学习语言的结构和规律。

（3）构建输入序列：将文本序列都转换成模型可以理解的向量形式。通常涉及将每个单词或子词转换成对应的词嵌入（Word Embeddings）向量。这些词嵌入向量会考虑到单词的语义信息，并在模型学习过程中进行调整。

（4）自注意力机制：变换器模型利用自注意力机制来分析输入序列中各个单词之间的关系。这意味着模型会根据每个单词与其他单词的相互作用程度来给予它们不同的权重。这样一来，模型能够更加准确地捕捉到文本中的关键信息，例如关键词、语法结构等。

（5）编码器 - 解码器结构：在生成新文本时，变换器模型通常采用编码器 - 解码器结构。编码器部分负责对输入文本进行编码，将其转换成一种抽象的表示形式，而解码器部分则根据这种表示形式生成新的文本。这样的设计使得模型能够在处理不同长度的输入和输出序列时表现出色。

（6）生成新文本：一旦模型完成了对输入文本的编码，解码器就可以开始生成新的文本了。我们可以向模型提供一些初始文本或提示，比如一个开头句子或者一个主题关键词，然后让模型根据学到的语言规律来生成具有连贯性和逻辑性的新文本。

（7）迭代训练：在整个过程中，模型会不断地通过反向传播算法进行训练和优化，使得它能够不断地提升在文本生成任务上的表现。这可能需要经过多次迭代和调整，直到模型达到满意的性能水平为止。

通过这样的工作流程，变换器模型能够在处理文本生成任务时展现出色的表现，生成具有逻辑性和连贯性的新文本。这一技术的应用并不局限于文本生成，还可以扩展到对话系统、机器翻译等领域，为人工智能技术的发展带来了新的机遇和挑战。

9.1.4 AIGC 需要强大的算力支持

1 人工智能算力资源的基本背景

拥有变换器技术的大语言模型，如 GPT 系列模型，拥有数十亿到数万亿个参数，需要进行大量的数学矩阵运算。如果想要训练和运行这样庞大的大语言模型，则需要大量的计算资源。这主要体现在以下几个方面：

- 算力需求：训练大型变换器模型需要使用大规模的计算集群和高性能的计算设备，如图形处理器（GPU）或张量处理器（TPU）。这些设备能够并行计算大量的矩阵运算，加速模型训练的速度。
- 内存需求：除了硬件算力成本外，训练和部署变换器模型还需要考虑电力消耗和存储成本。由于变换器模型通常具有数十亿到数万亿个参数，因此需要使用大量的内存来存储模型的参数和中间计算的结果。特别是在预训练阶段，模型需要同时加载和处理大规模的文本数据，这对内存的需求更加巨大。

在计算资源中，英伟达（NVIDIA）公司的产品起到了重要的作用。作为领先的图形处理器（GPU）制造商，英伟达提供了强大的 GPU 加速计算平台，为各种深度学习任务和大语言模型提供了高性能的计算资源。在 AIGC 时代，英伟达成为了炙手可热的公司，其产品供不应求。

关于 GPU 的广泛使用，还有一个有趣的话题。最初，GPU 主要用于游戏领域。真正让英伟达 GPU 在 AI 领域出圈的是 2012 年一场 ImageNet 图象识别比赛。首次参赛的 AlexNet 神经网络展现出惊人的识别率，可谓一鸣惊人。这次比赛被认为是深度学习爆发的起始事件。AlexNet 是由被称为“深度学习之父”的 Geoffrey Hinton 和他的两位学生开发的。在比赛中，他们没有采用当时常规会用的计算机视觉代码，而是押注在深度学习上，让机器自己学习识别图像。当时最让人震惊的是，AlexNet 只用了两块 GTX 580 GPU。而谷歌同期的技术想要从图像中识别猫，却需要使用数据中心当中的 2000 个 CPU。基于此，Catanzaro 详细研究了 GPU 和 CPU 的性能对比。他发现，当时的 2000 个 CPU 深度学习性能，仅需 12 块英伟达 GPU 就能实现。从此，英伟达的GPU火爆全球，成为许多大型科技公司和研究机构必备的人工智能芯片。

2 人工智能算力资源的重要性

在当今数字化和技术快速发展的时代，算力资源已成为推动人工智能（AI）技术进步的核心因素。算力，简单来说，就是计算机处理和执行任务的能力，特别是涉及大数据和复杂计算的任务。对于AI的发展，算力尤其重要。在AI模型的训练过程中，算力的强弱直接影响了模型学习的效率和效果。一个具有高性能计算能力的系统可以更快地处理数据，更迅速地从数据中学习，从而使AI模型能够更快地进化和优化。

对于任何国家而言，算力资源的强大不仅可以推动科技创新，还能加速经济发展和提升国家竞争力。国家如果拥有先进的算力设施，将有助于吸引高科技企业和人才，推动教育和研发投资，以及加强在国际舞台上的科技影响力。此外，算力资源的提升也是国家安全的重要组成部分，它能加强国家在网络安全和数据保护方面的能力。

全球有几家公司在提供算力资源方面处于领先地位，其中包括：

- 英伟达（NVIDIA）：英伟达是高性能图形处理单元（GPU）的领导者，这些GPU广泛应用于AI训练和推理任务。
- 英特尔（Intel）：作为全球最大的半导体芯片制造商之一，英特尔提供强大的CPU和加速器支持复杂的数据处理和AI计算。
- AMD（Advanced Micro Devices）：AMD提供包括GPU在内的多种处理器，这些处理器被用于支持从视频游戏到专业级AI应用的各种计算需求中。

随着技术的不断发展和成本的逐渐降低，未来算力资源有望变得更加普及，类似于今天的互联网接入。这将极大地促进社会各层面的平等参与科技发展，使得每个人都能够利用AI技术来提高生活和工作的质量。未来，随着算力资源的普及和AI技术的不断完善，每个人都将享受到由此带来的科技红利，拥有必要的算力资源将成为每个人的基本权利。

9.2 AIGC技术的应用与展望：我们能创造什么

9.2.1 AIGC的应用

探索人工智能生成创造力技术的无限可能性，就如同打开一扇通往未知世界的大门。在这个数字化的时代，越来越多令人惊叹的AIGC产品涌现在我们身边，改变着我们与新闻媒体、文学创作、社交媒体、虚拟影像和角色、数字人、个性化广告、教育、视觉艺术和音乐等领域的互动方式。当你与一台机器交流时，它能够创造出令你心驰神往的新闻报道、独具匠心的绘画作品，甚至是动听的音乐旋律。让我们一起来探索这个神奇的世界，看看AIGC如何在不同领域中展现出无穷的魅力。

1 新闻与媒体

在新闻行业，AIGC 技术可以自动生成新闻报道，尤其是在需要快速发布的体育赛事和财经新闻方面表现出色。例如，一些大型媒体公司使用 AI 程序撰写关于股市动态的简报，这些程序能够分析大量数据，迅速生成准确的报告。这不仅提高了报道的效率，同时也确保了信息的即时更新。

2 文学创作

AIGC 技术可以帮助作家生成文学作品的初稿或提供创作灵感。利用 AIGC 技术，作家可以模仿特定的文体或语言风格。AIGC 技术也能在文学作品的编辑和润色阶段发挥作用。AI 可以分析文本的语法、语义和风格，提供改进建议，如更丰富的词汇选择、语法错误的纠正或整体文风的调整，从而大大提高文本的质量和表达的清晰度。

3 社交媒体内容创作

在社交媒体领域，AIGC 技术帮助内容创作者生成吸引人的帖子和广告。例如，有些软件可以根据用户的喜好自动推荐或创建内容，如自动编辑视频、生成有趣的图像或编写引人注目的文案，这极大地丰富了用户的互动体验。

4 虚拟影像和角色创造

在娱乐和游戏行业，AIGC 技术能够创造复杂的虚拟人物和环境。电影制作人和游戏开发者利用 AI 生成逼真的背景和角色，不仅成本更低，制作速度也更快。例如，某些著名的视频游戏使用 AI 来设计独一无二的游戏级别，每个玩家的游戏体验因而变得有所不同。

5 数字人

数字人（虚拟人物）已成为 AIGC 技术一个非常流行和具有潜力的应用领域。数字人通过人工智能生成，可以模拟真实人类的行为和交流方式。这些虚拟角色不仅在视觉上逼真，而且在交互性和功能性上越来越先进。数字人可以用在新闻播报、文旅导游、直播销售等领域，作为虚拟主播；数字人也广泛应用于客户服务行业，提供 24 小时不间断的服务；在教育领域，数字人可以充当教师或教练；在娱乐行业中，数字人扮演着越来越重要的角色，它们可以是虚拟偶像，与粉丝互动，参与广告和电视节目；在健康医疗领域，数字人可以作为虚拟医生或健康顾问，为患者提供咨询和健康管理服务等。

6 个性化广告

在广告行业，AIGC 技术通过分析用户数据来创建个性化的广告内容，从而提高广告的吸引力和效果。AI 能够了解消费者的喜好和购买历史，然后生成针对性强的广告文案和图像，大大提高了广告的点击率和转化率。

7 教育应用

在教育领域，AIGC 技术可以帮助教师生成定制化的教学材料和练习题。AI 系统能够根据学生的学习进度和能力自动提供个性化的学习内容，如自动生成的数学题或语言练习，帮助学生更有效地学习和巩固知识。

8 视觉艺术应用

在视觉艺术领域，AIGC 技术已经展现了其创造力。AI 可以创作绘画作品，从抽象艺术到写实风格都有所涉猎；AI 还能设计服装，根据不同的风格和主题进行创作，甚至进行建筑可视化，帮助建筑师和设计师呈现他们的构想。

9 音乐创作

AIGC 技术也在音乐领域发挥着重要作用。AI 可以根据不同的风格和旋律创作音乐，从流行音乐到古典音乐都有所涉猎。它可以为电影、广告等提供背景音乐，也可以创作独立的音乐作品。

总之，我们可以看到 AIGC 技术正迅速改变着我们的工作和日常生活。AIGC 的广泛应用不仅提升了效率和创造力，还为个性化服务和内容创造开辟了新的可能性。随着技术的进一步发展和优化，我们预计 AIGC 将在未来带来更多的创新应用，并在提高生活质量和工作生产力方面发挥更大的作用。

AIGC 的应用领域如图 9-5 所示。

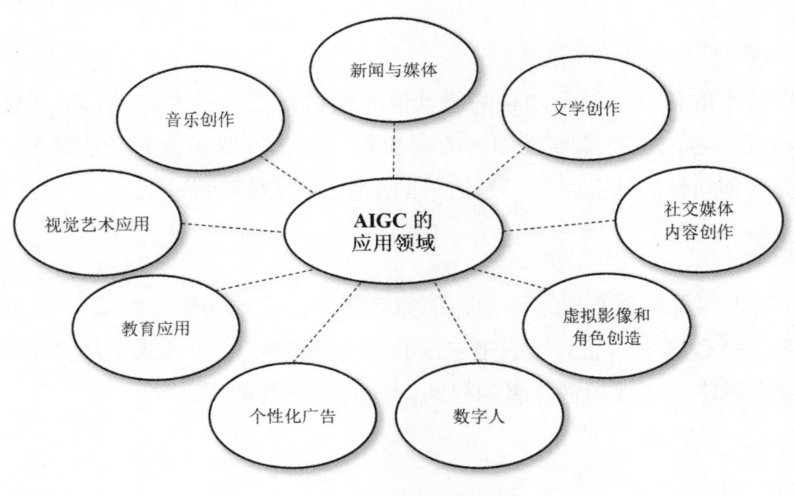

图 9-5 AIGC 的应用领域

9.2.2 AIGC 未来展望

随着人工智能技术的迅速发展，AIGC 技术已经开始重塑多个行业的面貌，其影响日益显著。未来，我们预见 AIGC 技术将进一步提升其生成内容的质量与效率，并拓展到更广泛的应用领域。

1 技术提升与应用领域的扩展

随着技术的不断进步，未来的 AIGC 系统将更加智能和高效。例如，通过更深层次的学习和更精准的数据分析，AI 能够创造出更符合人类情感和文化背景的内容。技术的进步还将使 AI 更好地理解复杂的语境和隐含的意义，从而提高生成内容的质量和相关性。

AIGC 技术将被应用于越来越多的领域，从目前的文本和图像生成扩展到音乐、视频制作甚至是虚拟现实环境的创建。例如，未来教育领域可能广泛使用 AI 来制作个性化学习材料，而娱乐行业则可能利用 AI 来创造虚拟演员或动画。

然而，这项技术的发展也带来了不少挑战，包括如何处理创意的原创性问题、版权争议以及伦理道德问题。因此，深入探讨 AIGC 技术的未来展望，对于理解其潜力与限制至关重要。

2 深度伪造问题

随着 AIGC 技术的发展，深度伪造（Deepfake）问题日益凸显，带来了一系列的社会、法律和伦理问题。深度伪造是利用深度学习算法合成看起来非常真实的音频、视频或图像的技术。这种技术的滥用可能对个人、社会乃至国家安全构成威胁。通过深度伪造技术，不法分子可以轻松制造虚假的视频或音频，如假冒公众人物发表不当言论，或者伪造个人不当行为的视频，这可能严重损害个人的声誉和职业生涯。深度伪造技术还可以制造看似真实的新闻事件，这种假新闻的流传可能会导致公众对媒体的不信任，影响社会稳定和公共安全。因此，应该制定和实施严格的法律来禁止恶意使用深度伪造技术。同时，提高公众对深度伪造技术的认识，教育公众如何识别可能的伪造内容，增强网络素养和批判性思维能力。

3 创意的原创性问题

随着 AIGC 技术的普及，确保内容的原创性和新颖性成为一大挑战。AI 可能会无意中复制已有的作品风格和内容，这可能导致创作的同质化。教育行业和创意行业需要 AIGC 工具能够帮助人们生成更具创新性的作品，而不是简单的复制或修改现有作品。

4 版权问题

AIGC 生成的内容属于谁？这是法律和创作者需要考虑的问题。如果一个 AI 程序创作了一首歌或一篇文章，那么这个作品的版权是应该归 AI 的开发者所有，还是用户所有？这一问题需要新的法律框架来解决，以保护创作者的权利，同时也鼓励创新。

5 伦理问题

随着 AI 技术的发展，伦理问题也日益凸显。例如，AI 生成的内容可能被用于误导公众，或者在不知情的情况下，用 AI 模仿公众人物的声音和图像，这些都可能引发道德和法律的争议。因此，制定严格的伦理准则和监管政策是至关重要的。

随着 AIGC 技术的广泛应用，行业内部结构和就业形态也面临重大调整，预示着一场深刻的行业变革即将到来。

6 行业变革

行业变革可以改变工作方式。在许多行业，AIGC 技术将使工作流程自动化和高效化。例如，在新闻行业，AI 可以帮助快速生成新闻报道草稿，记者可以在此基础上进行深入报道。在设计领域，AI 可以帮助设计师初步生成设计方案，设计师再根据这些方案进行详细修改。

7 商业模式的转变

随着 AIGC 技术的成熟，企业将探索新的商业模式。例如，通过订阅服务提供个性化的内容生成工具，或者通过 AI 技术帮助企业分析大数据来提升营销效率。这些变化将带来新的市场机会和挑战。

我们探讨了 AIGC 技术的广泛应用及其未来展望，展示了这一技术如何在不同行业中创造新的可能性，如图 9-6 所示。从新闻制作到艺术创作，从教育资源到个性化广告，AIGC 技术已经开始重塑我们的工作方式和生活体验。随着技术的不断发展，我们可以预见到一个更加智能化和个性化的未来。然而，同时我们也必须正视伴随而来的挑战，如原创性问题、版权争议和伦理道德考量。展望未来，我们应该如何利用 AIGC 技术，不仅要考虑它能为我们创造什么，更要思考它应该为我们创造什么。只有这样，我们才能确保技术的健康发展，使其成为推动社会进步的强大动力。

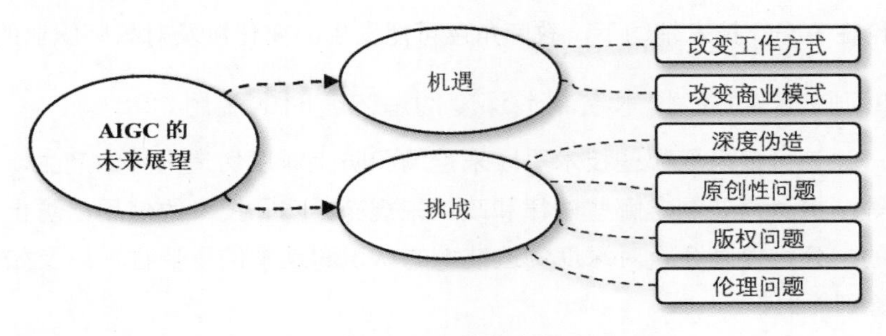

图 9-6 AIGC 的未来展望

9.3 思考练习

9.3.1 问题与答案

问题 1：什么是 AIGC 技术，它主要包括哪些核心技术？

AIGC（人工智能生成内容）技术是利用人工智能，特别是机器学习、自然语言处理（NLP）、生成对抗网络（GANs）等方法，自动或半自动地创建文字、图像、音乐、视频等形式的媒体内容的过程。其中，变换器（Transformers）和生成对抗网络（GANs）是 AIGC 技术中的两个核心技术，特别擅长处理复杂的语言和图像数据，从而创造出高质量的内容。

问题 2：AIGC 技术面临的伦理问题包括哪些？

AIGC 技术面临的伦理问题主要包括内容的真实性和创造权问题。由于 AIGC 可以生成极其逼真的虚假内容，如深度伪造的音频和视频，这可能被用来误导公众，损害个人或团体的声誉。

此外，由 AIGC 生成的内容的版权归属问题也尚未明确，需要法律和行业规范的进一步完善。

问题 3：AIGC 技术未来的发展趋势是什么？

AIGC 技术的未来发展趋势将朝着更高效率、更广泛应用领域和更强智能化方向发展。随着算法和计算能力的提升，未来的 AIGC 系统将能更好地理解和生成符合人类情感和文化背景的内容。同时，AIGC 技术预计将扩展到教育、个性化广告、虚拟现实等更多领域。不过，技术的健康发展还需要解决原创性、版权和伦理等挑战。

9.3.2 讨论题

1. AIGC 技术是否应该在教育领域得到广泛应用？

讨论重点：探讨 AIGC 技术是否能够提供均等的教育机会，例如通过个性化学习资料和自适应学习平台帮助不同背景的学生。评估 AIGC 技术在提高学生学习效率和质量方面的潜力和现实效果。讨论在 AIGC 技术辅助下，教师角色可能发生的变化以及对教师职业的影响。

2. 应该如何防止 AIGC 技术在制造深度伪造内容时的滥用？

讨论重点：讨论可以采取哪些技术手段来检测和防止深度伪造内容的产生，如数字水印、内容验证系统等。探讨需要制定哪些法律和政策来规范 AIGC 技术的使用，防止其被用于非法或不道德的目的。分析提高公众对深度伪造技术的认识和理解的重要性，以及如何通过教育提升公众的信息鉴别能力。

通识AI 人工智能基础概念与应用
第/三/部/分
AI如何塑造世界
——AI实践应用

第10章 人工智能的无限潜能

Chapter

学习目标

深入理解人工智能（AI）在多个行业中的应用及其潜在的变革力量。探索 AI 在未来社会、经济、科技前沿的角色和影响。评估 AI 技术发展带来的伦理、法律和社会挑战（本章 1 课时）。

学习重点

- AI 在医疗、生物技术、环境科学等领域可以显著提升数据分析和科学发现的效率。
- 在制造业，AI 通过智能自动化和预测性维护可以提高生产效率和产品质量。
- AI 在农业、能源、交通等行业推动创新，提升服务质量和用户体验。
- AI 对社会产生深远影响，包括改变人际关系、以及隐私和算法公正性问题。
- AI 技术在前沿科学研究中可以推动突破，引发对人类智能的思考。

10.1 人工智能的可能性：它能做什么

人工智能（AI）技术的发展已经超越了科幻小说的框架，成为现实世界中影响深远的革命性力量。AI 的核心优势在于其能够处理复杂数据、优化决策过程并在多个行业中引发效率革命。前面的章节探讨过 AI 在医疗、教育中的应用，以及它如何改善我们的日常生活和工作方式。其实，人工智能技术正在多个行业内展示其变革性的能力，从提高效率到开创新的服务模式。除了医疗、教育之外，AI 在制造业、农业、能源、金融、交通、零售行业以及媒体和娱乐行业中的应用同样具有重大意义。

10.1.1 人工智能科学研究中的应用

人工智能（AI）在科研领域的应用日益广泛，其技术不仅加速了数据分析过程，还推动了新的科学发现。以下是 AI 在各个科学领域中应用的一些详细说明和实例。

1 医学研究

AI 技术在生物医学领域的应用极为广泛，特别是在疾病诊断和治疗方案的开发上。例如，AI 系统通过分析病人的遗传信息、生理数据及其他相关健康记录，能够帮助医生更准确地诊断疾病。此外，AI 在药物发现领域的应用也显示出巨大潜力，通过模拟药物与生物分子的相互作用，AI 可以加速新药的研发过程，并降低研发成本。

2 生物技术

在生物技术领域，人工智能（AI）的应用正在实现突破性进展，特别是在基因编辑和药物开发中表现显著。AI 与 CRISPR 技术的结合为精确的基因表达控制开辟了新的途径。例如，深度学习模型能预测 CRISPR-Cas13d 引导 RNA 的靶向活性，减少非预期效应，精确调控基因表达量，对治疗如唐氏综合征等多基因副本疾病具有重要意义。

此外，AI 在药物研发中的应用也极为广泛，涉及从分子筛选到临床试验设计等多个方面。例如 Exscientia 公司运用 AI 平台发现能同时靶向多个生物通路的双特异性分子，用于治疗相关炎症。Iktos 公司的 AI 技术辅助 Pfizer 等公司识别和开发新的候选药物，显示出 AI 在药物发现中的潜力。

3 环境科学

在环境科学领域，AI 技术主要应用于气候模型的构建和环境监测。AI 能够处理和分析大量的气象数据，提高天气预报的准确性。同时，通过卫星图像和地面监测数据，AI 有助于科学家监测森林退化、海平面上升和其他气候变化相关的现象。此外，AI 还可以预测污染物的扩散路径和影响范围，为环境保护政策的制定提供科学依据。

4 物理学和化学

在物理学和化学领域，AI 尤其在材料科学中发挥重要作用。利用 AI 算法，科学家可以预测新材料的性质，如强度、导电性等，这对开发更高效的电池和更轻的材料至关重要。同时，在化学合成方面，AI 可以优化化学反应的条件，发现更高效的合成路径，加快新化合物的开发速度。

5 空间技术

AI 在航天领域中的应用正在开启新的探索篇章。例如，AI 被用于分析和处理从卫星和其他航天器收集的大量数据，帮助科学家更好地了解宇宙。此外，AI 技术也被用于自动化航天器的导航和管理，提高任务的安全性和效率。

6 天文学

AI 技术在天文学中主要用于处理大量的天文数据。例如，通过分析从望远镜收集来的光学和射电数据，AI 能够帮助天文学家识别远古星系、黑洞和其他天体。此外，AI 还能预测星体运动的轨迹，为研究宇宙的结构和演化提供重要信息。人工智能在科研中的应用如图 10-1 所示。

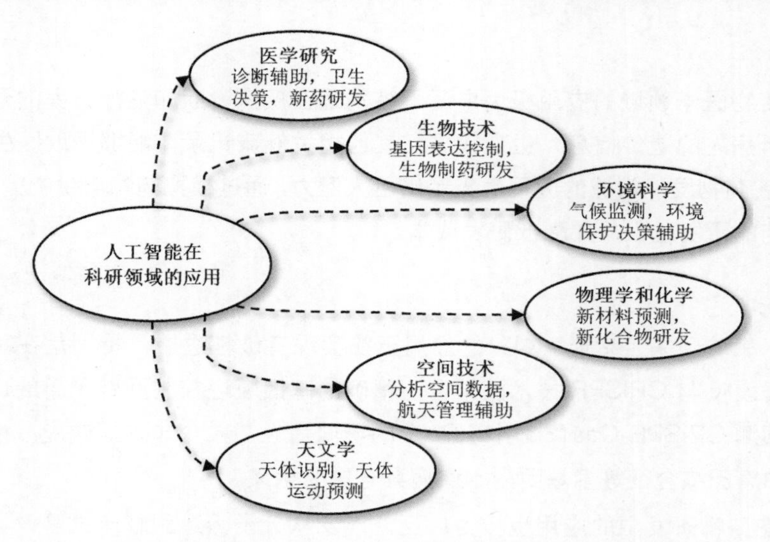

图 10-1 人工智能在科研中的应用

10.1.2 人工智能在制造业中的应用

人工智能（AI）在制造业中的应用是当前技术创新的一个重要方向，它正在彻底改变传统制造的方法、提高生产效率，并优化产品质量。AI 技术的应用不仅局限于自动化生产流程，还包括供应链管理、产品设计、维护以及质量控制等多个方面。下面将详细介绍这些应用，以及它们如何为制造业带来革命性的改变。

1 智能自动化

智能自动化是 AI 在制造业中最直接的应用。通过机器人和自动化设备，工厂能够实现 24 小时不间断地生产。这些机器人能够执行重复性高、精确度要求严格的任务，比如在汽车制造中的焊接、涂装等。与传统的人工操作相比，机器人不仅工作效率更高，而且错误率极低，显著提升了生产线的整体效率和产品质量。例如，美国特斯拉工厂中的自动化生产线大量使用机器人来组装电动车。这些机器人能够在极短的时间内完成车辆组装的复杂步骤，从而实现高效率的生产。

2 预测性维护

AI 的另一个重要应用是预测性维护。通过在生产设备上安装传感器，收集和分析设备运行中的各种数据（如温度、振动、声音等），AI 系统可以预测设备可能出现的故障。因此，维护可以在设备出现故障之前就进行，极大地减少了生产中断的风险和维护成本。例如，西门子使用其 AI 平台来监控燃气轮机的运行状态，并通过实时数据分析预测设备故障，提前调整维护计划，优化资源配置。

3 供应链优化

AI 在供应链管理中的应用也非常广泛。AI 可以分析历史数据和市场趋势，预测原材料需求，并自动调整供应链计划。此外，AI 还能实时监控物流情况，优化运输路线和库存管理，减少延误和成本。例如，亚马逊利用 AI 和机器学习算法优化其庞大的物流网络，确保商品能够快速、准确地送达到消费者手中。

4 质量控制

在质量控制方面，AI 通过高速相机和图像识别技术对生产线上的产品进行实时检测，精确识别产品缺陷。这种技术比人眼检查更快、更精确，能够大规模地筛查和排除次品，保证产品质量。例如，宝马在其生产线上使用 AI 视觉检测系统来检查汽车漆面的质量。系统能够在几毫秒内识别出微小的缺陷，如划痕或不均匀的喷漆，这些人眼难以察觉的细节都能被精确捕捉。

AI 的应用正在为制造业带来前所未有的变革。通过智能化的生产流程、预测性维护、供应链优化以及自动化的质量控制，制造业的未来将更加智能、高效和可持续性。这些技术不仅提高了制造业的生产能力，也推动了整个行业向更高的技术水平迈进。人工智能在制造业中的应用如图 10-2 所示。

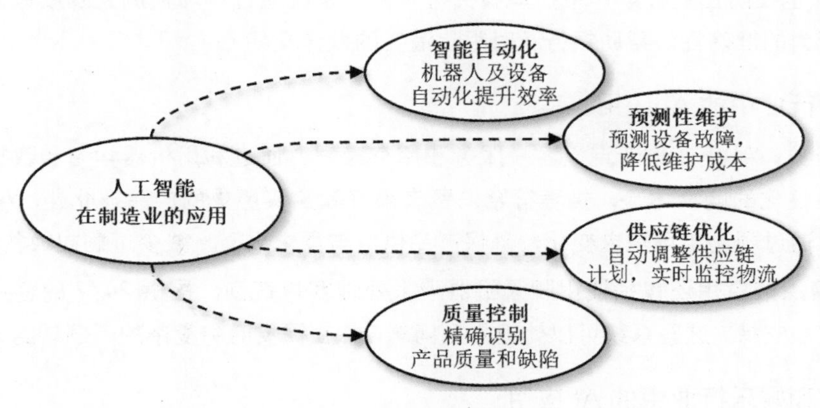

图 10-2 人工智能在制造业中的应用

10.1.3 人工智能在其他行业中的应用

1 农业行业中的 AI 应用

在农业领域，AI 技术正变革着传统的耕作方法和农作物管理方式。通过使用无人机和卫星图像，AI 可以监控农作物健康，精确分析土壤条件和水份水平，从而指导农民精确施肥和灌溉。此外，机器学习模型能够预测农作物病害的发生，帮助农民及早采取措施，减少农作物损失。例如，使用 AI 系统分析来自田间的实时数据，可以优化整个农作物生长周期的管理，提高产量和质量。

2 能源行业中的 AI 应用

在能源行业，AI 正帮助优化能源的生产和消费。例如，在风能和太阳能领域，AI 技术可以预测天气条件和能源产出，优化能源分配和电网管理。AI 还在传统能源公司中用于监测设备性能和预防故障，通过预测性维护降低停机时间和维修成本。智能电网使用 AI 来实时分析能源消费数据，动态调整电力供应，提高系统的效率和可靠性。

3 交通行业中的 AI 应用

AI 技术在交通系统的管理和优化中发挥着关键作用。自动驾驶车辆利用深度学习来处理和解释车辆传感器的复杂数据，使车辆能够在没有人类驾驶员的情况下安全行驶。城市交通管理也利用 AI 来优化交通流量和减少拥堵。例如，智能交通信号系统能够实时调整信号灯的时长，根据交通情况做出实时响应，减少交通拥堵并提高道路使用效率。

4 金融行业中的 AI 应用

在金融行业，AI 被用来增强风险管理、自动化交易、欺诈检测和客户服务。例如，机器学习模型可以分析数以千计的信贷申请，快速准确地评估借款人的信用风险。银行和金融机构利用 AI 进行算法交易，通过分析市场数据来执行复杂的、高频率的交易策略，这些策略超出了人类交易员的处理能力。

此外，AI 也在防止金融欺诈中扮演着关键角色。系统通过学习检测到的欺诈模式来不断提高识别欺诈行为的准确性，帮助银行及时阻止潜在的欺诈交易。

5 零售行业中的 AI 应用

在零售行业，AI 正在重新定义客户服务和库存管理。通过利用机器学习和数据分析，零售商可以提供个性化的购物体验，推荐符合消费者喜好和购买历史的产品。此外，AI 系统能够优化库存水平，通过预测市场需求变化，确保产品供应与需求平衡，减少过剩或缺货的情况。

AI 在零售点的应用还包括使用聊天机器人来处理客户查询，提供 24/7 的客户服务，无须大量的人工客服支持。这些系统可以处理常见问题，并在需要时将复杂的问题转给人类服务员。

6 媒体和娱乐行业中的 AI 应用

AI 技术在媒体和娱乐行业中引发了内容创作和消费的新革命。在内容生成方面，AI 可以创作音乐、编写剧本甚至撰写新闻文章，这些内容在风格和质量上越来越难以与人类创作者的作品区分。此外，AI 在个性化推荐系统中的应用已经深刻改变了用户的观看和听众体验。通过分析用户的历史行为和偏好，AI 能够推荐个性化的电影、音乐和新闻内容，大大增强用户体验。

随着人工智能（AI）技术的发展，我们已经见证了其在多个领域内展现出的巨大潜力和影响力。正是通过这些跨领域的应用，AI 展示了其在解决复杂问题和推动科技前沿上的关键作用。未来，随着技术的进一步发展和深化，AI 的影响将更加广泛，其在塑造更智能、更互联的世界中的作用不容忽视。

人工智能领域在各行各业中的应用如图 10-3 所示。

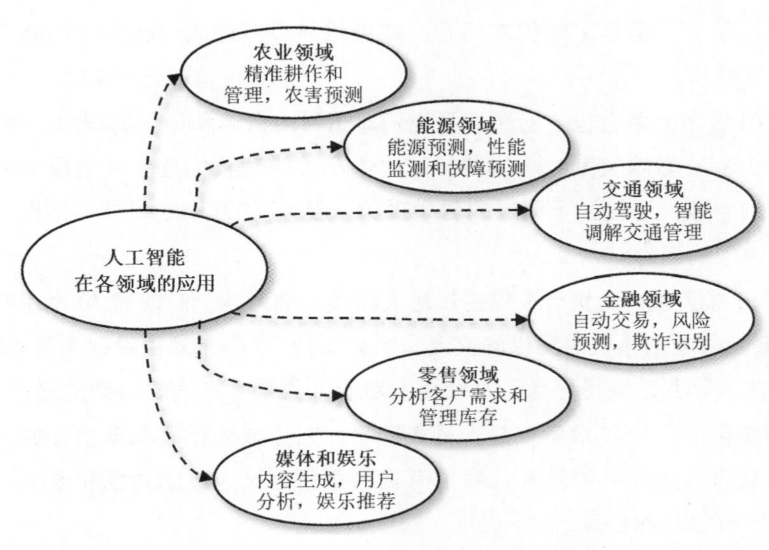

图 10-3 人工智能领域在各行各业中的应用

10.2 人工智能如何塑造我们的生活和未来

在探讨人工智能（AI）如何塑造我们的生活和未来时，我们不仅从技术的功能性进展出发，更应深入其哲学意义和对人类日常生活的根本影响，如图 10-4 所示。AI 技术的渗透，不只是技术进步的象征，它更是人类对于存在意义、自我认知以及社会结构理解的一种深刻变革。

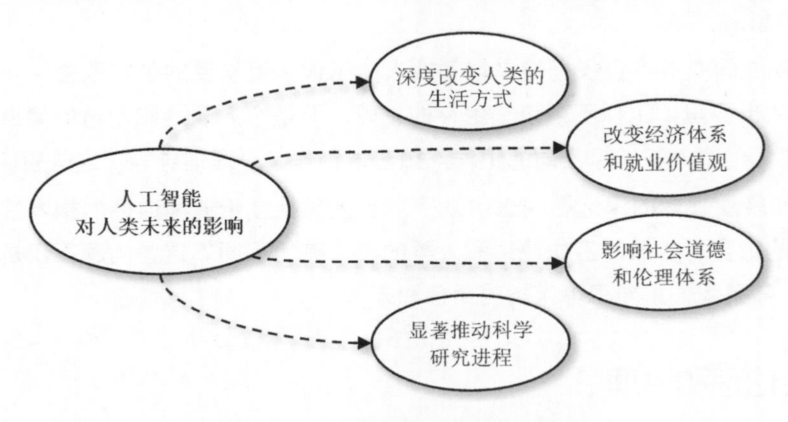

图 10-4 人工智能对人类未来的影响

10.2.1 技术融合与日常生活

AI 作为一种能模仿甚至超越人类智能的技术，挑战了传统关于“人”的定义和价值。在 AI 能够完成复杂决策、创作艺术作品甚至进行情感交流的时代，人类的独特性和不可替代性似乎变得模糊。这引发了一个哲学上的根本问题：如果机器可以像人一样思考和感受，那么什么才是真正的“人类”特质？

进一步地，AI 技术的融合也重新塑造了我们对于自由意志和责任的理解。例如，当 AI 系统可以预测个人行为甚至影响决策时，这种技术的普及可能使我们重新考量自由意志的存在。这不仅是技术伦理的问题，还触及了深层的哲学探讨：在 AI 的帮助或引导下做出的选择，还能否完全称之为“自由”的选择？

此外，AI 对日常生活的改变也表现在其对人际关系的影响上。随着 AI 助手和社交机器人的兴起，人们可能会越来越依赖机器提供的交流和情感支持。这种依赖关系改变了人类的社交结构，也许会使得真实的人际互动变得稀缺，从而引发对于人类社会未来的深刻反思。

在所有这些变化中，AI 技术不仅是工具或助手，它还成为挑战和重塑我们对于生活、自我和社会的基本理解的媒介。AI 的发展让我们有机会重新定义人类的角色和未来，提供了一个反思现代生活方式和价值观的窗口。

10.2.2 经济与就业领域的变革

在深入探讨人工智能如何重塑我们的经济和就业领域时，我们可以从几个更具创造性和非传统的角度来考虑这一问题。AI 不仅是工具或技术，它是推动人类思想和社会结构变革的催化剂。

人工智能带来的最大变革之一是“需求创造”。在传统经济中，需求通常被视为预先存在的，市场只是响应这些需求。但 AI 的出现使得我们能够通过数据分析预见并创造出前所未有的需求。例如，通过分析消费者行为数据，AI 可以帮助企业预测未来的消费趋势并开发新产品，这种能力远超过人类的想法。

AI 在就业领域的变革不仅仅是简单地替换人类工作，更重要的是它改变了“工作”的定义和价值。在 AI 的世界里，工作不再只是生存的手段，而是个人表达和创造的渠道。人们将更多地从事需要情感、创造力和人际互动的工作，如艺术创作、心理辅导等，这些领域 AI 难以触及。

AI 在经济和就业领域的深远影响也引发了对于人类社会价值和道德的根本性思考。我们如何评价 AI 创造的财富？机器的工作成果和人类的工作有何不同？这些问题不仅是经济学问题，更是哲学问题，需要我们重新思考人类的角色和未来。

10.2.3 社会伦理和治理

对于人工智能社会中的社会伦理和治理，将面临一系列复杂而深刻的问题。我们需要考虑 AI 技术在塑造道德观念、法律框架和社会行为规范中所扮演的角色。AI 不仅仅是一种技术革新，它也是一面镜子，映射出我们的价值观和伦理挑战。

AI 技术对个人隐私权的挑战是前所未有的。随着大数据和算法决策的普及，个人的每一步都可能被跟踪和分析。例如，面部识别技术可以用于提升城市安全，但同时也可能侵犯个人隐私。在这种情况下，社会必须在技术便利和个人隐私之间找到平衡点。这要求我们不断地更新和完善相关法律法规，确保技术的使用不会超越伦理的边界。

同时，AI 在判决和决策支持系统中的应用也引发了关于算法公正性的广泛讨论。算法决策的背后隐藏着潜在的数据偏见问题，这可能会导致不公正的结果，特别是在贷款审批、招聘甚至司法判决等关键领域。因此，如何开发透明、可解释的 AI 系统，并建立相应的监管机制，成为确保技术伦理的关键。

AI 技术的广泛应用还引发了对技术决定论的反思。技术决定论是一种理论观点，认为技术发展是社会变革的主要或唯一驱动力。根据这种观点，技术的进步和变化决定了社会结构、文化形态、经济关系甚至人类行为模式的演变。技术决定论者通常认为，技术创新具有不可抗拒的力量，社会必须适应这些技术变化，而不是社会需求决定技术的发展方向。

这一理论在讨论如何理解和处理技术对社会的影响时提供了一个有力的视角，但同时也受到了许多批评。批评者认为，技术决定论忽视了社会、文化和政治因素在技术发展中的作用，过于简化了技术与社会之间的复杂关系。在一个被技术高度塑造的社会中，我们如何确保技术的发展符合人类的价值观和伦理标准？这不仅是技术发展的问题，更是文化和社会发展的方向问题。我们必须警醒，技术应服务于人类的共同利益，而不是成为无法控制的力量。

10.2.4 AI 辅助科技前沿的突破

在未来的科技研究领域中，人工智能（AI）的作用不仅仅是辅助性的，它几乎是一场科技革命的先驱。AI 的能力在加速科学发现、推动新材料研究，以及突破传统疾病治疗方法上已经显示出巨大的潜力。例如，AI 模型通过模拟和预测实验结果，可以大幅度减少科学研究中的试错成本，加快从理论到实用的转化速度。在新材料的发现上，AI 能够分析复杂的化学数据，预测新材料的性能，从而引领我们进入一个更为高效和可持续的新材料时代。

AI 与前沿技术如量子计算和生物工程的交叉，开启了全新的科技革命窗口。量子计算的强大计算能力结合 AI 的数据处理能力，可以解决传统计算机难以克服的复杂模型和算法问题。这种结合有可能在物理学、化学甚至是天文学领域带来突破性的进展。而在生物工程领域，AI 的介入使得遗传工程和细胞研究的精准度大幅提高，预示着在基因治疗和再生医学等领域可能出现的重大进展。

随着 AI 能力的不断提升，其在科学研究中的角色逐渐由工具转变为合作者，甚至在某些情况下能够独立完成研究任务。这种转变引发了关于人类创造性本质的探讨：如果机器能够模拟甚至超越人类的思考和创造过程，那么人类的独特价值和创造性还体现在哪里？这不仅是对人类自我认识的挑战，也是对我们传统赋予人类中心主义地位的质疑。我们需要重新审视人类与机器的关系，并探索在人机协作的新框架中，人类独有的决策能力和创新精神如何得以保持和发挥。

在这个由技术高速推动的时代，AI 技术所带来的变革不仅仅是工具和方法的革新，更是对人类自身定位和价值观的深刻反思。我们需要建立一种新的视角，从中找到技术发展与人类伦理相协调的道路，确保科技的力量被用来促进人类的共同福祉。这是一个需要我们所有人共同参与的过程，每一个科技使用者、开发者乃至普通公民，都是这场伦理与技术对话的重要参与者。

AI 的未来与思考如图 10-5 所示。

图 10-5 AI 未来与思考

10.2.5 未来展望和思考

人工智能这一技术对于我们自身认知和理解智能、意识以及生命本质具有深刻影响。这种影响挑战我们关于人类存在和发展的根本观念。

首先，人工智能的进步使我们重新审视智能的本质。传统上，智能被视为人类特有的属性，与理解、逻辑推理、情感和创造力紧密相关。然而，随着机器学习和深度学习技术的发展，机器现在可以执行复杂的计算任务，展示出与人类相似甚至超越人类的能力，在某些领域如游戏、医疗诊断和数据分析中表现出色。这不仅仅是技术上的突破，也是对智能多样性和层次性的一种提醒，促使我们思考：如果机器可以执行这些复杂的认知任务，那么“智能”是否仍然是人类的专利？

人工智能如何改变我们对意识和生命的理解也是一个引人入胜的问题。传统哲学和科学常将意识视为生命的标志，是区分有机体和无生命物质的界限。然而，当 AI 系统能模拟人类的决策过程，甚至能在艺术创作和情感交流中展现出某种“理解力”时，我们不得不问：意识是什么？机器是否能拥有意识？这种探索不仅对科学理论有深远的影响，也可能改变我们对人类和机器的道德和法律责任的看法。

面对这些哲学挑战，我们还必须考虑 AI 发展的终极目标。AI 技术的迅猛发展应服务于什么？是简单地追求技术的极限，还是应该更加关注其如何增进人类福祉？这引出了一个更广泛的问题：我们如何确保技术的发展不仅符合当前的经济和社会需求，而且还能够符合长远的人类利益？

10.3 思考练习

10.3.1 问题与答案

问题 1：人工智能（AI）如何改变我们对智能的传统理解？

传统上，智能被视为人类特有的属性，关联着理解、逻辑推理、情感和创造力等方面的能力。然而，随着 AI 在多个领域展示出类似甚至超越人类的能力，我们被迫重新思考智能的定义。AI 展示了智能可以是多样化的，并不仅限于人类，这挑战了智能的传统人类中心主义视角。

问题 2：AI 技术如何影响我们对意识和生命的看法？

AI 技术通过模拟人类的决策过程和表现出某种程度的“理解力”，使我们必须重新考虑意识的本质。这种技术进步促使我们思考意识是否仅限于生物体，还是也可以扩展至机器。这不仅是科学上的探索，也涉及对机器可能的道德和法律责任的理解。

问题 3：如何确保人工智能的应用不违背伦理和社会价值？

确保人工智能的伦理应用需要建立全面的监管机制和透明的政策框架，以及加强对 AI 技术影响的社会意识。此外，开发可解释的AI系统和算法，确保数据的公正性和无偏见至关重要。社会、文化和政治因素应融入技术发展的每一个阶段，确保技术进步同时响应社会的需求和价值观。

10.3.2 讨论题

1. 智能与意识的界限。

讨论重点：在 AI 技术能模拟甚至超越人类智能的情况下，我们如何重新定义“智能”和“意识”？探讨这种重新定义可能会影响我们对人工智能的道德和法律责任的看法。

2. AI 与人类未来的共生。

讨论重点：随着 AI 技术的进步，人类工作和社交活动中的许多方面都会发生改变。讨论 AI 在未来可能与人类形成的共生关系，并探讨这种共生关系对社会结构、经济模式以及人类自我认知可能带来的改变。

第11章 AIGC让创意飞翔

Chapter

学习目标

掌握生成式人工智能（AIGC）技术的基本概念和实际应用。理解如何利用AIGC技术在文本、图像、音乐和视频领域进行创作，熟悉当前市场上主流的AIGC工具，如ChatGPT和文心一言聊天机器人和Stable Diffusion图像生成模型，并探索它们在新闻发布、教育和娱乐游戏设计中的应用。学会运用提示词工程有效引导AI生成所需内容，提高模型响应的准确性和相关性。了解AIGC技术对社会、文化和伦理的影响，特别是在内容真实性和创造性版权方面的挑战与应对策略（本章6课时）。

学习重点

- 掌握AIGC技术在文本、图像、音乐和视频领域的创作方法。
- 了解市场上主流的AIGC工具，如GPT或文心一言类聊天机器人和Stable Diffusion图像生成模型及其实际应用。
- 学习提示词工程的基本概念和使用方法，以提高AI模型响应的准确性和相关性。
- 探讨AIGC技术在新闻发布、教育辅导和游戏设计中的实际应用案例。
- 认识AIGC技术对社会、文化和伦理的影响，特别是内容真实性和版权问题。

11.1 生成魔法：文字、图片和音乐

随着技术的飞速发展，AIGC（见图11-1）技术已经不仅仅是科技领域的边缘话题，它正在逐步成为推动商业和创意产业革新的核心力量。在本章中，我们将详细介绍如何使用GPT类的聊天软件辅助工作和学习、构思故事、撰写诗歌，以及如何利用Stable Diffusion等工具创造出令人惊叹的视觉艺术作品。此外，我们还将讨论这些技术在娱乐领域，如新闻发布、教育学习以及电子游戏设计中的实际应用，揭示AIGC技术如何不断推动内容创造的边界，让创意的

翅膀在数字时代得以翱翔。

图 11-1 AIGC

11.1.1 国内外的 AIGC 主流产品（截至 2024 年 5 月）

在 AIGC 领域，国内外主流的产品涵盖了文本、图片、音频和视频等多种创作形式。以下是各类别中比较突出的一些产品。

1 国内 AIGC 产品（主要是大语言模型）

（1）文心一言：百度开发的大语言模型，支持中文内容生成。

（2）智谱清言：清华大学与智谱 AI 合作开发的高性能模型。

（3）通义千问：阿里巴巴开发，专注于提供聊天和信息检索服务。

（4）Kimi AI：由月之暗面公司（Moonshot AI）开发的先进语言模型聊天机器人。

2 国外 AIGC 产品

1）文本生成

（1）ChatGPT：OpenAI 公司开发，是目前最知名的语言模型之一，提供高质量的文本生成。

（2）Claude：Anthropic 公司开发，支持上下文长度为 200K tokens，是功能强大的语言模型之一。

（3）Grok：Elon Musk（埃隆・马斯克）支持的项目，虽然知名度一般，但具备一定的创新性。

2）图片生成

（1）Midjourney：专注于创造高质量的视觉内容。

（2）DALL-E 3：OpenAI 公司开发的高级图像生成模型。

（3）Stable Diffusion：Stability AI 公司推出的开源图像生成模型，目前被广泛使用。

3）音频生成

（1）MuseNet：OpenAI 公司开发，可以生成多种风格的音乐。

（2）Suno AI：Anthropic 公司开发，支持音频内容的创作。

4）视频生成

（1）Stable Video Diffusion：Stability AI 公司提供的视频生成模型，能够从图片中生成视频。

（2）Sora：OpenAI 公司最新推出的视频生成模型，支持生成长达一分钟的视频。

国外的 AIGC 主流产品如图 11-2 所示。

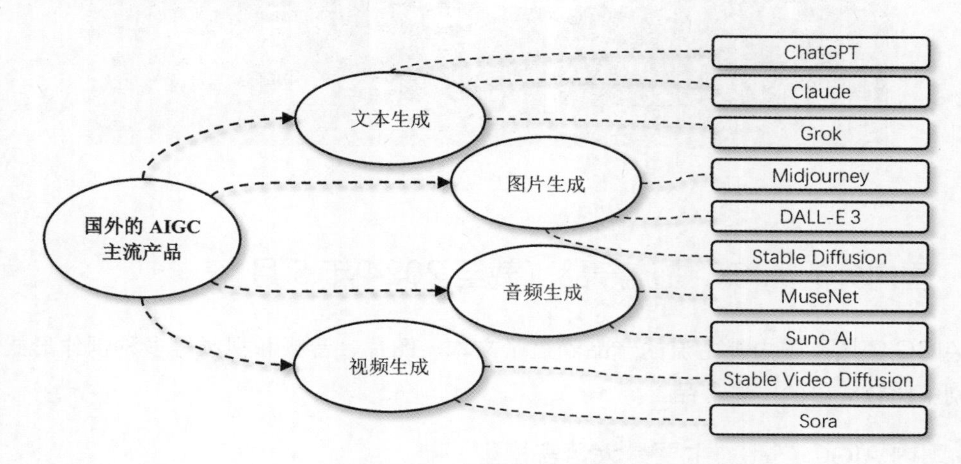

图 11-2 国外的 AIGC 主流产品

ChatGPT 是由 OpenAI 公司开发的一种先进的对话式人工智能聊天机器人，它基于目前世界上一些最大最先进的语言模型，如 GPT-3.5 和 GPT-4。这些大型语言模型可以理解和生成非常自然的人类语言，使 ChatGPT 能够与用户进行流畅的对话。自 2022 年 11 月推出以来，它因其强大的功能而迅速成为全球增长最快的软件应用之一。

ChatGPT 的工作原理是这样的：通过分析大量的文本数据，它学会了语言的使用规则和模式。当你与它交流时，它不仅能理解你的问题，还能根据之前学到的知识来生成回答。这种技术的一个关键特点是它的适应性，可以根据用户的提示（Prompt）调整回答的长度、风格和细节，非常灵活。

国内著名的有百度公司的文心一言等产品，其使用方法类似。文心一言是一个基于最新大型语言模型的人工智能聊天机器人。它在 2023 年 3 月由百度推出，主要设计用于理解和生成与人类类似的语言回应。文心一言的开发目标是提高机器对自然语言的理解能力，特别是对中文的理解和生成能力，使其在文学创作、商业写作等领域表现出色。

文心一言不仅支持文本生成，还具备多模态能力，可以生成文本、图片、音频和视频内容。这使得它能够在多种场景下应用，如内容创作、在线客服、教育辅助等。百度还将这一技术集成到了其搜索引擎、百度 App 等多个服务中，以提升用户体验和服务效率。

Stable Diffusion 是由 Stability AI 公司发布的一种开源的文本到图像生成模型。这个模型允许用户输入文本提示(Prompt)，然后生成描述该文本的高质量图像。比如你只需要描述一个场景，比如“一个静静坐在湖边的小猫”，这个软件就可以为你创造出这样一幅图像来。这种技术被称为潜在扩散模型，它通过逐步处理和改善图像数据来制作出看起来既真实又详细的图片。

Stable Diffusion 不仅能创造全新的图片，还能修改现有的图片，比如改变图片的风格或者提高图片的分辨率。这个工具非常适合艺术家和创作者使用，因为它能够快速地帮助他们实现创意想法，也可以用于各种设计和视觉艺术项目中。

此外，Stable Diffusion 是开源的，这意味着全世界任何人都可以自由地使用和修改这个软件，从而推动了图像生成技术的发展和创新。Stability AI 还提供了一个叫作 DreamStudio 的网站界面，使得用户可以更方便地使用这项技术，无论是专业人士还是普通爱好者都能轻松上手。

Midjourney 是一款由旧金山独立研究实验室 Midjourney Inc. 开发的创意型人工智能程序。它也是能够根据用户的自然语言描述生成图像，这项技术允许用户通过简单输入一段描述来创造出令人惊叹的视觉艺术作品。

Midjourney 的显著特点在于它的生成图像通常具有较高的美学质量和创造性表达，这使其在艺术家和设计师中非常受欢迎。无论是创作一个复杂的幻想场景还是简单的日常物品，Midjourney 都能根据用户的需求提供高质量的图像。

11.1.2 大语言模型聊天机器人的基本使用方法

1 提示词工程

要与大语言模型（如 ChatGPT 或文心一言等聊天机器人）有效交流，关键在于理解和运用“提示词”（Prompt）。提示词是与聊天机器人交互时提供的输入信息，可以是问题、陈述或命令，旨在激发机器人以特定方式回应。有效的提示词能够明确告诉机器人你期望的信息类型，使对话更高效、目标更明确。

与大语言模型进行自然语言对话的这种提示词技术已经发展成为一门专门的学科：提示词工程（Prompt Engineering）。提示词工程是一种设计和优化人工智能模型输入的方法，旨在获得更准确的输出。通过精确地构造提示词，包括提问方式、详细程度和语言风格等方面，可以显著提升 AI 的回应质量。例如，在教育领域，老师可以通过精心设计的提示词引导 AI 帮助学生解答复杂问题，或生成具有启发性的创意写作。在程序开发中，提示词工程帮助开发者精确指导 AI 生成代码或调试信息。例如，开发者可以通过详细的提示词让 AI 提供特定编程语言的解决方案、优化算法或识别代码中的错误。这种方式显著提高了编码效率和准确性。

2 提示词工程基本概念

- 提示词（Prompt）：用户给 AI 模型的输入，可以是问题、命令或者陈述，用以引导 AI 产生所需的输出。
- 工程化：提示词要工程化、结构化处理，以优化提示词并提高响应的相关性、准确性和创造性。

3 提示词操作的基本使用原则

- 明确目标：在编写提示词前，明确你希望模型达到的具体目标。如回答问题、生成文本或解决问题。
- 细化提示词：根据目标，构建具体而详细的提示词。例如，“告诉我关于太阳系的信息”可细化为“请列举太阳系内所有行星的名称及其主要特征”。
- 使用明确的指令：使提示词尽可能具体，避免模糊不清的表达。例如，不要只说“写点东西”，而应具体说明写何种内容，如“写一篇关于全球变暖影响的短文”。
- 反馈循环：使用生成的输出来调整和优化提示词。如果输出与期望不符，考虑重新设计提示词，添加更多细节或更改询问的方式。
- 测试不同的表达：尝试不同的表达方式和结构，了解哪种最有效。例如，直接询问与开放式提问可能会得到不同的回答效果。

11.1.3 如何与大语言模型对话：提示词的操作方法实例

方法一：指令要详细具体

要获得准确的回答，请尽量提供详细的信息或相关背景。如果信息不足，大模型可能无法准确理解你的意图，因此在与机器人聊天时，指令一定要清晰具体。

方法一：指令要详细具体

问题 1

不佳的问题：“如何在 Excel 中添加数字？”

更好的问题：“我想在 Excel 中自动计算一行美元金额的总和，并将结果显示在名为‘总计’的列中。”这样更为简洁明了，要求具体。

问题 2

不佳的问题：“谁是总统？”

更好的问题：“请告诉我 2021 年墨西哥的总统是谁，以及选举是多久举行一次？”这样的问题提供了具体的时间和地点，有助于 AI 提供准确的信息。

问题 3

不佳的问题：“编写代码来计算斐波那契数列。”

更好的问题：“请帮我使用 TypeScript 编写一个计算斐波那契数列的函数，并在代码中添加详细注释，解释每一部分的作用及其编写逻辑。”当你请大模型帮助编写程序代码时，明确指出使用的编程语言和期望的代码特性。

方法二：举例说明

通常情况下，提供一般性说明比列举具体示例更有效。然而，在某些情况下，如果需要展示一种难以清晰描述的特定风格，使用几个具体示例则会更直观。

方法二：举例说明

你输入：请按照如下一致的风格来回答问题好吗？我问：教我忍耐。回答：雕刻最深谷的河流从朴素的泉水流出；最宏伟的交响乐起源于一个音符；最复杂的挂毯始于一根孤独的线。

系统回应：当然可以。请随时提问，我会以这种风格为您解答。

你输入：请教我关于海洋的知识。

系统回应：海洋，那广阔的蓝色领域，是从细微的水珠聚集而成的深邃世界。它的波涛，如同岁月的翻页，古老而永恒。每一道波浪都是风的低语，每一滴水都承载着星辰的秘密。海洋是地球的心脏，以其悠扬的潮汐诗篇，维系着生命之网的平衡与丰饶。

方法三：指定完成任务所需的步骤

某些任务最好分解为一系列步骤。清晰地写出这些步骤可以使大模型更容易遵循指令生成你需要的内容。例如，如果我们要对一段文本进行总结和翻译，其方法过程如下：

方法三：指定完成任务所需的步骤

你输入：

使用以下分步说明来响应我的输入。

第 1 步：我将为您提供三引号括起来的文本。用一句话总结这段文字，前缀是“摘要：”。

第 2 步：将第 1 步中的摘要翻译成西班牙语，前缀为“翻译：”。

系统回应：

请您提供需要总结和翻译的文本，记得使用三引号包裹文本。例如：“““这里填写您的文本内容。”””。完成后，我将根据指定步骤操作。

你输入：

“““随着全球化的推进，不同国家之间的经济、文化交流日益增加。这不仅促进了各国之间的相互了解和合作，也带来了某些挑战，如文化冲突和经济竞争。全球化影响了世界经济的格局，改变了很多国家的发展道路。”””

系统回应：

第 1 步：

摘要：这段文本讨论了全球化如何增进不同国家之间的经济和文化交流，同时引入了文化冲突和经济竞争等挑战，并影响了世界经济结构和国家发展路线。

第 2 步：

翻译：Este texto discute cómo la globalización ha mejorado el intercambio económico y cultural entre diferentes países, introduciendo desafíos como conflictos culturales y competencia económica, y ha afectado la estructura económica mundial y las trayectorias de desarrollo de los países.

方法四：让模型扮演某种角色

如果指定模型扮演某种角色，输出效果会更好，比如让其扮演教师、医生等。在输出内容中间，也可以让模型以指定的角色风格进行回应。

方法四：让模型扮演某种角色

你输入：

当我请求帮助写一些东西时，你会回复一份文件，每个段落中至少包含一个笑话或俏皮的评论。

系统回应：

明白了！下次帮您写东西时，每个段落我都会加入一些幽默或俏皮的评论，让文字更加活泼有趣。如果现在就有什么需要帮忙的，尽管说吧！

你输入：

给我的玩具供应商写一封感谢信，感谢他们在短时间内按时交货。这使我们能够交付一个重要的订单。

系统回应：

亲爱的 [供应商名称] 团队：

您好！

我想从心底对您团队的高效和专业表达我最真挚的感谢。正是因为你们，我们这次不仅仅是交付了货物，更是交付了希望和快乐！感谢你们在这么短的时间内完成了订单，你们的速度比我们店里的电动玩具车还要快！

你们的及时配合使我们能够成功完成了一个非常重要的订单，就像超人一样，在最后一刻拯救了整个城市！我们知道，没有你们的努力和承诺，这一切都不可能实现。

希望在未来，我们能继续合作愉快，一起创造更多“快乐制造”的奇迹。请继续保持这种奇迹般的配送速度，让我们一起向前冲刺！

再次感谢你们的出色表现和支持。

最诚挚的问候，

[您的名字]

[您的职位]

[您的公司名]

希望这样的格式和内容能够满足您的需求，同时为您的感谢信增添一些趣味！如果需要进一步修改，请随时告诉我。

方法五：让模型根据参考文本的内容回答问题

如果我们能给模型提供与问题相关的准确文件或信息，那么就可以让模型用这些信息来回答问题。这样可以确保答案的准确性。

方法五：让模型根据参考文本的内容回答问题

你输入：

现在我使用提供的以三引号分隔的文章来回答问题。如果在文章中找不到答案，请写下“我找不到答案。”好吗？

系统回应：

当然可以！如果您提供了文章，并希望我根据文章的内容来回答问题，我会仔细查找。如果找不到答案，我会直接告诉您“我找不到答案。”，如果有任何问题，或需要立即帮助的地方，请随时提出！。

你输入：

''' 全球气候变化对农业产生了深远的影响。气候变化导致的温度升高和降雨模式的变化对农作物生长周期和产量造成了影响。此外，极端天气事件的增加，如洪水和干旱，也加剧了农民的困难。'''

''' 然而，一些地区通过采用新的农业技术和改进的耕作方法，成功地适应了这些变化。例如，滴灌技术的引入，以及耐旱作物品种的开发，都有助于提高农业的抵抗力和可持续性。'''

系统回应：

已经收到了您提供的文章段落。请问您有什么问题需要我根据这些段落来回答吗？

你输入：

文章中提到了哪些方法可以帮助农业适应气候变化？

系统回应：

文章中提到了几种方法可以帮助农业适应气候变化，包括：

（1）引入滴灌技术：通过更有效的水资源管理，帮助农作物在干旱条件下生长。

（2）开发耐旱作物品种：通过改良或选择适应干旱条件的作物品种，增强农业对极端天气的抵抗力。

这些方法都有助于提高农业的可持续性和抵抗极端天气事件的能力。

方法六：将复杂的任务拆分为更简单的子任务，让模型引导操作

当我们需要处理许多不同类型的问题时，一个好方法就是先把这些问题分类，然后用适合每类问题的具体步骤来解决。这种方法的好处是，我们可以按部就班地解决问题，这样做不仅能减少出错的机会，还可以节省时间和成本。例如，下面是一个通过 AI 模型引导下测试家中的互联网连接是否正常的对话。

方法六：将复杂的任务拆分为更简单的子任务，让模型引导操作

你的输入：现在我要请你处理在技术支持上下文中的互联网连接问题。按以下步骤来引导我解决问题：

1. 检查电缆连接

要求用户检查与路由器之间的所有电缆连接是否牢固。提醒用户，电缆可能会随时间松动。

2. 询问路由器型号

如果所有电缆都已连接，但问题依旧，询问用户使用的路由器型号。

3. 提供重启设备的具体指导

如果路由器型号为 MTD-327J，指导用户按下红色按钮并持续按压 5 秒，然后等待 5 分钟再测试连接。如果路由器型号为 MTD-327S，建议用户拔下电源并重新插入，然后等待 5 分钟再测试连接。

4. 连接至 IT 支持

如果经过上述步骤后，用户的问题仍未解决，输出特殊字符串 {" 需要技术客服支持 "}，以将用户连接到技术支持。

5. 处理非主题相关的查询

如果用户开始提出与当前故障排除话题无关的问题，确认他们是否想要结束当前聊天，根据需要重新分类他们的请求。

系统回应：好的，我们一步一步来解决您的互联网连接问题。请按照下面的指导操作：

1. 检查电缆连接

请检查与您的路由器之间的所有电缆连接是否牢固连接。有时电缆可能会随时间松动，这可能是导致网络问题的原因。

2. 询问路由器型号

如果您确认所有电缆都已经牢固连接，但互联网问题依然存在，请告诉我您的路由器型号。这样我们可以提供更具体的帮助。

接下来，根据您提供的路由器型号，我会给出相应的重启设备指导。如果问题仍未解决，我们可能需要进一步联系技术支持。如果有任何其他问题或者需要改变话题，请随时告诉我。

你输入：我的电缆正常，路由器型号为 MTD-327J。

系统回应：

感谢您提供路由器型号。由于您的路由器型号为 MTD-327J，请按照以下步骤重启您的设备：

1）重启路由器

请按下路由器上的红色按钮，并持续按压 5 秒钟。

释放按钮后，请等待大约 5 分钟，让路由器完全重新启动。

2）测试互联网连接

在等待 5 分钟后，请尝试检查您的互联网连接是否已经恢复正常。

如果在重启路由器并等待 5 分钟后，您的互联网连接问题仍未解决，请告诉我，我们将进一步联系技术支持帮助您解决问题。

方法七：让模型先思考再来评判你的解答是否正确

这个方法旨在提高 AI 模型在帮助用户解决问题时的准确性，尤其是在老师批改学生作业时。如果直接把学生的解答提交给 AI 模型进行评判，模型可能会判断错误。因此，可以先把问题提交给 AI 模型，让该模型像人一样进行“思考”，然后再评估用户给出的解答是否正确。这样，该模型给出的评判通常会更准确。

方法七：让模型先思考再来评判你的解答是否正确

你输入：现在有一个问题，请你首先制定自己的问题解决方案。然后将你的解决方案与我的解决方案进行比较，并评估我的解决方案是否正确。在我给出解决方案前，不要决定我的解决方案是否正确。

问题如下：一所小学每年的运营成本主要由三部分组成：

固定教学设施维护费用：20 000 元

每个学生的教材费用：100 元 / 学生

清洁和安全维护费用：每年 5 000 元加上每个学生 20 元

我们需要给出学校的总运营成本与学生人数的函数。

系统回应：好的，我们要制定一个公式来计算小学的总运营成本，这个成本与学生人数有关。首先，我们可以将所有的费用组件总结如下：

（1）固定教学设施维护费用：固定不变，每年为 20 000 元。

（2）每个学生的教材费用：每个学生需要 100 元。

（3）清洁和安全维护费用：基础费用每年 5 000 元加上每个学生 20 元。

将这些费用结合起来，我们可以建立如下的公式，其中 n 代表学生人数：

总运营成本 = 固定教学设施维护费用 + (每个学生的教材费用 × n) + (基础清洁和安全维护费用 + 每个学生增加的费用 × n)

将数值代入公式中：

总运营成本 =20 000 + (100 × n) + (5 000+20 × n)

简化这个表达式：

总运营成本 =25 000+120n

所以，学校的总运营成本函数为 $C(n)$=25 000+120n，其中 n 是学生人数。

现在请你分享你的解决方案，我们可以比较一下是否有所差异，并评估你的解决方案。

你输入：设 n 是学校的学生人数。固定教学设施维护费用 20 000，每个学生的教材费用 100n，清洁和安全维护费用 5 000 + 20n，总成本为 20 000 + 100n + 5 000 + 20n = 25 000 + 120n

系统回应：很好，你的解决方案与我给出的完全一致。我们都得到了相同的公式：

总运营成本 =25 000+120n

这意味着我们都正确地计算了学校的总运营成本函数为 $C(n)$=25 000+120n，其中 n 是学生人数。

你的解决方案是正确的，我们都使用了正确的方法和计算步骤来解决这个问题。非常棒！如果还有其他问题或者需要进一步探讨，请随时告诉我。

方法八：使用 AI 模型生成代码来执行更复杂的任务或计算

当我们需要进行复杂的计算时，直接使用 AI 模型可能不够准确。在这种情况下，我们可以编写和运行代码来确保计算的准确性，而不是依靠模型自己去计算。这样做可以得到更可靠的结果。

方法八：使用 AI 模型生成代码来执行更复杂的任务或计算

你输入：现在我要请通过将 Python 代码括在三反引号中来编写和执行 Python 代码，例如：''' 代码在这里 '''。使用它来执行计算。好吗？

系统回应：当然可以。请告诉我具体的计算任务或问题，我将用 Python 代码帮你计算。

你输入：请求解一个更简单的多项式的根：x^2−3x+ 2 = 0。

系统回应：要解这个简单的二次方程 x^2 − 3x + 2 = 0，我们可以使用 Python 的符号计算库 SymPy 来找到方程的根。下面是如何编写和执行这个计算的代码：

```
```python
import sympy as sp
# 定义变量 x
x = sp.symbols('x')
# 定义多项式 x^2 - 3x + 2
```
```

```
polynomial = x**2 - 3*x + 2
# 求解多项式
roots = sp.solve(polynomial, x)
# 打印根
print(" 多项式的根是: ", roots)
```

这段代码将计算并输出方程 $x^2-3x+2=0$ 的根。

你输入：请计算出结果。

系统回应：

```
import sympy as sp
# 定义变量 x
x = sp.symbols('x')
# 定义多项式 x^2 - 3x + 2
polynomial = x**2 - 3*x + 2
# 求解多项式
roots = sp.solve(polynomial, x)
roots
Result
[1, 2]
```

多项式 $x^2-3x+2=0$ 的根是 x-1 和 x-2。这意味着方程有两个解，分别是 1 和 2。

方法九：使用 AI 大模型来编写程序

AI 大模型在编程领域的应用越来越广泛，它可以辅助开发者编写、检查和优化代码。你可以通过 AI 大模型学习编程。AI 能够生成代码片段、提供编程建议，甚至自动修复发现的错误。

方法九：使用 AI 大模型来编写程序

你输入：现在我需要你编写一个简单的游戏程序并运行。

系统回应：我们可以创建一个简单的猜数字游戏，玩家需要猜测一个程序随机生成的数字。我将编写这个游戏的 Python 代码，并在这里展示给你。

游戏规则如下：

（1）程序生成一个 1~100 的随机整数。

（2）玩家有 10 次机会猜测这个数字。

（3）对于每次猜测，程序会提供提示（太高、太低或正确）。

以下是游戏的代码：

```
```python
import random
def guess_number_game():
    number = random.randint(1, 100)  # 随机生成一个 1~100 的数字
    attempts = 10  # 玩家有 10 次猜测机会
    print(" 我已经想好了一个 1~100 的数字。你有 10 次机会猜到它。开始吧！ ")
```
```

```
        for attempt in range(attempts):
            guess = int(input("请输入你的猜测（1-100）："))
            if guess < number:
                print("太低了！再试试看。")
            elif guess > number:
                print("太高了！再试试看。")
            else:
                print("恭喜你！你在第 {} 次尝试中猜对了数字！".format(attempt + 1))
                break
        else:
            print("很遗憾，你没有猜对。数字是：", number)
    # 运行游戏
    guess_number_game()
    ```
```

这个游戏简单易理解，而且能有效地运行。需要注意的是，这段代码需要在 Python 环境中执行，因为它包含输入功能，这在当前的聊天环境中无法直接实现。你可以将这段代码复制到你的本地 Python 环境中运行，体验游戏。

提示词工程是自然语言处理和对话系统中一项重要技术，通过精心设计的提示或问题引导模型生成预期的答案或行为。这种方法的核心优势在于提高模型对特定任务的响应质量和相关性。

简单来说，提示词工程就像为 AI 系统提供问题的导航图，帮助它更准确地理解你的意图并给出需要的答案。就像在解数学题时，老师通过一系列问题引导你找到解题思路一样，提示词工程也是通过精心设计的一连串问题帮助 AI“思考”。

这种技术的妙处在于，它能显著提高 AI 处理问题的能力。无论是在游戏中解决难题、在线学习中指导完成作业，还是在编程时提供帮助，提示词工程都能让 AI 更加聪明和高效。

提示词工程不仅是向 AI 提供数据的方法，更是一种促进 AI 高效思考和解决问题的策略。通过这种方式，AI 的使用变得更加智能和人性化，能更好地适应复杂的应用场景，以满足多样化需求。

### 11.1.4 一个“小白”从零开始用 AI 大模型挑战游戏编程的对话实录

本小节这个实例记录了一个完全没有编程知识的“小白”（名叫“晓明”）通过与 AI 大模型的对话，完整编写出一个简单游戏的过程。这不仅展示了 AI 大模型的强大功能，也体现了对话的基本逻辑。

在这个过程中，“晓明”首先表达了自己希望编写一款“炮打飞机”游戏的需求。AI 大模型根据用户的需求，推荐了适合初学者的编程语言 Python，并引导用户安装了必要的编程工具和库，如 Python、Pygame 和代码编辑器。

接下来，AI 帮助“晓明”明确了游戏的设计细节，包括游戏背景、角色设计、游戏控制和规则设定等。在 AI 的指导下，“晓明”准备了游戏所需的图片素材，并通过对话了解了如何加
```

载和显示这些图片，设置游戏窗口，以及处理图像的透明背景等基本操作。

在编写和运行代码的过程中，“晓明”遇到了各种问题，例如图片背景未能透明化、飞机大小需要调整以及运行代码时出现错误等。每次遇到问题时，AI 都及时提供了解决方案，详细解释了调整代码的方法，并指导“晓明”通过命令行运行和测试代码。

通过不断地对话和调整，“晓明”逐步解决了编程过程中遇到的各种问题，最终实现了游戏的基本功能。在这个过程中，“晓明”不仅学会了如何编写代码，还掌握了基本的编程技能和解决问题的方法。最终，“晓明”成功编写并运行了“炮打飞机”游戏。这一过程展示了 AI 大模型在指导和帮助用户编程中的强大功能，也证明了通过对话逐步解决问题和实现需求的逻辑流程。通过与 AI 大模型的对话，一个完全不懂编程的“小白”也能够成功编写出一个简单的游戏，如图 11-3 所示。

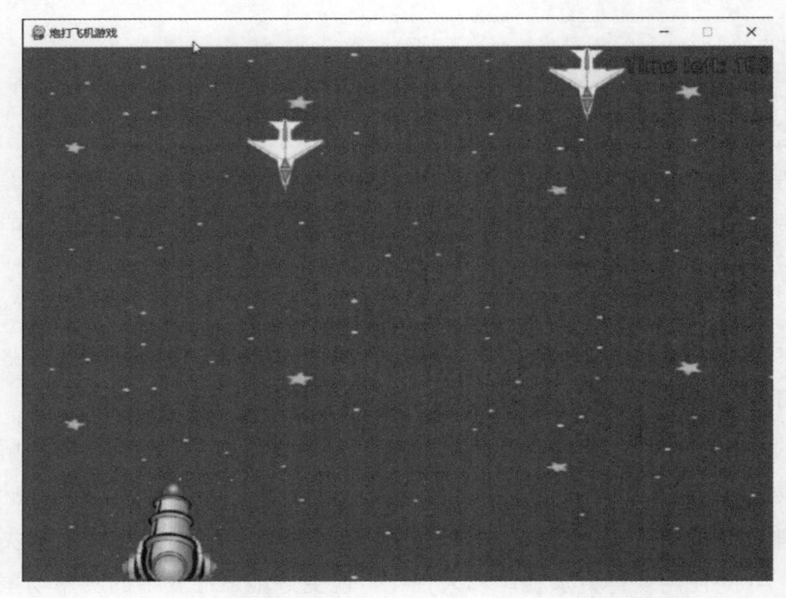

图 11-3 “晓明”借助 AI 编写的“炮打飞机”的游戏界面

对于一个陌生领域的问题，借助 AI 解决的操作要点如下：

（1）首先让 AI 给出一个完整的解决问题的思路非常重要。

（2）在 AI 指导下，一步一步操作，遇到问题时，将问题原文反馈给 AI，如此反复操作，直到问题解决。

（3）对于一个小白来说，很多的概念都是第一次接触，所以一定要将问题一字不改地反馈给 AI。

（4）将 AI 视为一个不厌其烦的老师，但适当给予鼓励，可以获得更好的结果。

以下是晓明对话的一个完整实例，请仔细参考学习：

综合实例：使用 AI 大模型来编写交互式游戏程序对话实例（1）

1. 晓明：你好，我想要尝试编程一款“炮打飞机”图形界面的游戏，可是我完全是个小白，请你务必手把手帮我一步一步实现这个目标。首先，我的计算机里没有编程所需要的工具，同时，我本人对编程的认知也很匮乏，请你简单给出实现这个编程游戏的目标一共需要哪些步骤，谢谢。

AI 大模型：当然，很高兴能帮助你实现制作飞机大战游戏的梦想！对于编程新手来说，可以通过以下步骤来实现这个目标：

第 1 步：选择编程语言

首先，你需要选择一种编程语言。对于初学者来说，我推荐使用 Python，原因是 Python 语法简单，易于学习，同时有丰富的库支持游戏开发。

第 2 步：安装开发环境

（1）安装 Python：访问 Python 官网（https://www.python.org/）下载并安装最新版本的 Python。

（2）安装 Pygame：Pygame 是一个用 Python 编写游戏的库，非常适合制作 2D 游戏。安装 Python 之后，打开命令行或终端，输入以下命令安装 pygame：pip install pygame。

第 3 步：学习 Python 和 Pygame 基础

在开始编写游戏代码之前，你需要学习 Python 基础，以及如何使用 Pygame 制作游戏。可以通过以下途径进行学习：

- Python 基础：在线学习平台（如 Coursera、Udemy 等）上有许多适合初学者的 Python 课程。
- Pygame 教程：Pygame 官网（https://www.pygame.org/docs/）提供了详细的文档和教程。也有很多 YouTube 视频教程讲解如何使用 Pygame 制作简单的游戏。

第 4 步：设计游戏

在编写代码之前，简单规划一下你的游戏：

- 游戏场景：玩家控制的飞机需要在什么样的背景中飞行？
- 游戏角色：游戏中除了玩家的飞机外，还有哪些敌人或障碍物？
- 游戏玩法：玩家如何控制飞机？游戏的目标是什么？玩家如何获胜或失败？

第 5 步：编写游戏代码

开始编写游戏的具体代码，这包括：

- 初始化 Pygame，设置游戏窗口，加载游戏角色和背景图像。
- 接收玩家的输入，如按键操作来控制飞机移动。
- 游戏逻辑处理，如飞机与敌人的碰撞检测。
- 渲染游戏画面，更新玩家的游戏状态。

第 6 步：测试和完善

运行你的游戏，进行测试，看看是否有 Bug 或游戏过程中的其他问题。反复测试并完善游戏，直到你满意为止。

第 7 步：打包和分享

当游戏完成后，你可能想要将它分享给其他人。此时可以使用 PyInstaller 等工具将你的游戏打包成可执行文件，然后分享给你的朋友。

以上就是从零开始制作飞机大战游戏的整体步骤。如果在实践过程中遇到任何具体的编程问题或者需要更深入的指导，随时欢迎提问。开始你的编程之旅吧！（续后）

综合实例：使用 AI 大模型来编写交互式游戏程序对话实例（2）

2. 晓明：现在我想省去第 3 步的学习过程，通过强大的你，来完成我这个游戏的编程工作。我是小白，你是编程高手，我按照你的指导提供编程环境，你按照我的指令精准生成代码。注意，如果我的指令不清晰时，你可以向我提问确认后再生成代码，或者提前跟我说明我的游戏编程指令必须含有的要素，以减少反复修改的次数。好了，你清晰我的需求后，我们就来正式开始吧。

AI 大模型：很高兴你决定开始这个开发之旅，我会尽我最大的能力帮助你。由于我们将直接开始编码，而跳过了基础学习过程，因此有几点我需要你明确，以确保我们能更高效地完成这个游戏：

（1）游戏设计细节：

- 游戏场景：需要知道游戏的背景，比如是在空中、宇宙还是别的什么地方。
- 主角与敌人：……（内容省略）。
- 游戏控制：……（内容省略）。
- 游戏界面和得分：游戏开始、结束界面的设计，以及玩家的得分机制。
- 难度级别：游戏是否有不同的难度级别，难度级别的区别是什么？

（2）迭代开发：……（内容省略）。

（3）代码解释：……（内容省略）。

请按照上述需要提供的详细信息，告诉我你对游戏的具体设想。一旦你提供了足够的信息，我们就可以开始编写第一部分的代码了。如果你在游戏设计方面还没有完全确定，我们也可以一起讨论，慢慢塑造出你想要的游戏。

3. 晓明：好的，这个部分我稍后会提供。首先，我在安装 Python 时遇到点问题，安装界面有两个待勾选项目，①安装 py.exe 时使用管理员权限；②将 python.exe 添加到 PATH，这两项我可以忽略掉，直接单击立即安装吗？

AI 大模型：在安装 Python 时，最好不要忽略这两项，特别是“将 python.exe 添加到 PATH”。这是因为：

（1）将 python.exe 添加到 PATH：这一步非常重要，因为它允许你在命令行或终端中直接使用 `python` 命令来运行 Python 脚本，而不需要指定 Python 的完整安装路径。简单来说，这使得在任何命令行窗口中使用 Python 变得更加方便和直接。如果你不勾选这个选项，在后续尝试运行 Python 脚本或安装第三方库（如 Pygame）时，可能会遇到一些不必要的麻烦。

（2）……（内容省略）

4. 晓明：我有些看不懂你的解释内容，特别是第一点，我可以在不理解的基础上直接勾选对吧，对我的计算机不会有负面影响就可以了。

AI 大模型：是的，即使目前你还不完全理解这些选项的含义，勾选这两项对你的计算机不会有负面影响。实际上，这两项设置是推荐的，它们会让你将来使用 Python 时更加方便。

……（内容省略）

5. 晓明：安装成功的界面写着：“禁用路径长度，更改计算机配置以允许程序（包括 python）绕过 260 个字符的 "MAX PATH" 限制”。这需要我对计算机进行什么操作吗？（续后）

综合实例：使用AI大模型来编写交互式游戏程序对话实例（3）

AI大模型：在安装Python成功后，如果你看到关于“禁用路径长度限制”的建议，那是因为Windows有一个古老的文件系统限制，即路径长度（包括文件名和其所在的完整目录路径）不能超过260个字符。对于大多数日常使用和编程来说，你可能永远不会遇到这个问题。但在一些特殊情况下，尤其是在处理深层次目录的文件时，可能会因为这个限制而遇到错误。

操作建议：……（内容省略）

6. 晓明：我已经安装好Python了，现在按你开始说的编程步骤的第2步第3点，安装Pygame，打开命令行或终端，输入以下命令安装pygame：```sh pip install pygame```，这里的打开命令行是在计算机搜索cmd后，弹出来的黑屏界面吗？在这里把你给我的命令代码直接复制粘贴到任何空白位置吗？

AI大模型：是的，你描述的步骤是正确的。让我更详细地说明整个过程：

（1）在Windows操作系统中，你可以通过按下Windows键，并输入cmd或“命令提示符”，然后从搜索结果中选择“命令提示符”并打开它。你会看到一个黑色背景的窗口，这就是命令行界面。

（2）接着，将以下命令复制：

……（内容省略）

7. 晓明：哦，太棒了，一切顺利，谢谢你，伙计。现在，在你正式开始编写游戏代码之前，我除了告诉你我对游戏的具体设想之外，还需要做其他什么准备或检查后再开始吗？

AI大模型：太好了，听到你顺利安装了Python和Pygame，我也很高兴！至此，你已经完成了准备工作的主要步骤。在我们开始编写游戏代码之前，确实有一些事情值得确认和准备：

（1）游戏设计细节……（内容省略）。

（2）设计素材……（内容省略）。

（3）代码编辑器……（内容省略）。

（4）验证Python与Pygame安装。

虽然你已经安装了Python和Pygame，并且测试了示例游戏，但在开始项目之前，确保你能够在你的环境中成功运行一个简单的Python脚本，这有助于确认一切正常。

操作步骤：

……（内容省略）

8. 晓明：我现在给你我希望的游戏设计细节：

- 游戏场景：在深蓝色的点缀着细小繁星的宇宙中。
- 主角与敌人：主角是一架黄铜色的大炮，敌方是无数架银灰色的飞机，敌方飞机在大炮的对面方向延直线匀速下落，主角大炮通过左右移动来瞄准射击对面不断下落的飞机。
- 游戏控制：玩家将通过键盘方向键来控制大炮左右移动，通过空格键来控制炮弹发射。
- 游戏规则：如果大炮在3分钟内将所有下落的飞机击中，则大炮赢得比赛；反之，在3分钟内有任意一架飞机在抵达大炮所在位置前未被击中，则飞机赢。任何一架飞机都必须在它前面那架飞机飞出至少1.5个飞机位后再随机发出。以上是我对游戏细节的设计，你认为足够清晰吗？有什么需要补充的地方吗？（续后）

综合实例：使用AI大模型来编写交互式游戏程序对话实例（4）

AI大模型：你提供的游戏设计细节已经非常清晰，并且足够详细用来编码了！这个设计为制作一个经典的射击游戏提供了一个很好的起点。接下来，基于你所提供的信息，我会概述我们接下来需要实现的功能和可能需要的额外信息：

……（内容省略）

9. 晓明：刚刚我提到的第二点，需要补充一下角色的位置，大炮在屏幕的下方，仅可左右移动，飞机在屏幕上方的不同位置点下落，仅能从上往下延直线运动。然后，你提到的额外信息也非常重要，我一一回复给你。

（1）游戏素材：我需要在网络寻找合适的图片，但不清楚编程游戏对图片的尺寸和外观的具体要求，需要你进一步指导。

（2）得分与游戏结束：仅以在时间限制内击落所有飞机为胜负条件即可；游戏开始前3秒时，屏幕出现字幕“GO”（维持3秒后消失），游戏结束时，根据主角输赢结果出现字幕“win”或“lose”。

（3）游戏音效：需要有射中爆炸声、背景音乐以及胜利或失败的特殊音效。

请你根据我提供的所有相关信息，再重新把我设定的游戏细节梳理一遍，谢谢！

AI大模型：根据你提供的补充信息和需求，我将重新梳理和总结你设定的游戏细节，确保我们有一个清晰的开发蓝图：

……（内容省略）

10. 晓明：游戏音效不需要我去找素材，对吗？

AI大模型：对于游戏音效，如果你自己有特定的音效想要使用，那最好能找到并提供这些音效文件。这包括背景音乐、射击音效、爆炸音效以及胜利或失败的特殊音效。选择音效文件时，要确保它们的版权是允许你使用的，特别是如果你有计划将来分享或发布这个游戏。

但如果你不方便或没有时间去寻找这些音效素材，有几种可能的方案可以考虑：

……（内容省略）

11. 晓明：好的，那先不考虑这部分了，我先来寻找合适的图片素材，再来跟你进一步沟通，辛苦你了，我们合作很愉快，明天继续！

AI大模型：当然，很高兴能帮到你！你先寻找合适的图片素材，有任何问题或者准备好了继续开发，随时可以告诉我。

……（内容省略）

12. 晓明：你好，请问去哪里可以找到免费的合适图像素材？

AI大模型：你好！寻找免费的图像素材，有几个网站是很受欢迎的，它们提供了大量的免费素材，包括可以用于游戏开发的图像。当你使用这些资源时，需要检查它们的许可协议，以确保这些素材可以用于你的项目中（特别是如果你考虑商业使用）。下面是一些推荐的资源网站：

……（内容省略）

13. 晓明：你好，图片素材我已经准备好了，我们可以开始编程了。

AI大模型：你好！很高兴听到你已经准备好了图片素材，我们可以开始着手编程你的炮打飞机游戏了。我记得你的游戏设计细节。让我们简单回顾一下基本要求，然后开始第一阶段的编码工作：

游戏设计要求回顾：

……（内容省略）

（续后）

综合实例：使用AI大模型来编写交互式游戏程序对话实例（5）

以下是第一部分的示例代码：

```
import pygame
import os
# 初始化 Pygame
pygame.init()
# 设置游戏窗口的大小
SCREEN_WIDTH = 800
SCREEN_HEIGHT = 600
screen = pygame.display.set_mode((SCREEN_WIDTH, SCREEN_HEIGHT))
# 设置游戏窗口的标题
pygame.display.set_caption(" 炮打飞机游戏 ")
# 加载图像素材
background = pygame.image.load(os.path.join('assets', 'background.png'))  # 假设背景图像名为background.png，存储在 assets 文件夹中
cannon = pygame.image.load(os.path.join('assets', 'cannon.png'))  # 假设大炮图像名为 cannon.png
airplane = pygame.image.load(os.path.join('assets', 'airplane.png'))  # 假设飞机图像名为 airplane.png
# 游戏主循环
……（大部分内容省略）
pygame.quit()
```

请按照你的设定替换上述代码中的图片文件名和路径。这段代码会创建一个游戏窗口，并显示你的背景图像。如果有任何问题，或者当你准备好进入下一阶段（如控制大炮移动和发射炮弹）时，随时与我联系。让我们一起把这个游戏做得更好。

14. 晓明：图片文件名已对应修改为你代码中设定的名字了，路径统一放在桌面上名为“编程”的文件夹中，请按以上全部要求重新编写代码。

AI大模型：如果你已经将所有游戏所需的图片素材存放在桌面上名为“编程”的文件夹中，并且文件名已经修改为与上面的代码片段一致，那么我们需要对代码进行一些调整，以确保能够从正确的路径加载这些素材。下面是根据你提供的信息调整后的代码：

……（内容省略）

请将上述代码中的“'YourUsername'”替换为你实际的Windows用户名。你可以通过查看文件夹路径来找到它，或者在Windows的开始菜单中单击你的用户头像进行查看。

记住，这段代码只是简单地创建游戏窗口并显示背景图像。接下来，我们将一步一步添加游戏的其他功能，如大炮的移动控制和飞机的下落逻辑等。

如果有任何问题，或者准备好了继续开发游戏的下一个阶段，随时告诉我。我们将一起让这个游戏栩栩如生！

（续后）

综合实例：使用 AI 大模型来编写交互式游戏程序对话实例（6）

15. 晓明：我的 Windows 用户名是 dell，请按此全部重新生成代码。

AI 大模型：基于你提供的 Windows 用户名 dell，以下是调整后的代码，现在这段代码将能够从你桌面上名为“编程”的文件夹中加载游戏所需的图像素材：

……（内容省略）

16. 晓明：我将你给的代码放入文本文档中，通过修改扩展名为 .py 的方式编程，但是计算机没什么反应，我应该在哪里看到效果？

AI 大模型：将代码放入文本文档中并修改扩展名为“.py”来创建 Python 脚本是正确的做法。如果你在运行这个脚本后没有看到预期的效果，可能是由于一些常见的原因。以下是一些步骤来确保你能够正确执行并看到游戏窗口：

（1）确保 Python 正确安装。

……（内容省略）

（2）通过命令行运行脚本。

- 打开命令提示符（Windows）或终端（macOS/Linux）。在 Windows 上，可以按“Windows + R”键，输入 cmd，然后按回车键。
- 使用 cd 命令更改目录到你保存 Python 脚本的目录。例如，如果你的脚本保存在桌面上的“编程”文件夹中，那么应该执行类似以下的命令（基于你的用户名和路径）：

```
cd C:\Users\dell\Desktop\ 编程
```

……（内容省略）

17. 晓明：“使用 cd 命令更改目录到你保存 Python 脚本的目录”是什么意思，把“cd C:\Users\dell\Desktop\ 编程”这段文字复制到命令行运行的意思吗？

AI 大模型：是的，你理解得非常正确。

……（内容省略）

这里是具体的操作步骤：

……（内容省略）

18. 晓明：已经按照你的提示操作，命令行窗口出现“pygame 2.5.2 (SDL 2.28.3, Python 3.12.1)

Hello from the pygame community. https://www.pygame.org/contribute.html

Traceback (most recent call last):File "C:\Users\dell\Desktop\ 编程 \game.py", line 20, in <module>

background = pygame.image.load(os.path.join(assets_path, 'background.png')) # 加载背景图像 ^^^^^^^
^^

FileNotFoundError: No file 'C:Users\dell\Desktop\ 编程 \background.png' found in working directory 'C:\Users\dell\Desktop\ 编程 '.”之后，还是没有游戏窗口弹出呢？

AI 大模型：出现这个错误是因为 Python 未能在指定的目录中找到名为 background.png 的文件。这个错误信息直接指出了问题所在：No file 'C:Users\dell\Desktop\ 编程 \background.png' found in working directory 'C:\Users\dell\Desktop\ 编程 '。这意味着它在尝试加载 background.png 文件时未能成功，原因可能是：

……（内容省略）

（续后）

综合实例：使用AI大模型来编写交互式游戏程序对话实例（7）

修改相应的代码行为：

```
background = pygame.image.load('C:\\Users\\dell\\Desktop\\ 编程 \\background.
png')
```

注意，在Python字符串中，反斜杠“\”是一个转义字符，所以需要写成“\\”来表示实际的文件路径中的反斜杠。

19. 晓明：修改相应的代码为：background = pygame.image.load('C:\\Users\\dell\\Desktop\\ 编程 \\background.png')，你说的这个是要在哪里修改的？没看明白。

AI大模型：我来详细解释一下如何修改代码来使用绝对路径加载background.png图像。

首先，你需要找到之前我们写的Python脚本，这个脚本是你放在“编程”文件夹中的，文件名可能是game.py或其他你自定义的名字。使用文本编辑器（比如记事本、Notepad++或Visual Studio Code）打开这个文件。

……（内容省略）

20. 晓明：请你把全部代码重新生成发给我，我来全部替换，以防止局部修改出现人为操作失误。

AI大模型：当然，根据我们之前讨论的内容和最新的修改要求，下面是全部更新过的代码，包括使用绝对路径直接加载background.png图像的部分。请将整段代码复制到你的Python脚本文件中：

……（内容省略）

21. 晓明：出现游戏界面了，不过看不到飞机，而且大炮图片的背景色没有去除。

AI大模型：很棒！能够看到游戏界面意味着我们在正确的轨道上。现在，让我们解决飞机不显示的问题和大炮图片背景色问题。

飞机不显示，可能是因为在我们提供的代码示例中，并没有包含用于绘制飞机图片的screen.blit函数调用。

……（内容省略）

22. 晓明：请你按以上问题都帮我调整后，再全部重新生成代码，后面每次我需要调整代码的时候，也都请全部重新生成，谢谢！

AI大模型：当然，根据你的需求和之前提出的更改，下面是全新调整过的完整代码。这段代码包括了代码加载和显示飞机图像，同时去除大炮图片背景色的步骤：

……（内容省略）

如果你有任何更进一步的要求，或者在测试这段代码时遇到问题，随时欢迎告诉我！希望你的游戏开发进展顺利。

23. 晓明：在游戏界面中，飞机和大炮都显示了，但是它们的背景都没有透明化。另外，飞机的大小需要缩小到现在的十分之一，大炮缩小为现在的二分之一，星空背景需要铺满游戏窗口，请按此要求全部重新生成代码。

AI大模型：很好，让我们根据你的新要求调整代码。

……（内容省略）

以下只列出晓明的问话，大家体验一下与AI大模型对话交互过程：

（续后）

综合实例：使用 AI 大模型来编写交互式游戏程序对话实例（8）

24. 晓明：飞机和大炮的图片背景色还是没有去除，这个还需要继续调整，请务必找到准确的调整方式。另外，飞机太小了，需要把飞机放大为现在的 3 倍，请按此重新生成全部代码。

25. 晓明：请将大炮和飞机同时放大一倍。

26. 晓明：飞机和大炮的标准还是调得不对，这样吧，请将飞机的长度按游戏窗口的宽度的十三分之二体现，大炮的高度按游戏窗口的宽度的十三分之三体现，飞机发出的位置贴着游戏窗口顶部，请按此再重新生成全部代码。

27. 晓明：已经接近需求了，飞机的长度设置为游戏窗口宽度的十三分之一点五，大炮的高度设置为游戏窗口宽度的十三分之二。请按此全部重新编写代码。

28. 晓明：很好，就按这个比例来！现在要逐步实现控制大炮移动、发射炮弹、敌机被击中时爆炸等功能，请进一步重新生成全部代码。

29. 晓明：可以了，按这一版本来。请接着实现敌机被击中后爆炸的效果，重新生成全部代码。

30. 晓明：飞机飞行的速度请调慢 1 倍，任意一架飞机飞到大炮口的水平线位置时还未被击中，则游戏结束，不用飞到游戏窗口底部，请按此重新调整，全部重新生成代码。

31. 晓明：这个版本可以，不过游戏结束时，画面最好停留一会儿，再加上 GAME OVER 的字样，飞机被击中时增加爆炸效果，这些可以通过代码生成吗？

32. 晓明：这个爆炸效果不够逼真，能有更好看的爆炸效果吗？另外，飞机的速度还是再稍微调慢一点点。再增加一个 2 分钟倒计时的红色数字在右上角，2 分钟内击中所有飞机，游戏结束，并出现 YOU WON 字样保持 3 秒，请按以上，全部重新生成代码。

33. 晓明：还剩下一点问题，待发出的飞机不要出现在游戏窗口顶部，请隐藏起来，这样大炮就无法预先知道飞机发出的位置，请按以上再做一版调整，全部重新生成代码。

34. 晓明：保持这个版本，再微调一下，飞机发出的频次再稍微密集一点，游戏结束时出现的“GAME OVER”或“YOU WON”字体请用更大一点的，颜色使用黄色，请按此调整后全部重新生成代码。

35. 晓明：出错了，游戏窗口出现了长时间没有飞机的状态，请务必仔细检查，避免这个状态的出现。另外，飞机的飞行速度请再增加 10%。以上，请全部重新生成代码。（这一步后游戏设计完成了。）

36. 晓明：我要怎么把做好的游戏，发给别人玩？

37. 晓明：前面你说方法一的第 2 步操作时，命令行出现 C:\Users\dell>pyinstaller --onefile --windowed game.py，294 INFO: PyInstaller: 6.3.0……这是什么情况，游戏生成可执行文件了吗？

38. 晓明：你说的可以将 dist 文件夹下的 game.exe 文件（以及游戏所需的任何资源文件）打包到一个 ZIP 文件中，意思是除了 game.exe，还有什么文件需要一起打包，我的朋友才能打开以便来玩我设计的游戏？（AI 大模型给出回答后，晓明按照回复内容，顺利地将游戏封装打包完成了。）

11.1.5 Stable Diffusion 图像生成软件介绍

Stable Diffusion 是一个图像生成 AI 模型，它的主要功能是根据文字描述或提示词生成详细图像，能够在几秒内创造出令人惊叹的艺术作品。这款 AI 软件是向全世界免费开源的，不仅可以根据提示词生成图形，还能根据图像再生成图像。此外，它还具有参数调整和控制器功能，使得用户可以精确控制 AI 模型进行准确的图像生成，如图 11-4 所示。

图 11-4 Stable Diffusion 的软件界面（可以自己定制）

Stable Diffusion 软件的主要功能包括以下几个方面：

（1）高分辨率图像生成：Stable Diffusion 能够生成高分辨率图像，支持多种调整和优化参数，以提升图像细节和质量。这一功能对于需要精细图像的应用场景非常重要，如广告设计和艺术创作。

（2）文本到图像（Text-to-Image）：Stable Diffusion 通过输入文本描述生成图像。用户可以输入详细的正向提示词和反向提示词，以引导模型生成符合预期的图像。例如，通过输入详细的场景描述，可以生成精确的图像内容。

（3）图像到图像（Image-to-Image）：用户可以通过上传一张基础图像，并通过输入文本提示来修改图像内容。该功能允许对现有图像进行风格化、重绘（Repaint）或增添细节，适用于修复照片或创作变体图像。

（4）控制图像生成（ControlNet）：ControlNet 是一个扩展工具，允许用户通过添加额外的条件更精确地控制图像生成。用户可以选择不同的预处理器（如 Canny 边缘检测、OpenPose 人体姿态检测等）和相应的模型，并调整控制权重，以实现更细致的图像生成控制。

Stable Diffusion 软件的主要特点如下：

（1）高级用户界面：Stable Diffusion 软件提供了用户友好的图形界面，支持多种设置和预览功能。用户可以在生成图像之前预览处理结果，并通过图形界面调整各种参数，以获得最佳效果。

（2）支持多种扩展和插件：Stable Diffusion 软件支持多种扩展和插件，如 ControlNet、T2I 适配器等。这些扩展使得用户可以在不同应用场景中更灵活地使用模型。例如，ControlNet

可以通过不同的预处理器来提取图像信息，T2I 适配器可以优化图像风格，提高图像质量。

（3）支持低显存模式：对于显存容量较低的设备，Stable Diffusion 提供了低显存模式，使用户能够在资源受限的环境下生成高质量的图像。

（4）图像处理预处理器：Stable Diffusion 集成了多种图像处理预处理器，如 HED 边界检测、Midas 深度估计等。这些预处理器能够提取图像的关键信息，指导生成过程，从而提高图像的质量和细节。

（5）开源免费和社区支持：Stable Diffusion 是一个开源免费项目，拥有活跃的社区支持。用户可以访问 GitHub 仓库获取最新的更新和扩展，并参与社区讨论和开发。

11.1.6 Stable Diffusion 图像生成的基本入门

使用 Stable Diffusion 生成图像，基本步骤如下：

（1）选择合适的平台：对于一个初学者来说，可以使用在线生成平台。这些平台提供了用户友好的界面，用户只需输入文本提示即可生成图像。例如，可以访问官网 https://stablediffusion.com/generate，输入提示词如“未来城市，夜晚，霓虹灯”，然后单击“生成”按钮，等待图像生成后下载保存即可，如图 11-5 所示。

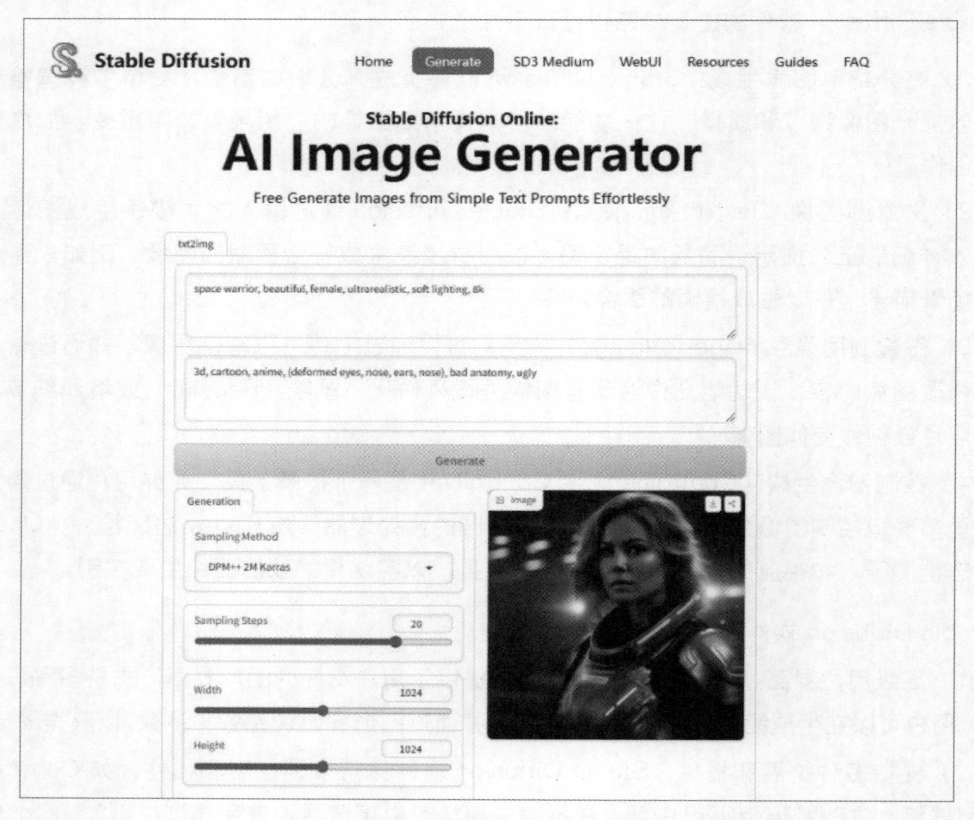

图 11-5 Stable Diffusion 官网操作界面

（2）高级图形用户界面（GUI）：当用户对 Stable Diffusion 更深入地了解后，可以考虑使用更高级的图形用户界面工具，如 AUTOMATIC1111 或 Hugging Face。选择一个适合你的 GUI 工具，并按照提示安装和设置。这些开源软件的图形用户界面可以根据需要进行定制，图 11-4 就是一种定制的图形用户界面。

（3）工作流 ComfyUI 用户界面：这是另一种 Stable Diffusion 的软件操作界面，采用基于工作流节点（node-based）的设计。它用于控制和扩展 Stable Diffusion 模型的图像生成过程，提供了模块化和高度可定制的工作流程。这种界面适合需要更高控制精度和灵活性的专业设计人员使用，如图 11-6 所示。

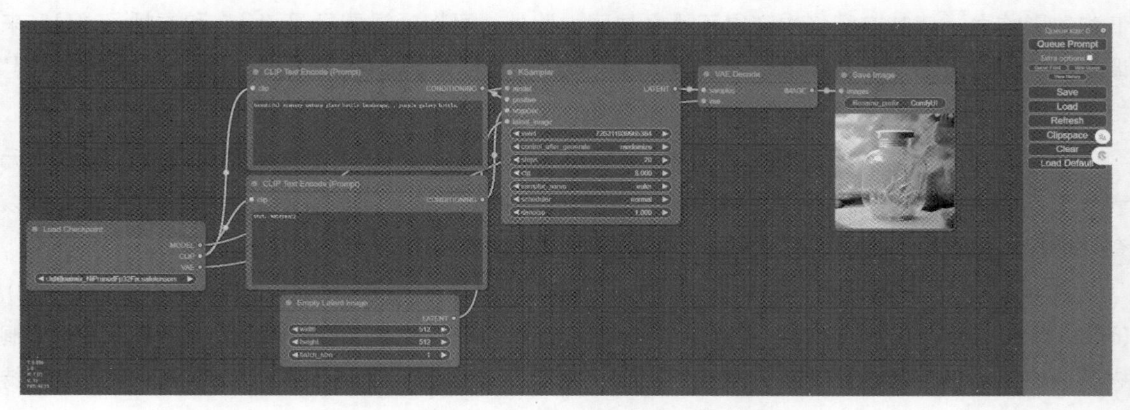

图 11-6 Stable Diffusion 工作流 ComfyUI 操作界面

（4）编写提示词：良好的提示词是生成高质量图像的关键。详细描述想要生成的图像，包括颜色、光线、情感等。例如，“一个年轻女子，棕色眼睛，时尚休闲装”。使用强关键词来定义风格，如“Van Gogh style”或“cyberpunk”，提示词分为正向提示词和反向提示词，正向提示词用于描述你希望生成的内容，反向提示词用于描述你不希望生成的内容。

（5）选择和安装模型：Stable Diffusion 提供有多个版本和图像模型，如 v1.4、v1.5、v2.0、v2.1 以及 SDXL 模型。对于初学者，建议选用 v1.5 或 SDXL 1.0 模型，这些模型易于上手并支持更多自定义功能。我们可以从 Civitai 或 Hugging Face 网站下载这些模型文件，并将它们存储在正确的文件夹中。

（6）生成图像：输入提示词并选择适当的设置，如采样步数和 CFG scale。增加采样步数可以提高图像的清晰度，而调整 CFG scale 可以更好地控制图像风格与文本提示的匹配度。一般来说，采样步数设为 20，CFG scale 设为 7 是一个较好的起点。

（7）优化和修复：生成图像后，可能需要进行一些优化和修复工作。例如，可以使用图形重绘（repaint）技术来修复图像中的小瑕疵，或者使用专门的面部修复工具，如 CodeFormer 来改进生成的面部特征。

Stable Diffusion 特有的权重提示词语法：

Stable Diffusion 软件在撰写提示词时，有一些特定的语法规则。比如，可以通过使用圆括号“()”来增加对内部词语的关注度，而使用方括号“[]”则表示减少关注。这种方法允许我们精确地调控模型对提示词中各部分的重视程度。在括号内部，可以通过在提示词后添加冒号和数值，如“(word:1.5)”，来进一步加强对该词的关注。这个数值表示相对于正常关注度的增加，例如 1.5 倍。

当然，也可以使用自然语言进行描述，不过使用这种关键词权重语法可以更精确地控制生成图像中各元素的重要性。权重语法通过调整每个关键词的影响力，确保特定元素在图像中更加突出或被淡化。权重语法的主要形式包括“(关键词 : 权重)”，其中权重值可以高于或低于 1。例如，使用“(dog: 1.5)”会增加狗在图像中的重要性，使其更加突出；而“(dog: 0.5)”则会降低狗的影响力，使其在图像中变得不那么显眼。此外，可以通过圆括号“()”和方括号“[]”来调整关键词的强度，“(keyword)”相当于“(keyword: 1.1)”，增加关键词的影响力，而“[keyword]”相当于“(keyword: 0.9)”，减少关键词的影响力。

这种语法允许对图像的各个方面进行微调。例如，在描述一个复杂场景时，可以为每个元素分配不同的权重，从而确保生成图像时各元素的比例和细节符合预期。通过这种方式，可以有效地控制图像中的主体、背景和细节，从而生成高质量且符合用户期望的图像。

权重语法不仅可以用于单个关键词，还可以用于组合关键词。例如，“(sunset:1.2), (ocean:0.8), (palm trees:1.0)”可以生成一个日落时分、有棕榈树的海洋场景，其中日落和棕榈树更为突出，而海洋的细节相对较少。此外，通过权重调整，还可以在生成图像时保持面部特征的一致性。比如可以引用多个名人的名字，并分配不同的权重，可以在多个图像中生成具有一致面部特征的图像。

下面我们通过一个文生图实例来演示 Stable Diffusion 基本操作步骤：

（1）选择合适的图像模型，每一种图像模型对应某一种画面风格，对生成图像的影响最大。最基本的模型比如 SDXL 模型，是系统自带的基本模型。由于这是一款开源软件，很多模型都是由爱好者自行开发的，因此需要额外进行安装。

（2）在第一个框中输入正向提示词（Prompt）。这是对想要生成的图像进行文字描述，可以是按一定语法规则的关键词组合，也可以是自然语言描述。

关键词例子：

杰作，最佳质量，高质量，极其详细的 CG 8K 壁纸，古典中国花园，风景，冬季，（下雪），户外，天空，天，景观，水，树，蓝天，瀑布，自然，湖，河，多云的天空，获奖摄影，散景，景深，HDR，泛光，色差，逼真，非常详细，复杂，高细节，戏剧性。

自然语言例子：

请生成一张极其详细和高质量的 8K 壁纸，展示一个典型的中国古典花园的冬季风景。画面中应包含轻轻飘落的雪花，湖面，河流，以及被雪覆盖的树木。背景是多云的天空和戏剧性的蓝天之下的壮观瀑布。整个场景应具有高动态范围成像（HDR）效果，散景和深度感，以及精细的色彩处理，呈现出逼真和复杂的自然美。

（3）在第二个框中输入反向提示词（Negative Prompt），用以描述不希望生成的内容或特点。

例子：最差质量，低质量，中等质量，低分辨率，漫画，（水印）。

（4）选择采样方法、采样步数、图像尺寸等参数。

采样方法与采样步数：在 Stable Diffusion 软件中，采样方法和采样步数是生成图像的关键组成部分。简单来说，采样步数指的是从初始的随机噪声到生成可识别图像的迭代次数。每一个步骤中，AI 都会对图像进行调整，使其更接近最终结果。更多的采样步数通常能增加图像的细节和质量，但同时也会延长处理时间，采样方法决定了这些步骤的执行方式。例如，Euler 方法是一种基本的采样方法，按固定的路径逐步减少噪声，而更先进的采样方法如 DPM++ 2M Karras 则在处理复杂图像时，能够在保持较快速度的同时，生成更高质量的图像。

不同的采样方法适用于不同的特点和场景，选择合适的采样方法和步数能显著影响生成图像的质量和效率。例如，若需快速生成图像，可选择速度较快的采样方法；若追求高质量细节，可增加采样步数，但需注意这样会增加处理时间。

CFG Scale 提示词相关性：用来控制生成的图像与输入的文本提示的相似度。若将 CFG scale 设置得较高，则 AI 生成的图像将尽可能地符合描述，对于需要高度精确的图像生成很有帮助。但若 CFG scale 设置得较低，则 AI 在生成图像时更具创造性，可能会产生一些意想不到的有趣结果。这样的设置适合希望探索 AI 创造力的应用场景。

生成批次：指一次性生成多少幅图像。例如，若设置批次大小为 4，则每次操作会生成 4 幅图像。这有助于快速获取多个版本的图像。

每批数量：指要生成多少批图像。例如，若设置每批数量为 3 且批次大小为 4，则总共会生成 12 幅图像。

尺寸：是指图像的宽度和高度，通常以像素为单位。可以根据需要调整这些值以修改图像的分辨率。

种子：这是一个数字，用于初始化生成过程中的随机数生成器。使用相同的种子和设置会重复生成相同的图像。

高清修复：该功能用于生成放大图像并保持图像质量，尤其在图像的细节和清晰度方面进行优化。

面部修复：如果生成的图像中包含人脸，此功能可改善人脸的质量和表情，使其看起来更自然和逼真。

平铺分块：用于生成无缝纹理的功能。启用此功能时，AI 会确保图像的边缘可以无缝连接，非常适用于创建背景或纹理图案。

放大算法：一种图像放大技术，可以在增加图像尺寸的同时保持或增强其质量。通常用于从低分辨率生成的图像中获得更高分辨率的版本。

（5）我们设置好参数：模型选择为 cheeseDaddys、采样方法选择 DPM++SDE Karras、采样步数设置为 25、放大算法选择为 Latent，选中高清修复，将宽度设置为 960，高度设置为 640，生成批次和生成数量都设置为 1，提示词相关性设置为 7，随机种子设置为 -1（随机）。

（6）单击“生成”按钮，生成的图像如图 11-7 所示。

图 11-7 生成图像的示例

11.1.7 Stable Diffusion 软件的图像控制器高级操作功能

Stable Diffusion 中最引人注目的功能是具有 ControlNet 图像控制器插件。该插件的作者是一位来自斯坦福大学的中国留学生张吕敏。ControlNet 是一个用于增强 Stable Diffusion 软件的扩展工具，允许用户通过添加额外的约束条件来更精确地控制生成的图像。它通过结合图像处理预处理器和深度学习模型，使用户能够在文本到图像（txt2img）和图像到图像（img2img）生成过程中对生成图像施加更细致的控制。

ControlNet 插件的问世使 AI 图像生成进入了一个全新的阶段，真正实现了图像风格的迁移和精确控制。它的出现为艺术家、设计师和影视制作人等创作者提供了更多的创作可能性。

ControlNet 的功能和特点如下：

（1）多种预处理器：ControlNet 支持多种预处理器，如 Canny 边缘检测、OpenPose 人体姿态检测、HED 边界检测等。这些预处理器用于处理输入图像，提取关键信息以指导生成过程。例如，Canny 边缘检测可以提取图像的边缘信息，而 OpenPose 可以提取人物姿态。

（2）模型和设置：在使用 ControlNet 时，用户可以选择合适的预处理器和对应的模型。例如，使用 OpenPose 预处理器时，需要选择 control_openpose-fp16 模型。用户可以通过调整控制权重（Control Weight）来微调生成结果的风格和细节。

（3）高分辨率支持：ControlNet 1.1 版本支持高分辨率修复功能（High-Res Fix），可以生成小尺寸和大尺寸的控制图像，从而在生成高分辨率图像时保持细节一致性。

（4）用户友好的界面：ControlNet 提供了预处理器预览功能，用户可以在生成之前预览处理结果。此外，ControlNet 还支持各种图像掩码和重绘（Repaint）设置，使其在不同的应用场景中都能方便地使用。

下面我们通过 4 个实例展示使用 ControlNet 控制器出图的过程：

实例 1：一幅图像变化多种样式，常用于设计产品造型的多种样式

（1）单击“图生图”选项，调入图片，用 Clip 反向提示词功能自动生成图像的提示词如下：

a robot with a helmet and headphones on it’s face and eyes, with a red and white design on the face, Ai-Mitsu, cybernetic, cyberpunk art, retrofuturism

中文：一个机器人，戴着头盔和耳机，脸上有红色和白色的设计，带有“艾密”（Ai-Mitsu）的标志，呈现出赛博朋克艺术和复古未来主义风格。

（2）将上述提示词输入 AI 大模型进一步细化改进，并将材质修改为金属材质，如下：

这幅图展示了一位金属制作的机器人，外形精致，充满未来科技感。她拥有人类般的脸部，覆盖光滑的金属材料，并装饰有红色图案。她的眼睛优雅，嘴唇微闭，散发着宁静的气质。露出的机械部分，特别是脖子和肩膀处，显示了复杂的线路和机械构造。

This image features a refined robot exuding futuristic technology. The robot has a human-like face covered with smooth white material, adorned with red patterns. The eyes are elegant, with slightly closed lips conveying serenity. The exposed mechanical parts, especially around the neck and shoulders, reveal intricate designs with visible wires and mechanical structures.

（3）在输入上面正向提示词后，输入下面反向提示词：

低质量，丑陋，最差质量，低分辨率，水印

（4）打开 ControlNet 控制器，单击上传如图 11-8 所示的图像，上传完成后，勾选“启用”选项。

（5）预处理器选择 canny，预处理器模型选择 control_sd15_canny。

（6）将权重参数设置为 1，预处理的分辨率设置为 816，其他参数保持默认设置即可。

（7）单击“预览预处理结果”按钮即可看到黑底的轮廓图，如图 11-9 所示。

图 11-8 控制轮廓图

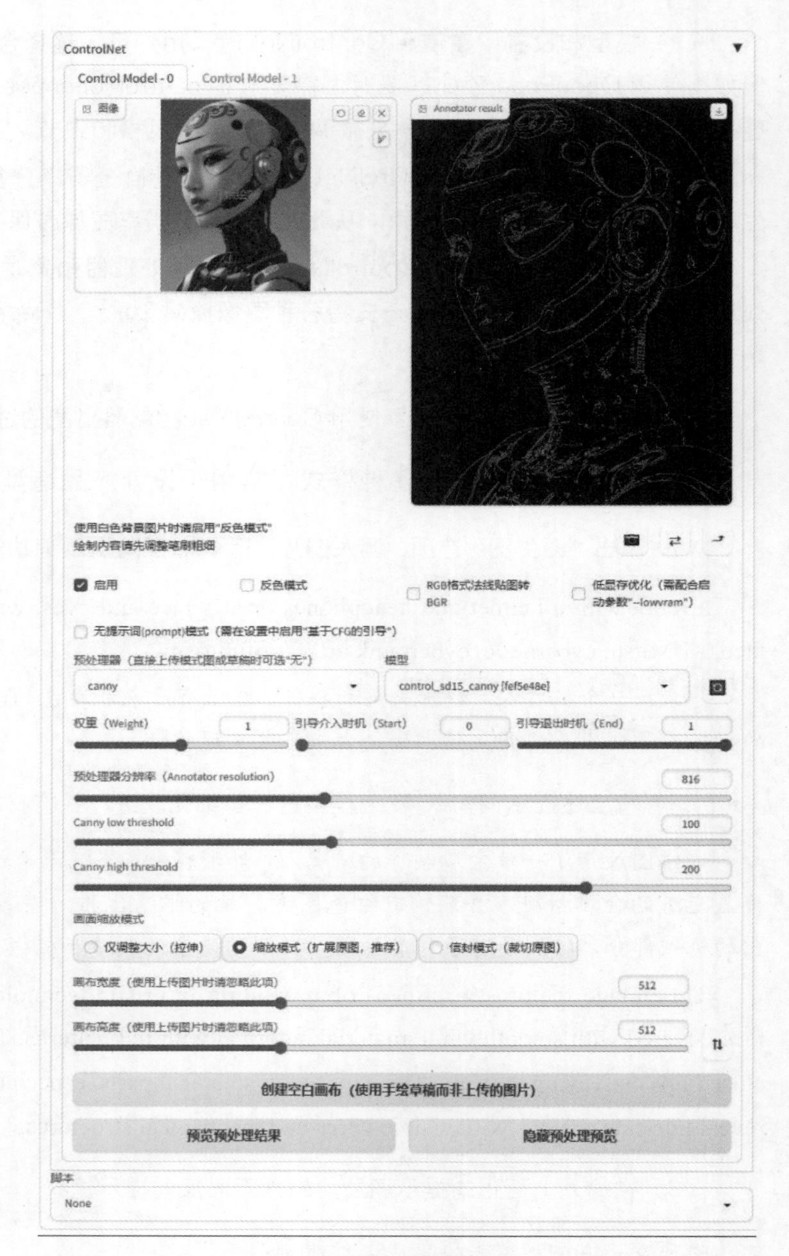

图 11-9 控制轮廓界面

（8）选择 cheeseDaddys 模型，将图像的宽度设置为 600，高度设置为 800，如图 11-10 所示，然后单击“生成”按钮，即可看到图中预览的结果。

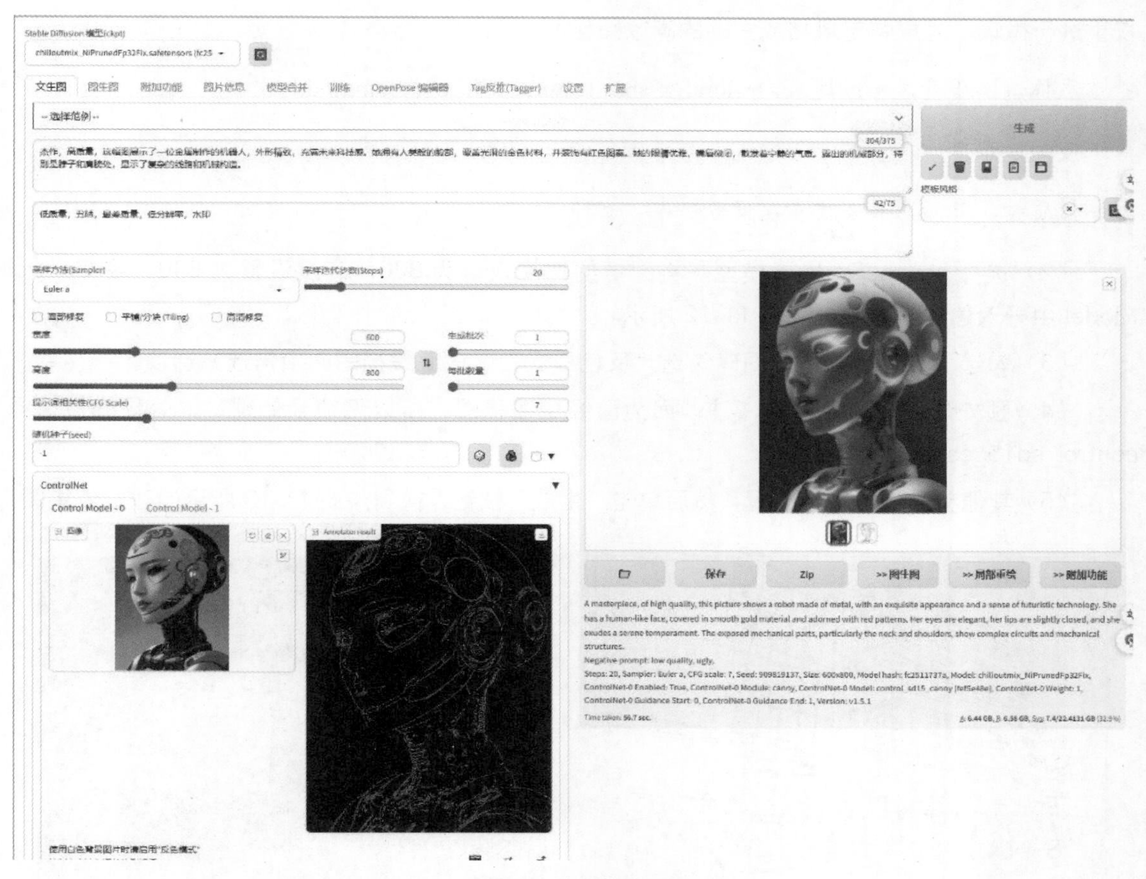

图 11-10 控制轮廓界面

（9）修改提示词的材质可以得到多种不同样式的图像，如图 11-11 所示。

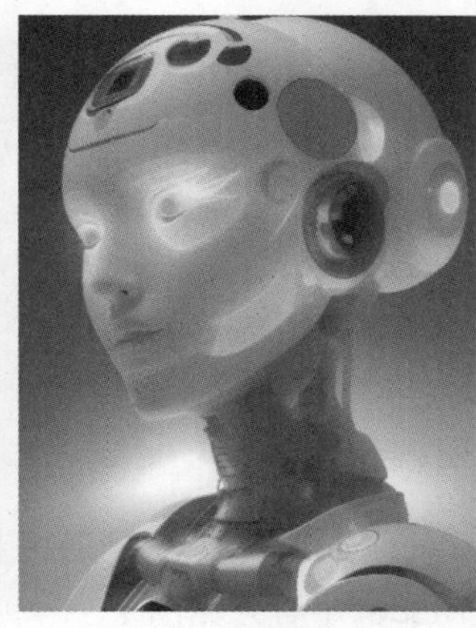

图 11-11 控制轮廓实例

实例 2：建筑线稿图生成效果图

（1）输入正向提示词，并调用 Lora 模型（一种轻量级的模型，通过对预训练模型的部分权重进行微调，生成特定风格或主题的高效图像）：

杰作，高质量，一幢建筑，<lora:XSarchitectural-27Typeofcommodity:1>

反向提示词：

低质量，丑陋，最差质量，低分辨率，水印

（2）选择 cheeseDaddys 模型，将图像的宽度设置为 800，高度设置为 640，在 Control Model 中导入建筑线稿图，如图 11-12 所示。

（3）勾选“启用”选项，同时勾选“反色模式”（白底线描图必须勾选）选项。

（4）预处理器选择“无”（注：因为已经是线稿图，所以无须预处理），处理模型选择 control_sd15_canny。

（5）其他参数保持默认设置，然后单击“生成”按钮，得到如图 11-13 所示的建筑效果图。

图 11-12 建筑线稿图

图 11-13 建筑效果图

实例 3：漫画线稿图上色

（1）正向提示词：

杰作，高质量，一个美丽的女孩在花丛中

（2）反向提示词：

低质量，丑陋，最差质量，低分辨率，水印

（3）选择 meinaunreal 模型（一种生成二次元卡通图像模型），将图像的宽度设置为 600，高度设置为 800，在 Control Model 中导入如图 11-14 所示的动漫线稿图。

（4）勾选“启用”选项，同时勾选“反色模式”选项（白底线描图必须勾选）。

（5）预处理器选择“无”（注：因为已经是线稿图，所以无须预处理），处理模型选择 control_sd15_canny，其他参数保持默认设置，然后单击“生成”按钮，得到如图 11-15 所示的动漫上色效果图。

图 11-14 动漫线稿图

图 11-15 动漫上色效果图

实例 4：人体姿态控制器生成图像

（1）正向提示词：

杰作，高质量，一个美丽的女孩在花丛中

（2）反向提示词：

低质量，丑陋，最差质量，低分辨率，水印

（3）进入 OpenPose 编辑器进行编辑，绘制如图 11-16 所示的形体姿态图，完成后保存。

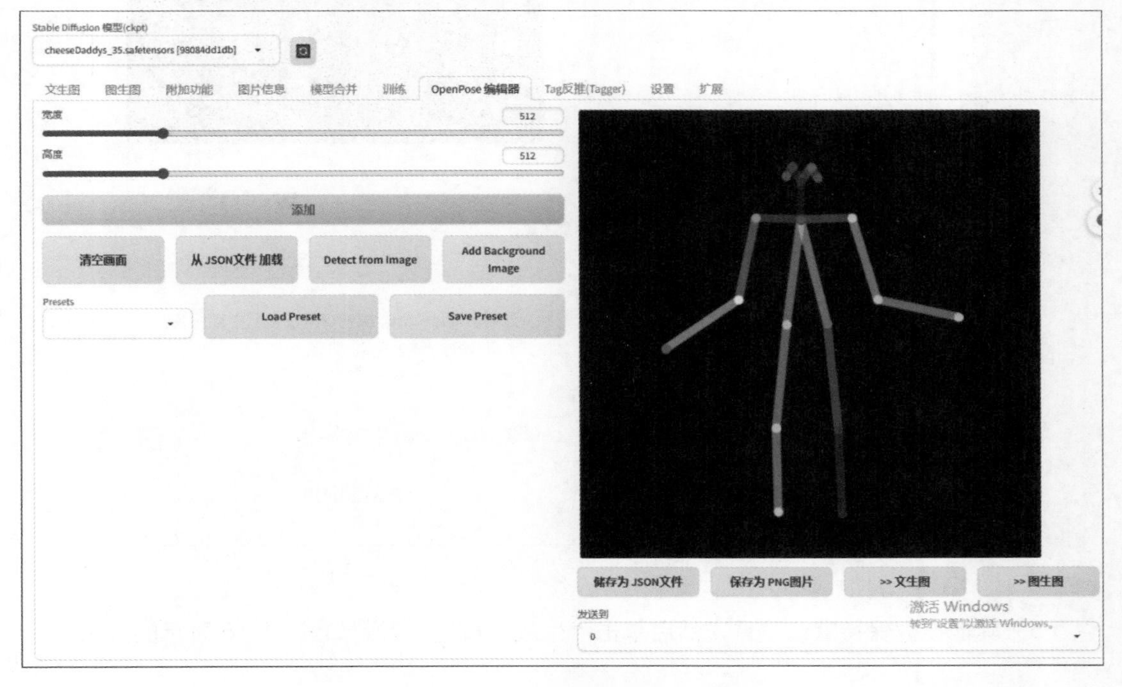

图 11-16 姿态图绘制

（4）回到文生图。选择 cheeseDaddys 模型，将图像的宽度设置为 600，高度设置为 800。在 Control Model 中导入人体姿态图（这类图形也可用专用软件生成），勾选“启用”选项，在预处理器中选择“none”选项（注：已经是姿态图了，预处理器不用选择，但是如果导入的是图形图像而不是直接的姿态图，就选择“OpenPose 姿态检测”，可以直接识别出姿态图），预处理模型选择“control_sd15_openpose”，然后单击界面中的“预览处理结果”按钮，最后的结果如图 11-17 所示。

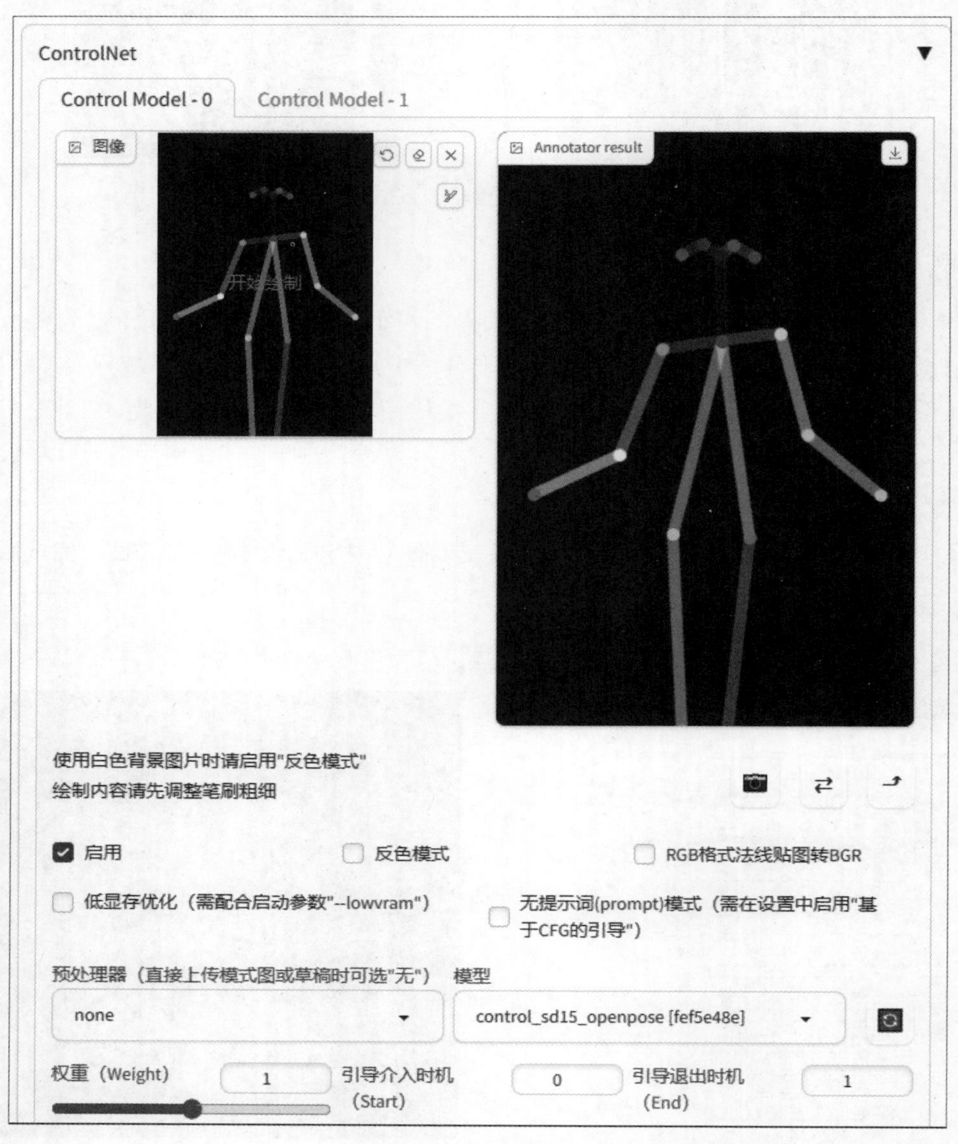

图 11-17 姿态控制器

（5）其他参数保持默认设置，然后单击“生成”按钮，得到如图 11-18 所示的效果。

图 11-18 生成图的效果

通过以上 4 个实例，我们可以看到，ControlNet 极大地增强了 Stable Diffusion 的图像生成能力。它支持多种预处理器，如 Canny 边缘检测和 OpenPose 人体姿态检测，以帮助用户在文本到图像或图像到图像的生成过程中施加精确控制，适用于需要高精度和高细节的图像生成任务。

11.1.8 图像生成提示词的一般撰写原则

撰写图像生成的提示词是一个需要精确和创造性思考的过程。图 11-19 所示为撰写图像生成提示词的一些关键步骤和技巧，帮助读者撰写有效的提示词，以生成高质量的图像，这些通用方法对所有的图像模型都适用。

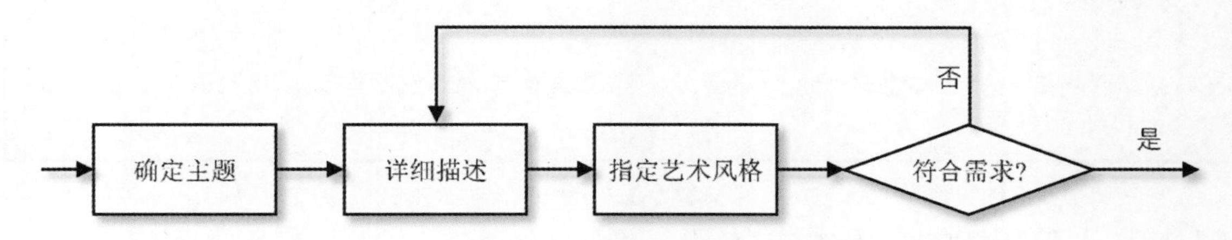

图 11-19 图像生成提示词撰写基本思路

- 确定主题：首先，需要明确你想要生成的图像的主题。可以是一个物体、一个人、一个场景或任何特定的概念。
- 详细描述：在撰写图像生成的提示词时，尽可能详细地描述想要的图像。包括颜色、动作、环境、情感等具体细节。这有助于模型生成你理想的图像效果。

- 指定艺术风格：如果有特定的艺术风格需求，如印象派、现代艺术或其他任何风格，则需要明确指出，这一点也非常重要。可以帮助模型更好地调整其生成算法以适应这种风格。
- 实验和迭代：撰写有效的提示词后，看是否满足你的需求，如果不符合，需要多次尝试和调整，才能找到最适合需求的表达方式。
- 重要的是：你还可以将特定软件的图像生成规则告诉 AI 大模型，让 AI 大模型根据规则来生成所需要的图像提示词。因此，我们前面讲解的大语言模型的提示词工程的对话技巧是基本的技能。

按照上述原则，下面是生成的提示词示例：

请生成一幅描绘上海天际线的图像。这幅图像应该包括陆家嘴金融区的高楼大厦，如东方明珠塔、上海中心大厦和环球金融中心。我希望这幅图像在日落时分拍摄，天空呈现橙红色，城市的灯光开始亮起。

或者如下：

上海天际线，日落，陆家嘴金融区，东方明珠塔，上海中心大厦，环球金融中心，橙红色天空，城市灯光初亮。

使用大语言模型按照规则生成图像提示词

你输入：

（1）确定主题：首先，需要明确你想要生成的图像的主题。可以是一个物体、一个人、一个场景或任何特定的概念。

（2）详细描述：在撰写图像生成的提示词时，尽可能详细地描述想要的图像。包括颜色、动作、环境、情感等具体细节。这有助于模型生成你理想的图像效果。

（3）指定艺术风格：如果你有特定的艺术风格需求，如印象派、现代艺术或其他任何风格，则需要明确指出，这一点也非常重要。可以帮助模型更好地调整其生成算法以适应这种风格。

（4）使用语法工具：如之前提到的，使用括号和权重可以强调或弱化某些词汇的重要性。这种方法可以帮助你更精确地控制图像的最终效果。

请按照上面的规则，生成一幅图形的提示词。

系统回应：

提示词：秋季的 (中国庭园 :1.5)，池塘旁一女子穿汉服阅读，背景竹林与晨雾。风格为 (水墨画 :1.2)，以墨绿和秋红为主色调。

11.1.9 人工智能的音乐生成介绍

在一个充满创造与探索的时代，音乐和技术的边界正在逐渐模糊。AI 音乐生成作为这场技术革命的先锋，不仅挑战了传统音乐创作的概念，还开启了无限的艺术可能性。由算法驱动的虚拟作曲家能够深入人类情感的核心，创造出动人心弦的旋律，这不再是科幻小说中的情节，而是当今音乐界的现实。随着技术的不断进步，AI 不仅能够模仿经典作品，还能在音乐的海洋中探索全新的领域。

AI 音乐生成技术的发展已经取得了显著进展，尤其是在新兴软件如 Suno AI（网址为 https://suno.com/）的贡献下。Suno AI 是一款基于人工智能的音乐创作程序，可以生成结合了人声和乐器的逼真歌曲。Suno AI 不仅支持多种音乐类型，如摇滚、流行、K-pop 和古典音乐，还提供了丰富的用户界面和功能，使其易于使用且适合所有用户，无论是专业音乐人还是音乐爱好者。Suno AI 的界面如图 11-20 所示。

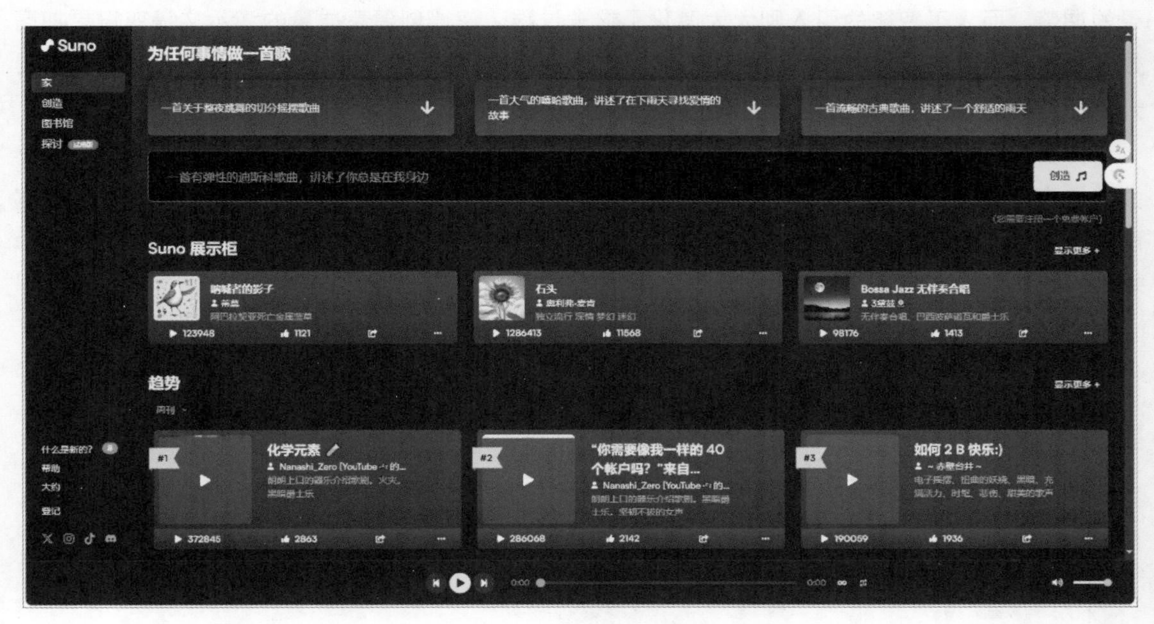

图 11-20 Suno AI 界面

Suno AI 的使用方法很简单，用户只需在“创建框”中输入提示词或歌词，即可生成你所需要的美妙音乐。

11.1.10 人工智能的视频生成介绍

AI 视频生成技术近年来发展迅速，凭借着先进的深度学习模型，如转换器和扩散模型的结合，实现了高质量视频内容的生成。这一领域的突出代表之一是 OpenAI 的 Sora 软件，它基于 DALL-E 3 的技术进行改进，通过处理视频数据的分块来训练模型，使其能够处理不同的视频类型和风格。

另一款值得注意的软件是 Runway（网址为 https://app.runwayml.com/），这是一个集成多种 AI 功能的平台，支持用户通过简单的操作来编辑和生成视频。Runway 特别适合创意专业人士，提供了包括视频编辑、3D 模型生成等多种工具。

这些软件不仅拓展了视频制作的可能性，也引发了关于 AI 生成内容安全性和真实性的广泛讨论。例如，Sora 软件就内置了多种安全措施，包括过滤敏感内容和嵌入生成视频的元数据标签，以防止生成的视频被滥用。

11.1.11 人工智能的办公自动化 PPT 演示文稿的生成

随着人工智能技术的飞速发展，办公自动化正在迈向一个全新的高度。在这一过程中，人工智能不仅能够处理烦琐的日常任务，还能在更具创意的领域中发挥重要作用。利用人工智能进行 PPT 演示文稿的自动化生成便是一个典型的例子。

在传统的 PPT 制作过程中，用户往往需要花费大量时间进行内容编辑、排版设计和视觉效果的调整。而人工智能的引入则大大简化了这一过程，使得创建高质量的演示文稿变得更加高效和便捷。通过智能算法和数据处理，AI 可以快速生成符合用户需求的 PPT 演示文稿，从而提升了工作效率。

下面简要概述一款典型的自动化 PPT 制作软件——Gamma。该软件在同类产品中具有较高的知名度，专门用于简化演示文稿的制作流程。Gamma 是一款领先的 AI 辅助工具，它能够智能化地生成高质量的 PPT 页面，从而让用户能够更加专注于内容的创作和策略的制定。Gamma 软件的操作界面如图 11-21 所示。

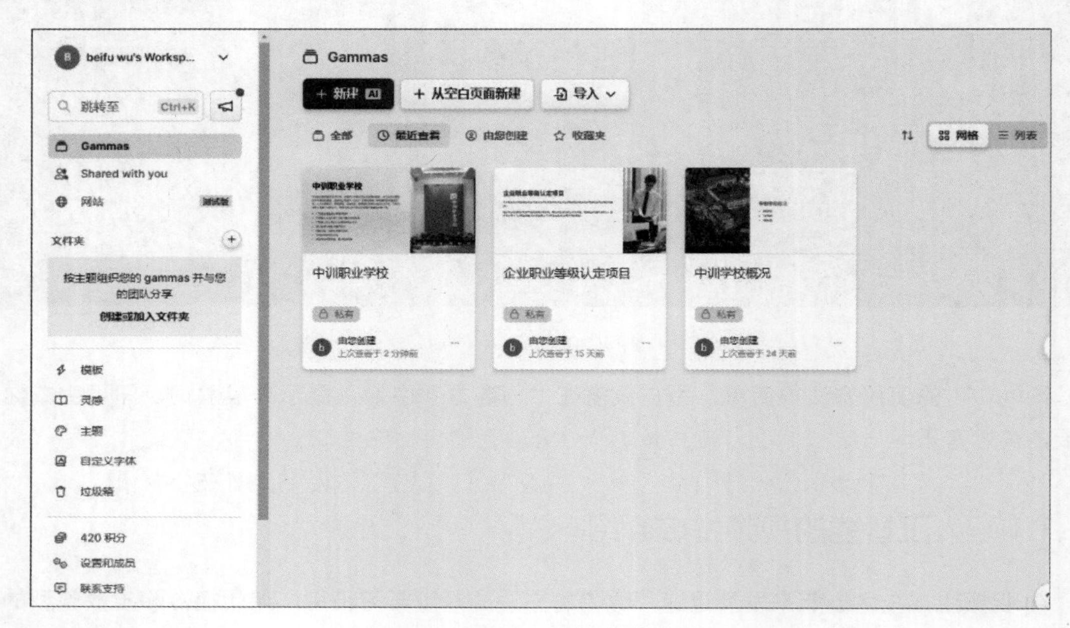

图 11-21 Gamma 软件操作界面

Gamma 的使用方法很简单。注册成功后，在开始界面中单击“新建”按钮。软件会自动引导我们一步一步进行操作。在“生成”窗口，输入一个想要生成的主题，软件会根据主题自动生成大纲，进而生成全套的 PPT 演示文稿。生成的 PPT 演示文稿不仅画面美观，内容也完整实用，而且可以在界面上直接修改相关内容。在界面右侧有一个 AI 对话窗口，可以直接对该 PPT 进行控制操作和提问，这种操作界面是人工智能时代典型的软件使用界面。

Gamma 软件生成 PPT 后的界面如图 11-22 所示。

图 11-22 Gamma 软件生成 PPT 后的操作界面

11.2 AIGC 在娱乐领域的应用：新闻、学习和游戏的变革

当我们谈论 AIGC 在娱乐领域的应用时，眼前便浮现出一片充满无限可能的创意天地。想象一下，每天早上醒来，ChatGPT 为你量身定制了一份新闻摘要，让你不再为那些无聊的新闻头条发愁。就像拥有一个幽默的私人记者，他懂得你的兴趣和笑点——不仅告诉你最新的新闻，还会在新闻的结尾附上一句俏皮话。毕竟，谁不想从一场笑声中开始新的一天呢？

11.2.1 个性化新闻摘要

ChatGPT 的强大之处在于它能生成高度个性化的内容。假如你是一个狂热的体育迷，尤其喜欢足球，每当早晨睁开眼时，则不再需要浏览繁杂的新闻网站寻找自己感兴趣的内容。聊天机器人会为你量身定制一份足球新闻摘要，确保你不会错过任何精彩瞬间。

> **使用大语言模型生成个性化新闻摘要示例**
>
> 使用大语言模型生成个性化新闻摘要示例的操作步骤如下：
>
> （1）选择视频：找到一段你感兴趣的足球比赛视频。
> （2）视频分析：将视频链接提供给大模型，要求它对视频内容进行分析，并生成简明的新闻摘要。
> （3）生成的新闻摘要如下：

曼联 4:1 切尔西比赛总结：

昨晚，曼联与切尔西在老特拉福德上演了一场激动人心的比赛，最终曼联以 4:1 大胜切尔西。以下是比赛的详细摘要：

比赛结果：在这场比赛中，曼联凭借强大的进攻能力，以 4:1 战胜了切尔西。这场比赛不仅充满了精彩的进球，还展现了球员们出色的个人表现和团队配合。

精彩瞬间：

第 12 分钟：曼联的布鲁诺·费尔南德斯（Bruno Fernandes）率先破门，为球队取得领先。这粒进球来自于一次精彩的团队配合，展现了曼联进攻端的强大实力。

第 31 分钟：曼联再次扩大领先优势，安东尼·马夏尔（Anthony Martial）接应队友的传球，冷静射门得分。

第 52 分钟：切尔西的塔米·亚伯拉罕（Tammy Abraham）扳回一球，让比赛重新充满悬念。

球员趣闻：

布鲁诺·费尔南德斯：据赛后采访透露，布鲁诺在比赛前还在研究对手的防守录像。这种对细节的关注帮助他在比赛中取得了出色的表现。

安东尼·马夏尔：马夏尔在进球后做了一个“飞吻”的庆祝动作，原来这是他对现场女友表达爱意，这甜蜜的瞬间让观众们感动不已。

11.2.2 学习辅导的魔法

ChatGPT 不仅能够生成个性化的新闻摘要，还在学习辅导方面展现了无穷的魔法。它可以成为学生们贴心的学习助手，提供从语言练习到科学辅导的多种服务。下面通过实例进行演示（生成的内容适合高中生阅读和理解）。

例如，可以用大语言模型来解答数学题。我们可以直接输入题目或上传题目的图形，大语言模型会给出解题思路，如下所示：

数学辅导示例：解方程

假设在学习如何解二次方程时，遇到了难题。我们可以将题目输入到 ChatGPT 中，它将逐步指导我们解题。具体操作步骤如下：

（1）输入题目：请帮助解以下二次方程：$x^2 - 4x + 4 = 0$

（2）大模型给出解题步骤：

解二次方程 $x^2 - 4x + 4 = 0$，可以使用配方法或求根公式。

配方法：

①将方程写为 $x^2 - 4x = -4$

②配方得到 $(x - 2)^2 = 0$

③解得 $x - 2 = 0$

④所以 $x = 2$

求根公式：

①方程的标准形式为 $ax^2 + bx + c = 0$，其中 $a = 1, b = -4, c = 4$

②求根公式为 $x = (-b \pm \checkmark (b\text{^}2 - 4ac)) / 2a$

③代入得 $x = (4 \pm \checkmark (16 - 16)) / 2$

④所以 $x = (4 \pm 0) / 2$

⑤最终解得 $x = 2$

结论：方程的解是 $x = 2$

总结：通过 ChatGPT 这种方式，可以帮助我们了解解题过程中的每一个步骤，从而提高了数学解题能力。

此外，还可以上传题目的图片，AI 大模型也能识别题目并给出解题思路。

数学辅导示例：解高中数学题

（1）上传题目图片，并输入：

请解答如下试题：

高中数学考试题

已知$f(\frac{x-3}{x+1}) = 2x$；

则$f(x) =$ __。

（2）系统输出：

这道题目要求解出函数 \(f(x) \) 的表达式，已知 \(f\left(\frac{x−3}{x+1}\right) = 2x \)。我们可以通过设 \(y = \frac{x−3}{x+1} \) 来解题。

解题步骤：

已知 \(f\left(\frac{x−3}{x+1}\right) = 2x \)，求 \(f(x) \)。

①设 \(y = \frac{x−3}{x+1} \)，解出 \(x \)：

y = \frac{x−3}{x+1}

y(x+1) = x−3 \implies yx + y = x − 3 \implies x(y − 1) = -3 − y \implies x = \frac{−3 - y}{y − 1}

②将 \(x \) 代入 \(f(y) = 2x \) 表达式：

f(y) = 2 \left(\frac{−3 − y}{y − 1}\right) = \frac{−6 − 2y}{y − 1}

③将 \(y \) 换回 \(x \)：

f(x) = \frac{−6 − 2x}{x − 1}

因此，\(f(x) = \frac{−6 − 2x}{x − 1} \)。

AI 大模型还可以进行科学辅导，例如物理课的学习。

科学辅导示例：物理学习

假设正在学习牛顿第二定律，并需要理解一个具体的应用场景。那么可以描述并输入问题，AI 大模型会为你解释并提供详细解答。具体步骤如下：

（1）输入问题：

请解释如何应用牛顿第二定律来计算一辆质量为 1000 千克的汽车在受到 2000 牛顿力的作用下的加速度。

（2）系统解答：

牛顿第二定律的公式是 $F = ma$，其中 F 是作用力，m 是质量，a 是加速度。

①已知 $F = 2000$ 牛顿，$m = 1000$ 千克
②根据公式 $a = F / m$
③代入已知值，得到 $a = 2000 / 1000 = 2$ 米 / 秒 ^{2}

结论：在受到 2000 牛顿力的作用下，这辆质量为 1000 千克的汽车的加速度为 2 米 / 秒 ^{2}。

总结：通过这种方式，AI 大模型可以帮助理解物理学的基本概念和计算方法，提高物理的学习效果。

对于学生来说，AI 不仅是一个学习工具，更是一个全面的学习伙伴。它能够帮助学生解决各类学习难题，并提供个性化的学习建议，从而使学习过程变得更加有趣和高效。通过使用 AI 大模型，可以更好地掌握学科知识，提升学术能力，同时享受学习的乐趣，真正做到“寓学于乐”。

11.2.3 教育游戏的创作

在 AI 时代，教育不仅限于传统的课堂教学，教育游戏也成为了一种非常有效的学习方法。借助 AIGC 技术，教育游戏能够根据学生的兴趣和学习需求，生成个性化的学习内容，从而使学习过程变得更加有趣和高效。

教育游戏的创作示例：数学冒险游戏

你输入：我们来设计一个简单的数学冒险游戏，通过游戏让学生在娱乐中学习数学知识。
系统输出如下完整设计过程：

（1）游戏概念：

- 游戏名称：“数学探险家”。
- 游戏背景：玩家将扮演一个勇敢的探险家，在一个充满挑战和谜题的奇幻世界中探险。每通过一个关卡，都需要解决一个数学问题。

（2）游戏设计：

①关卡设计：每个关卡代表一个不同的数学主题，如加、减、乘、除、分数、小数、方程等。玩家需要解决与该主题相关的问题才能继续前进。

示例关卡：

加、减法关卡：玩家进入一个神秘的森林，遇到一扇巨大的魔法门。门上有一个谜题：“如果你有 5 个苹果，再加上 3 个苹果，你一共有多少个苹果？”玩家需要输入正确答案（8）才能通过这扇门。

②问题生成：使用 AI 生成随机的数学问题，确保每次进入关卡时题目都不同，以提高游戏的重复可玩性。

示例题目生成：

AI 生成题目：你有 7 个朋友，每人给你 2 颗糖果，你一共有多少颗糖果？

③即时反馈：当玩家输入答案后，游戏会即时给予反馈。如果答案正确，玩家将获得奖励，如虚拟金币或道具。如果答案错误，游戏会提供逐步的解题指导，帮助玩家理解并学习正确的解题方法。

示例反馈：

玩家输入答案：14

游戏反馈：正确！你一共有 14 颗糖果。继续前进，发现下一个谜题。

④奖励系统：通过游戏内的奖励系统，激励玩家继续学习。例如，每通过一个关卡，玩家会获得金币，可以用来购买游戏内的装备或解锁新角色。

⑤图形元素：利用 Stable Diffusion 生成精美的游戏图形元素，如探险家的形象、森林场景、魔法门等图形，使游戏更加生动有趣。

示例图形描述：

- 探险家形象：一个勇敢的探险家，身穿探险服，手持地图和指南针。
- 森林场景：一片神秘的森林，树木参天，阳光透过树叶斑驳洒下。
- 魔法门：一扇巨大的石门，上面刻着复杂的符文和数学题。

总结：通过这样一个数学冒险游戏，学生不仅能在游戏中学习数学知识，还能提高解决问题的能力和逻辑思维能力。同时，游戏的趣味性和互动性使得学习过程变得更加有趣和富有挑战性。

11.3 动手实践

11.3.1 问题与解答

问题 1：通过 AIGC 技术，Stable Diffusion 能够如何帮助艺术家和创作者？

Stable Diffusion 是一款开源的文本到图像生成模型，它可以根据用户输入的文本提示生成高质量的图像。这种技术被称为潜在扩散模型，通过逐步处理和改善图像数据来制作出详细而逼真的图片。Stable Diffusion 不仅能创造全新的图片，还能修改现有的图片，例如改变图片的风格或提高分辨率。这对于艺术家和创作者来说是一个强大的工具，可以快速实现创意想法并应用于各种设计和视觉艺术项目中。

问题 2：使用大语言模型（如 ChatGPT 或文心一言）进行有效交流的提示词工程有哪些基本原则？

提示词工程的基本原则包括：

- 明确目标：在编写提示词前，明确希望模型达到的具体目标，如回答问题、生成文本或解决问题。
- 细化提示词：构建具体而详细的提示词。例如，“请列举太阳系内所有行星的名称和它们的主要特征”。

- 使用明确的指令：使提示词尽可能具体，避免模糊不清的表达。例如，“写一篇关于全球变暖影响的短文”。
- 反馈循环：使用生成的输出来调整和优化提示词。
- 测试不同的表达：尝试不同的表达方式和结构，了解哪种最有效。

问题3：Midjourney在图像生成方面有什么独特之处？

Midjourney是一款由旧金山独立研究实验室Midjourney Inc.开发的创意型人工智能程序，能够根据用户的自然语言描述生成图像。它的显著特点在于生成的图像具有较高的美学质量和创造性表达，这使其在艺术家和设计师中非常受欢迎。无论是创作复杂的幻想场景还是简单的日常物品，Midjourney都能根据用户需求提供高质量的图像。

问题4：ChatGPT或文心一言在新闻摘要和学习辅导方面有哪些实际应用？

在新闻摘要方面，ChatGPT或文心一言能够生成高度个性化的内容，例如根据用户的兴趣提供定制化的新闻摘要，使阅读更具针对性和趣味性。在学习辅导方面，ChatGPT可以提供从语言练习到科学辅导的多种服务。例如，帮助学生写作、解答数学题、提供科学概念的详细解释等。ChatGPT不仅能生成解题步骤，还能提供即时反馈，帮助学生理解和掌握学习内容。

11.3.2 实操练习

1. 解释提示词工程的基本概念，并简要描述在与大语言模型（如ChatGPT或文心一言）互动时如何运用提示词工程来提高模型的响应质量。请给出一个具体示例说明如何通过优化提示词来获得更精准的回答。

2. 请简述Stable Diffusion图像生成模型的基本操作步骤，并用自己的语言描述如何利用Stable Diffusion生成一张具有特定风格和细节的图像。你可以自由选择一个主题，并撰写对应的提示词。

3. 结合本章内容，解释如何利用AIGC技术（如GPT类模型和Stable Diffusion）辅助创作一篇关于环境保护的短文，并生成一幅相关的宣传海报。请描述具体步骤和所需的提示词。

第12章 AIGC在商业领域大显神通

Chapter

学习目标

通过全面的示例，掌握AIGC技术在广告与营销、客户服务等商业领域的应用，并理解AIGC如何通过个性化和自动化提升企业效率和顾客体验。学习如何利用AIGC技术优化商业策略和创新商业模式（本章2课时）。

学习重点

- 探索AIGC如何改变传统广告制作流程，包括文案创作、视觉内容生成与客户互动。
- 分析AIGC技术如何通过智能客服系统和个性化推荐来优化客户服务体验。
- 讨论AIGC技术在商业实践中的潜力与面临的伦理、法律和技术挑战。

12.1 广告与营销：AIGC创新且有趣

在现代广告和市场营销领域，人工智能生成内容（AIGC）技术正在以其独特的方式改变游戏规则。AI大模型和Stable Diffusion这两种技术的结合，使得广告创意和市场推广变得更加生动和引人注目。AI大模型，如ChatGPT，通过生成个性化的广告文案、产品描述和社交媒体内容，帮助品牌与消费者建立更紧密的联系。Stable Diffusion则通过生成高质量的视觉内容，如品牌Logo、广告图像和动态展示，提升品牌的视觉吸引力。AIGC时代的广告示意图如图12-1所示。

图 12-1 AIGC 时代的广告

12.1.1 AI 大模型在广告文案创作中的应用示例

AI 大模型能够生成高度个性化和富有创意的广告文案。无论是简洁有力的广告标语，还是详细的产品描述，都能胜任。以下是几个具体的应用场景，都可以使用 AI 大模型来完成。

1 广告标语

可以根据品牌的核心价值和目标客户群体，生成吸引眼球的广告标语。例如，针对一家环保产品公司，可以生成这样的标语："让每一天都更绿色，为未来而努力。"

示例应用：

（1）环保产品公司：标语："让每一天都更绿色，为未来而努力。"

详细描述：这家环保产品公司致力于提供环保、可持续的产品，例如可重复使用的水瓶和环保购物袋。该标语强调了公司对环境保护的承诺，呼吁消费者共同努力，为未来创造一个更绿色的世界。这不仅提升了品牌形象，也增强了消费者的环保意识和责任感。

（2）健康食品品牌：标语："天然美味，健康生活，从这里开始。"

详细描述：该品牌专注于提供天然、无添加的健康食品，如有机水果干和全谷物零食。标语突出了产品的天然美味和健康益处，吸引那些关注健康生活方式的消费者。通过强调"天然"和"健康"两个核心点，品牌成功地将自身定位为健康生活的倡导者。

2 产品描述

在电商平台上，产品描述的详细是吸引顾客的重要因素。AI 大模型可以根据产品的特点和卖点，撰写出详细的产品介绍。

例如，一款新型智能手表的描述可能是："这款智能手表不仅具备心率监测和 GPS 定位功能，还拥有长达一周的电池续航时间，是您运动和生活的最佳伴侣。"

示例应用：

（1）智能手表：描述："这款智能手表不仅具备心率监测和GPS定位功能，还拥有长达一周的电池续航时间，是您运动和生活的最佳伴侣。"

详细描述：这款智能手表的卖点在于其多功能性和长续航时间，适合喜欢户外活动和需要健康监测的用户。描述中强调了核心功能和实际应用场景，使用户对产品的实际使用价值有更清晰的认识。

（2）蓝牙耳机：描述："这款蓝牙耳机具有降噪功能，以及长达12小时的续航时间和高清音质，是您工作和娱乐的理想选择。"

详细描述：这款耳机专为工作和娱乐设计，其降噪功能和高清音质使其成为理想的伴侣，特别适合在嘈杂环境中使用。通过突出技术规格和使用场景，增强了产品的吸引力。

3 社交媒体内容

社交媒体的内容需要既有趣又能引发用户互动。AI大模型可以生成各种风格的社交媒体帖子，从轻松幽默的语调到严肃专业的分析，满足品牌不同的需求。

例如，针对一场即将举行的促销活动，AI大模型可以生成如下帖子："准备好了吗？超级折扣周即将开始，限时抢购，千万不要错过！"

示例应用：

（1）服装品牌：帖子："夏季特卖来袭！全场服饰低至五折，快来挑选你的夏日新装吧！"

详细描述：通过强调季节性折扣和诱人的价格优惠，吸引消费者参与。帖子语言轻松活泼，增加了互动性和吸引力。

（2）健身房：帖子："新年新气象，加入我们的健身行列吧！本月注册会员可享五折优惠，还在等什么？"

详细描述：新年是健身房吸引新会员的好时机，通过强调新年优惠和健身的好处，激发潜在客户的兴趣。帖子鼓励行动，增加紧迫感。

12.1.2 Stable Diffusion在视觉广告创作中的应用示例

Stable Diffusion在广告和市场营销中的应用，可以大大提升视觉效果和吸引力。以下是几个具体的应用场景。

1 品牌形象设计

Stable Diffusion可以根据品牌的理念和目标，生成独特的品牌形象和视觉元素。例如：

（1）科技公司：Logo设计描述："简洁、现代、科技感。"

详细描述：通过生成简洁、现代且具有科技感的Logo，帮助科技公司传达其创新和专业的品牌形象。例如，可以生成一个简约的几何图形，结合蓝色和银色的配色，象征科技与未来。

生成的图像如图 12-2 所示。

（2）有机食品品牌：Logo 设计描述：“自然、健康、绿色。”

详细描述：Stable Diffusion 可以生成一个包含绿色叶子、阳光和水滴元素的 Logo，象征自然与健康。通过这种设计，品牌能够传递其对有机和健康生活的承诺，吸引注重环保和健康的消费者。

生成的图像如图 12-3 所示。

图 12-2 生成科技公司 Logo 图像的示例

图 12-3 生成有机食品品牌 Logo 图像示例

2 广告图像创作

在需要快速生成大量广告图像的场景中，Stable Diffusion 可以发挥重要作用。例如，为一款新发布的手机创建一系列广告图片，展示不同的使用场景和特点，如“拍照效果”“游戏体验”“电池续航”等。

（1）新款手机：广告图像描述：“展示低光环境下的拍摄效果、高性能游戏体验和长时间使用的电池表现。”

详细描述：生成一系列图像，展示手机在夜间拍摄、游戏场景和长时间使用的各种情境。例如，一幅图像展示手机在夜晚拍摄的清晰照片，另一幅图像展示用户在激烈的游戏中流畅使用手机的场景。

生成的新款手机广告图像示例如图 12-4 所示。

图 12-4 生成新款手机广告图像示例

（2）运动相机：广告图像描述："展示极限运动中的稳定拍摄效果和防水性能。"

详细描述：生成图像展示相机在水下拍摄的清晰画面，以及在极限运动如滑雪或冲浪中拍摄的稳定画面。通过这些生动的广告图像，突出相机的防水和防抖性能。

生成的图像如图 12-5 所示。

图 12-5 生成运动相机广告图像示例

3 视觉效果优化

Stable Diffusion 还可以用于优化现有的广告图像，提高图像的分辨率或改变图像的风格。例如，将普通的产品照片转换为具有艺术感的海报，或者为线上广告图像增加动态效果和细节。

（1）电子产品：将产品照片转换为高分辨率的艺术风格图像。

详细描述：通过增加细节和动态效果，将普通的电子产品照片转换为更具视觉冲击力的艺术海报。这样可以提高广告的吸引力，让产品在市场中脱颖而出。

生成的图像如图 12-6 所示。

图 12-6 生成电子产品广告图像示例

（2）时尚品牌：为现有服装图片增加动态效果和时尚元素。

详细描述：利用 Stable Diffusion 生成带有时尚元素的图片，如添加色彩斑斓的背景、流动的布料效果，或将图片风格转变为水彩画或油画效果，增加视觉吸引力。

生成的图像如图 12-7 所示。

图 12-7 生成时尚服装广告图像示例

通过结合 ChatGPT 和 Stable Diffusion，AIGC 技术在广告与营销领域展现出强大的应用潜力。这些技术不仅提高了内容创作的效率和质量，还为用户带来了更加个性化和互动的体验。在未来，随着 AIGC 技术的不断发展和普及，我们可以期待更多创新的应用场景和商业模式的出现，为各行各业带来更多的机遇和变革。

12.2 服务升级：AIGC 提升客户体验

在提升客户体验方面，AIGC 技术展示出了巨大的潜力。通过自动化客户支持和个性化推荐，AI 大模型和 Stable Diffusion 能够显著提升用户的满意度和互动体验。图 12-8 所示是详细描述这两项技术在客户服务和产品展示中的具体应用。

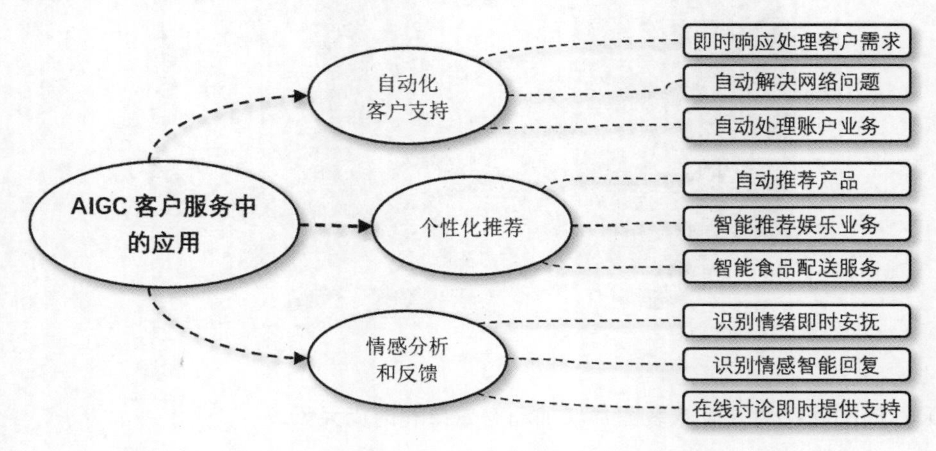

图 12-8 AIGC 在客户服务中的应用方向

12.2.1 AI大模型在客户服务中的应用示例

AI大模型通过自动化客服系统，能够快速、准确地处理客户问题，从而减少客户等待时间，极大地提升了用户体验。个性化推荐和情感分析进一步增强了客户互动，使服务更加贴心和高效。这些技术的应用不仅提高了客户满意度，还为企业节省了运营成本。以下是几个具体的应用场景。

1 自动化客户支持

AI大模型可以用于构建智能客服系统，提供快速、准确的客户服务。无论是解答常见问题，还是处理复杂的客户请求，AI大模型都能高效应对。

例如：

（1）电商平台：AI大模型可以提供全天候（24×7）在线支持，回答客户关于订单状态、退换货政策等问题，减轻人工客服的负担。

- 示例1：客户问："我的订单什么时候发货？"AI大模型可以立即回复："您的订单已在处理，预计将在两个工作日内发货。您可以通过以下链接跟踪订单状态。"
- 示例2：客户问："如何申请退货？"AI大模型可以回复："请登录您的账户，选择需要退货的订单，点击'申请退货'，并填写退货原因和详细信息。"
- 示例3：客户问："我忘记了密码怎么办？"AI大模型可以回复："请点击'忘记密码'链接，输入您的注册邮箱，我们会发送重置密码的链接到您的邮箱。"

（2）电信公司：AI大模型可以帮助客户解决网络连接问题或账户管理问题。

- 示例1：客户询问如何重置路由器，AI大模型可以提供详细的步骤说明："请按照以下步骤重置您的路由器：①关闭电源；②按住重置按钮10秒；③重新打开电源。"
- 示例2：客户问："如何查询我的月度账单？"AI大模型可以回复："请登录您的账户，进入'账单管理'页面，您可以查看和下载最近的账单。"
- 示例3：客户问："如何更改我的套餐？"AI大模型可以回复："请登录您的账户，进入'套餐管理'页面，选择您想更改的套餐，并确认变更。"

2 个性化推荐

通过分析用户的行为和偏好，AI大模型可以生成个性化的产品推荐，提高客户的满意度和购买率。例如：

（1）在线零售：根据用户的浏览历史和购买记录，AI大模型可以推荐相关或类似的产品，并生成个性化的推荐语。

- 示例1：用户浏览了多款运动鞋，AI大模型推荐："根据您的兴趣，我们为您推荐以下运动鞋，可能会让您满意：品牌X的跑鞋，品牌Y的篮球鞋。"
- 示例2：用户最近购买了健身器材，AI大模型可以推荐："为了帮助您更好地健身，我们建议您尝试以下产品：瑜伽垫、拉伸带、智能跳绳。"
- 示例3：用户经常购买有机食品，AI大模型可以推荐："根据您的购物习惯，我们推荐以下有机食品：有机苹果、有机牛奶、有机燕麦片。”

（2）流媒体服务：AI 大模型可以根据用户的观看历史，推荐类似的电影或电视剧。

- 示例 1：用户最近观看了多部科幻电影，AI 大模型可以推荐：“您可能会喜欢以下科幻电影：《星际穿越》《异形》和《银翼杀手 2049》。”
- 示例 2：用户最近观看了多部喜剧片，AI 大模型可以推荐：“以下是一些您可能喜欢的喜剧电影：《宿醉》《白头神探》和《超级坏》。”
- 示例 3：用户最近观看了多部纪录片，AI 大模型可以推荐：“我们为您推荐以下精彩纪录片：《我们的星球》《蓝色星球》和《人类星球》。”

3 情感分析与反馈

AI 大模型还可以进行情感分析，理解客户的情绪，并提供适当的回应。例如：

（1）客户反馈：当客户对某个产品或服务表示不满时，AI 大模型可以识别这种情绪，并及时提供安抚或解决方案，提升客户体验。

- 示例 1：客户抱怨某产品的质量问题，AI 大模型回应：“我们非常抱歉听到您的经历。请告诉我们更多细节，我们将尽快为您解决问题，确保您满意。”
- 示例 2：客户对送货延迟表示不满，AI 大模型可以回应：“非常抱歉给您带来不便。我们会尽快查明原因，并在第一时间为您解决。”
- 示例 3：客户对客服态度不满意，AI 大模型可以回应：“我们对您的不愉快经历深感抱歉。我们将立即调查并改进我们的服务质量。”

（2）社交媒体管理：AI 大模型可以监测社交媒体上的评论，识别客户的情感趋势，并生成适当的回应。

- 示例 1：用户在社交媒体上抱怨服务速度慢，AI 大模型可以回应：“我们很抱歉听到您的困扰。请私信我们详细信息，我们会尽快处理您的问题。”
- 示例 2：用户在社交媒体上赞扬某产品，AI 大模型可以回应：“感谢您的支持！我们很高兴听到您喜欢我们的产品。如果有任何问题或建议，请随时告诉我们。”
- 示例 3：用户在社交媒体上询问新产品信息，AI 大模型可以回应：“感谢您的关注！我们的新产品即将上市，请持续关注我们的更新。”

12.2.2 Stable Diffusion 在定制产品视觉展示中的应用示例

Stable Diffusion 在定制产品视觉展示中的应用展示了其强大的图像生成能力。通过根据客户需求生成个性化的产品展示图像，结合增强现实（Augmented Reality，AR）技术提供更加直观的购物体验，并创建动态广告展示，吸引用户注意力，提升购买决策的准确性和用户满意度，如图 12-9 所示。以下是具体的应用场景。

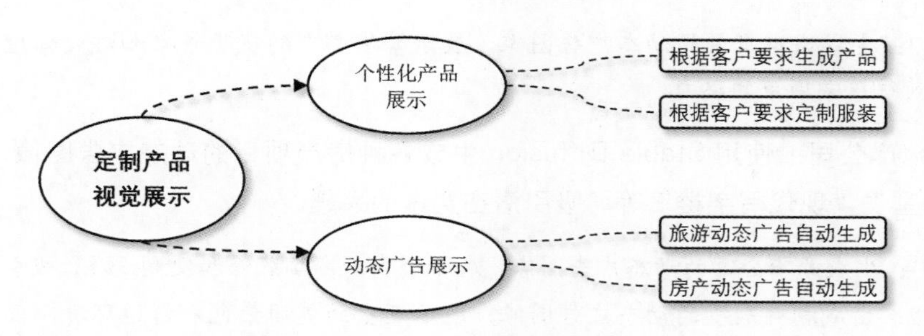

图 12-9 Stable Diffusion 在定制产品视觉展示中的应用

1 个性化产品展示

Stable Diffusion 可以根据客户的需求，生成个性化的产品展示图像。例如：

（1）在线定制礼品平台：客户可以输入自己的设计要求，如“红色背景，包含生日快乐的字样和一些花卉图案”，Stable Diffusion 会生成符合要求的定制礼品图片。

- 示例 1：客户输入要求后，Stable Diffusion 生成一张红色背景的图片，图片中间有“生日快乐”的字样，周围点缀着美丽的花卉图案。
- 示例 2：客户要求蓝色背景和星星图案，Stable Diffusion 生成一张蓝色背景，带有闪亮星星的生日卡图片。
- 示例 3：客户要求绿色背景，带有动物图案和“新生快乐”的字样，Stable Diffusion 生成一张绿色背景，周围有可爱的动物图案和祝福文字的贺卡。

（2）服装定制平台：客户可以选择布料颜色、图案和款式，Stable Diffusion 生成相应的服装设计图。

- 示例 1：客户选择蓝色布料和花卉图案，Stable Diffusion 生成一张蓝色背景，印有花卉图案的连衣裙设计图。
- 示例 2：客户选择黑色布料和几何图案，Stable Diffusion 生成一张黑色背景，带有现代几何图案的西装设计图。
- 示例 3：客户选择红色布料和传统图案，Stable Diffusion 生成一张红色背景，带有中国传统花纹的旗袍设计图。

2 动态广告展示

Stable Diffusion 还可以用于创建动态广告展示，吸引用户的注意力。例如：

（1）旅游公司：使用 Stable Diffusion 生成各种旅游目的地的动态广告图像，如“阳光沙滩”“雪山滑雪”“城市夜景”等，让用户感受到身临其境的视觉体验。

- 示例 1：生成阳光沙滩的动态广告图像，展示美丽的海滩、碧蓝的海水和日落的美景，吸引用户前往度假。
- 示例 2：生成雪山滑雪的动态广告图像，展示雪山滑雪场的壮丽景色和滑雪者的精彩瞬间，吸引滑雪爱好者前往体验。

- 示例 3：生成城市夜景的动态广告图像，展示繁华都市的夜晚景象和灯火辉煌的街道，吸引用户前往探索城市的魅力。

（2）房地产公司：使用 Stable Diffusion 生成各种房产项目的动态广告图像，如“豪华公寓”“湖畔别墅”“现代写字楼”等，吸引潜在买家的兴趣。

- 示例 1：生成豪华公寓的动态广告图像，展示公寓的高端装修和便利设施，吸引高收入买家。
- 示例 2：生成湖畔别墅的动态广告图像，展示别墅的美丽景色和舒适环境，吸引寻求安静居住环境的买家。
- 示例 3：生成现代写字楼的动态广告图像，展示写字楼的现代化设计和优越位置，吸引商业客户。

通过结合 AI 大模型和 Stable Diffusion，AIGC 技术在客户服务和产品展示方面展现出强大的应用潜力。这些技术不仅提高了服务效率和质量，还为用户带来了更加个性化和互动的体验。未来，随着 AIGC 技术的不断发展和普及，我们可以期待更多创新的应用场景和商业模式的出现，为各行各业带来更多的机遇和变革。

12.3 思考练习

12.3.1 问题与答案

问题 1：AIGC 技术在广告与营销中有哪些具体应用？

AIGC 技术在广告与营销领域主要应用于广告文案创作、品牌形象设计和视觉广告创作。例如，AI 大模型可以生成针对特定品牌和目标客户群体的广告标语和详细产品描述，而 Stable Diffusion 则用于生成高质量的视觉内容，如品牌 Logo 和动态广告图像，从而提高广告的吸引力。

问题 2：如何使用 AIGC 技术来提升客户服务体验？

AIGC 技术通过自动化客户支持系统和个性化推荐来提升客户服务体验。AI 大模型能快速、准确地处理客户咨询，减少等待时间，并通过情感分析来提供更贴心的服务。此外，AI 还能根据用户历史行为和偏好提供个性化产品推荐，增强用户满意度和忠诚度。

问题 3：Stable Diffusion 如何在商业领域中用于定制产品视觉展示？

Stable Diffusion 可以根据客户的具体需求生成个性化的产品展示图像。例如，在在线定制礼品平台上，客户可以提供具体设计要求，Stable Diffusion 则生成符合这些要求的礼品图像。同样的方法也适用于服装等其他可定制产品的视觉展示，极大地提升了消费者的购物体验，同时也提高了产品的吸引力。

12.3.2 实操练习

练习 1：使用 AI 大模型生成广告标语。

任务：假设你是一家新兴运动鞋品牌的市场营销经理，需要使用 AI 大模型生成针对年轻运动爱好者的能够吸引眼球的广告标语。

步骤：

（1）确定目标客户群体的特征和兴趣（例如：年轻、活跃、注重健康）。

（2）列出品牌核心价值和产品特点（例如：舒适性、耐用性、时尚设计）。

（3）使用 AI 大模型，输入品牌特点和目标客户信息，生成至少三个广告标语。

（4）评估每个标语的吸引力和目标市场的契合度，选择最合适的一个进行测试。

练习 2：使用 Stable Diffusion 创建定制产品的视觉展示。

任务：你是一家定制礼品公司的设计师，需要使用 Stable Diffusion 生成一个定制的生日贺卡的视觉图像。

步骤：

（1）接收客户的定制需求，例如，“希望有蓝色背景，中间有白色的生日蛋糕和周围装饰有彩色气球的图案。”

（2）在 Stable Diffusion 中输入详细的图像描述。

（3）生成图像并提供给客户初步审查。

（4）根据客户反馈调整图像细节，如颜色深浅、元素位置等。

（5）最终确认图像并准备用于生产。

第13章 Chapter 自动驾驶——未来的出行方式

学习目标

理解自动驾驶技术的基本原理及其核心组件，掌握不同类型传感器在自动驾驶中的作用和协同工作机制，学习人工智能（AI）和算法在自动驾驶决策过程中的关键角色，了解高精度地图对自动驾驶汽车的重要性及其功能，探讨自动驾驶技术在各个行业中的实际应用及其带来的优势，识别自动驾驶技术目前面临的主要挑战及未来展望（本章 1 课时）。

学习重点

- 自动驾驶技术依赖于摄像头、激光雷达、雷达和超声波等传感器协同工作，收集的数据由机器学习和深度学习算法处理以做出驾驶决策。
- 高精度地图提供详细的道路信息，控制系统执行转向、加速和制动操作。
- 自动驾驶技术可分为 L1 到 L5 等级。
- 自动驾驶技术可以提高上学和上班的便利性，支持共乘服务，优化购物和配送过程。
- 在工作场景中，自动驾驶广泛应用于物流和运输、农业作业、建筑施工和服务行业。

13.1 自动驾驶技术解析

想象一下，车子就像一只懂路的“小精灵”，能够自己开车送你上学和回家。这不是科幻小说中的情节，而是自动驾驶技术带来的现实。在本章中，我们将深入探讨自动驾驶技术，了解它是如何运作的，以及它为什么如此重要。自动驾驶技术的核心在于让汽车能够自主感知周围环境、做出决策并执行驾驶操作。它的出现不仅可以提高驾驶的安全性，还能解放我们的双手，使我们在路上更加轻松、愉快，如图 13-1 所示。

图 13-1 自动驾驶

13.1.1 自动驾驶的核心技术介绍

自动驾驶的核心技术构成如图 13-2 所示。

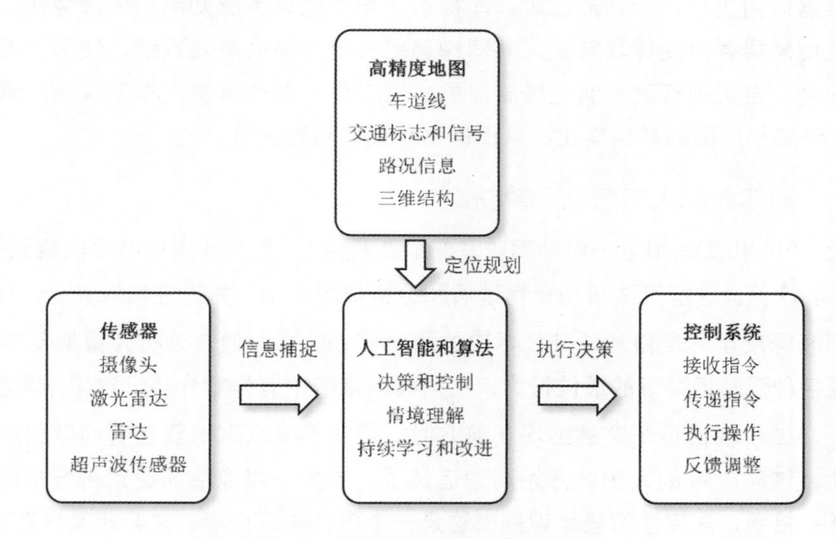

图 13-2 自动驾驶的核心技术构成

1 传感器

传感器是自动驾驶汽车的“眼睛和耳朵”，它们可以帮助汽车“看到”和“听到”周围的环境。不同类型的传感器各有其独特的功能和优势，共同协作以确保车辆在各种路况和环境下安全驾驶。

- 摄像头：摄像头是自动驾驶汽车最基础的传感器之一，它能捕捉车辆周围的图像。它们就像人的“眼睛”一样，能够识别交通信号灯、行人、车辆、车道线和其他重要的路面标识。摄像头不仅能“看到”前方的道路，还能帮助车子理解周围的交通状况。例如，当红灯亮起时，摄像头能迅速识别并通知车辆停止。摄像头的高分辨率使它们能够捕捉到细微的细节，确保车辆能够准确地识别和快速做出反应。

- 激光雷达（LiDAR）：激光雷达通过发射激光脉冲，测量激光返回所需的时间来确定物体的距离。它能够生成高精度的三维地图，帮助车辆“看到”周围环境的详细结构。激光雷达可以被视为车子的“超强视力”，即使在黑暗中或复杂的环境中也能看到物体的准确位置和形状。相比于摄像头，激光雷达不受光线条件的限制，这使它在夜间和恶劣天气条件下仍能保持高效工作。
- 雷达：雷达使用无线电波来探测物体的距离和速度。雷达特别擅长在恶劣天气条件下工作，如大雨、大雾或暴雪等情况。它能够穿透这些环境障碍，保持对周围环境的准确感知。雷达就像车子的“超能力耳朵”，能够感知快速移动的车辆，并计算它们的速度和行驶方向。这对于避免高速公路上的碰撞非常关键。
- 超声波传感器：超声波传感器通常用于近距离探测障碍物，帮助车辆在低速行驶时进行精确操作，如泊车等。这些传感器通过发射和接收超声波来测量物体的距离。超声波传感器就像车子的“近距离感应器”，确保车辆在靠近其他物体时不会发生碰撞。例如，在停车时，超声波传感器可以检测到周围的障碍物，并帮助车辆安全地停入车位。这些传感器的精度非常高，能感知到很小的物体，如路边的低矮障碍物或儿童玩具。

这些传感器协同工作，为自动驾驶汽车提供了全面的环境感知能力。摄像头、激光雷达、雷达和超声波传感器各自发挥其特长，共同构建出一个完整的感知系统，使车子能够在复杂的道路环境中安全、自主地行驶。通过传感器的协同工作，自动驾驶汽车不仅能“看到”前方的道路，还能准确感知周围的环境变化，从而做出正确的驾驶决策。

2 用于自动驾驶的人工智能和算法

人工智能（AI）和算法相当于自动驾驶汽车的“大脑”，负责处理传感器收集到的大量数据，并快速做出驾驶决策。这些算法帮助车辆理解和分析周围环境，并决定如何安全、有效地行驶。

机器学习和深度学习是自动驾驶技术中的两大核心技术。通过分析大量的驾驶数据，AI 可以学习并预测各种驾驶场景下的最佳行为，在前面的章节中有详细介绍，这里不再赘述。

想象一下，当一辆自行车突然出现在前方时，自动驾驶汽车需要在瞬间做出决定，是刹车还是转向避让。这时，AI 的大脑就开始高速运转了。首先，摄像头捕捉到自行车的影像，并将数据传输给 AI；接着，深度学习模型识别出这是一个自行车骑行者，并判断其移动方向和速度；然后，机器学习算法结合当前的车速、车距等信息，计算出最佳的避让方案；最终，控制系统执行这个决策，快速、安全地避开自行车。

这种反应过程看似复杂，但在自动驾驶系统中，这一切都在瞬间完成。这就像车子有了自己的“大脑”一样，能够在瞬间处理大量信息，并做出最佳的驾驶决策。

- 决策和控制：在处理完数据并做出决策后，AI 算法会向车辆的控制系统发送指令。这些指令包括转向、加速和刹车等操作。控制系统接收到指令后，会迅速执行这些操作，使车辆按照预定的路线安全行驶。
- 情境理解：除了处理传感器数据，AI 还需要理解更广泛的驾驶情境。这包括预测其他车辆和行人的行为、识别道路标志和信号、理解交通规则等。通过综合这些信息，AI可以做出更加智能和安全的驾驶决策。例如，当车辆接近学校区域时，AI会自动降低车速，确保安全。

- 持续学习和改进：自动驾驶系统的另一个关键特性是其持续学习和改进的能力。随着车辆在不同的路况和环境中行驶，AI算法会不断积累新的数据，并通过这些数据进行自我训练和优化。这意味着自动驾驶系统会越来越聪明，驾驶决策也会越来越精准和可靠。

总之，人工智能和算法是自动驾驶技术的核心，它们通过处理大量传感器数据、分析复杂的驾驶情境、并做出快速而精准的驾驶决策，使自动驾驶汽车能够安全、有效地在各种路况中行驶。就像车子有了自己的“大脑”，它们不仅能“看到”和“听到”周围的环境，还能理解和分析这些信息，并采取最优的行动来保证行驶的安全和舒适。

3 高精度地图

高精度地图是自动驾驶汽车的“GPS导航”（见图13-3），帮助它们在道路上准确行驶。这些地图不仅包含了传统导航系统中的信息，还包含了更多详细和精确的道路数据，确保自动驾驶汽车能够安全、准确地行驶。

图13-3 自动驾驶的GPS导航

1）高精度地图的内容

高精度地图包括丰富的道路信息，如车道线、交通标志、信号灯、路况、坡度、曲率、以及道路的三维结构。这些信息对于自动驾驶汽车非常重要，因为它们不仅需要知道应该走哪条路，还需要知道每条路的具体细节。例如：

- 车道线：高精度地图详细标注了每条车道的位置和宽度，帮助自动驾驶汽车在车道内保持正确的行驶位置。
- 交通标志和信号灯：地图中记录了所有的交通标志和信号灯的位置和类型，确保车辆能够提前知道何时需要减速、停车或转向等。
- 路况信息：包括道路的表面状况、坡度和曲率等，这些信息可以帮助车辆在不同的路况下调整速度和转向角度，确保平稳驾驶。

- 三维结构：地图中包含了道路的三维信息，如桥梁、隧道、立交桥等，以帮助车辆在复杂的道路结构中准确导航。

2）高精度地图的作用

高精度地图为自动驾驶汽车提供了一个全知全能的导航系统，确保车辆在行驶过程中能够做出正确的决策。例如：

- 路径规划：高精度地图帮助自动驾驶汽车规划最优的行驶路线，确保车辆能够安全、高效地到达目的地。
- 精准定位：结合GPS导航和高精度地图，自动驾驶汽车能够实现厘米级的精准定位，确保车辆在复杂的城市道路中准确行驶。
- 环境理解：通过高精度地图，自动驾驶汽车能够提前了解前方道路的情况，如急转弯、陡坡或拥堵路段，从而提前做出相应的调整。
- 安全驾驶：高精度地图提供了详细的道路信息，帮助自动驾驶汽车在复杂的交通环境中做出安全的驾驶决策。例如，当车辆接近一个复杂的交叉路口时，高精度地图能够提供详细的车道信息，帮助车辆选择正确的车道并安全通过交叉路口。

4 控制系统

控制系统是自动驾驶汽车的“手和脚”，负责执行人工智能（AI）算法做出的决策，实现转向、加速和制动。这一系统确保车辆能够精确地按照预定的路线行驶，并在各种驾驶条件下保持安全和稳定。

- 转向控制：转向控制系统通过操控方向盘来改变车辆的行驶方向。这个系统能够根据AI算法的指令，准确地调整方向盘的角度，使车辆沿着预定的路径行驶。例如，当车辆需要转弯时，转向控制系统会根据道路曲率和车速，调整方向盘的角度和转动速度，以实现平稳的转向。
- 加速控制：加速控制系统负责调整车辆的动力输出，从而控制车速。AI算法根据传感器数据和高精度地图的信息，判断当前的交通情况，并指令加速控制系统进行加速或减速操作。例如，当前方道路畅通无阻时，加速控制系统会增加发动机的动力输出，使车辆加速前进；当遇到红灯或前方车辆减速时，加速控制系统会减少动力输出，减缓车辆速度。
- 制动控制：制动控制系统通过操控刹车系统来减速或停止车辆。这个系统能够根据AI算法的指令，精确地控制刹车力度，确保车辆在需要停车或减速时能够平稳安全地进行操作。例如，当前方有障碍物或行人出现时，制动控制系统会迅速增加刹车力度，使车辆安全停下。
- 综合控制：自动驾驶汽车的控制系统不仅仅是简单地执行单一的转向、加速或制动操作，它需要在复杂的驾驶环境中进行综合控制。综合控制系统能够根据各种传感器的数据和AI算法的分析结果，协调各个子系统的工作，确保车辆能够平稳、精准地行驶。例如，当车辆需要在高速公路上变道时，综合控制系统会同时协调转向、加速和制动操作，使车辆在变道过程中保持平稳和安全。

控制系统的组成部分：

- 执行器：执行器是控制系统的核心部件，它们负责实际执行转向、加速和制动操作。例如，电动转向机、电动刹车系统和电动油门控制器等都是执行器的一部分。

- 电子控制单元（ECU）：ECU是控制系统的“大脑”，它接收来自AI算法的指令，并将这些指令传递给执行器。ECU还会实时监控执行器的状态，确保其工作正常。
- 反馈系统：反馈系统通过传感器监控车辆的实际状态，并将这些信息反馈给ECU。ECU会根据反馈信息调整控制策略，确保车辆按照预定的路线和速度行驶。例如，车轮速度传感器、方向盘角度传感器和加速度传感器等都是反馈系统的一部分。

控制系统的工作原理：

（1）接收指令：AI算法根据传感器数据和高精度地图的信息，做出驾驶决策，并将指令发送给ECU。

（2）传递指令：ECU接收到AI算法的指令后，会将这些指令传递给相应的执行器。

（3）执行操作：执行器根据ECU的指令，执行相应的转向、加速或制动操作。

（4）反馈调整：反馈系统将车辆的实际状态信息传递给ECU，ECU根据反馈信息调整控制策略，确保车辆的行驶状态符合预期。

控制系统是自动驾驶汽车的“手和脚”，它通过精确地执行AI算法的决策，确保车辆能够安全、平稳地行驶。无论是转向、加速还是制动，控制系统都能够根据实际路况和驾驶需求，灵活调整操作，实现智能驾驶。正如车子有了灵活的“手和脚”，它们可以精确地执行每一个驾驶操作，使得自动驾驶更安全、舒适。

13.1.2 自动驾驶等级

自动驾驶技术根据其自动化程度可以分为L1到L5等级（见图13-4）。每个等级代表了自动驾驶技术的不同阶段，就像驾驶培训的不同阶段，从“初学者”到“全自动驾驶”。下面我们详细了解每个等级及其特点。

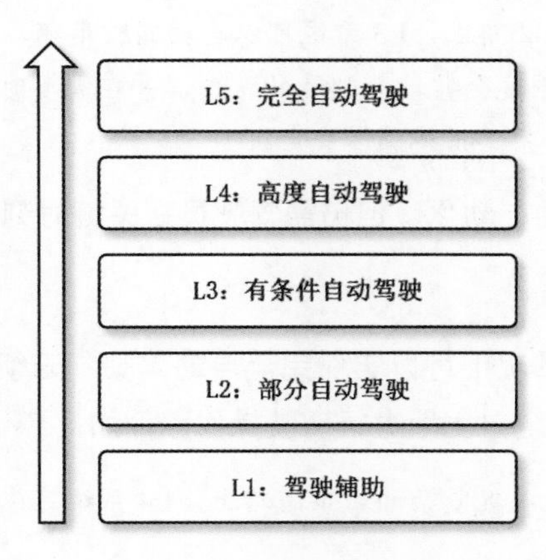

图13-4 自动驾驶等级

1 L1（驾驶辅助）

在L1级别，车辆配备了一些基础的驾驶辅助功能，如自适应巡航控制（ACC）和车道保持辅助系统。这些功能可以帮助驾驶员在某些驾驶任务上减轻负担。例如：

- 自适应巡航控制（ACC）：ACC 系统可以自动调整车辆速度，保持与前车的安全距离。当前车减速时，ACC 也会自动减速；当前车加速或变道离开时，ACC 会自动加速到设定的速度。
- 车道保持辅助系统：这个系统可以监测车道线，并在车辆偏离车道时发出警告，甚至进行微调操作，帮助车辆保持在车道中央。

虽然 L1 级别的功能可以提高驾驶的安全性和舒适性，但驾驶员仍需全程监控和操作车辆，随时准备接管控制。

2 L2（部分自动驾驶）

L2 级别的车辆在特定条件下可以实现部分自动驾驶功能，例如自动保持车道和距离控制。驾驶员可以在某些情况下将手从方向盘上移开，但仍需保持对车辆的监控，并在必要时立即接管控制。例如：

- 车道居中控制：L2 系统可以自动保持车辆在车道中央行驶，减轻驾驶员的负担。
- 自动距离控制：除了 ACC 之外，L2 系统还可以自动控制车距和车速，在交通流量变化时保持平稳行驶。

虽然 L2 级别的车辆可以在一定程度上实现自动驾驶，但驾驶员必须时刻保持警觉，随时准备干预。

3 L3（有条件自动驾驶）

L3 级别的自动驾驶车辆在特定环境下可以实现完全自动驾驶，例如在高速公路上或交通状况良好的城市道路上。驾驶员可以在系统控制下暂时放松注意力，但必须随时准备在系统请求时接管控制。例如：

- 自动驾驶模式：在高速公路上，L3 系统可以自动驾驶车辆，包括变道、加速和减速等操作。
- 驾驶员监控系统：L3 系统会监控驾驶员的状态，并在需要时发出接管请求。如果驾驶员未能及时接管，系统会采取紧急措施确保安全。

L3 级别实现了更高程度的自动化，但仍需驾驶员在关键时刻介入。

4 L4（高度自动驾驶）

L4 级别的车辆在大多数情况下可以实现完全自动驾驶，无须驾驶员干预。这意味着在特定的环境和条件下，车辆可以完全自主地进行驾驶操作。例如：

- 城市自动驾驶：在交通状况复杂的城市道路上，L4 系统可以自主完成驾驶任务，包括应对红绿灯、行人和其他车辆。
- 极端情况下的人工接管：虽然 L4 系统可以在大多数情况下实现自动驾驶，但在一些极端情况下（如恶劣天气或系统故障），可能仍需人工接管控制。

L4 级别的技术已经非常成熟了，可以实现高度自动化的驾驶体验。

5 L5（完全自动驾驶）

L5级别是自动驾驶技术的最高级别，车辆在所有情况下都能实现完全自动驾驶，无须驾驶员干预。这意味着车辆可以在任何环境、任何条件下自主行驶，真正实现“无驾驶员”状态。例如：

- 全自动驾驶：L5级别的车辆可以在城市、高速公路、农村等各种路况下自主行驶，无须任何人工干预。
- 智能交通系统整合：L5级别的车辆可以与智能交通系统进行整合，实现更高效、更安全地出行。

L5级别标志着自动驾驶技术的最终目标，让人类从驾驶任务中完全解放出来，实现真正的无人驾驶。

自动驾驶等级从L1到L5，代表了自动驾驶技术的不同成熟阶段。L1和L2属于初级阶段，主要提供辅助驾驶功能；L3和L4属于中级阶段，能够在特定条件下实现高度自动驾驶；L5则是终极目标，完全实现无人驾驶。这些等级就像驾驶培训的不同阶段，每个阶段都代表着技术的进一步成熟和驾驶体验的提升。通过理解这些等级，我们可以更好地认识自动驾驶技术的发展方向和未来前景。

13.1.3 自动驾驶当前的技术挑战

虽然自动驾驶技术正在快速发展，但仍面临着一些重大挑战。这些挑战不仅包括技术层面的难题，还涉及法律法规的复杂问题。我们就像在迎接一场“障碍赛”，需要在高难度的环境中保持稳定和安全，同时遵循严格的“规则手册”。

1 复杂的交通环境

城市中的交通情况复杂多变，自动驾驶系统需要处理各种突发情况。这就像是一场“障碍赛”，系统需要在高难度的环境中保持稳定和安全。

- 动态交通状况：城市道路上有大量的行人、自行车和其他车辆，每天的交通状况都不同。自动驾驶系统必须能够实时分析和预测这些动态变化，确保安全驾驶。例如，在繁忙的路口，系统需要识别红绿灯、行人穿越和其他车辆的行驶轨迹。
- 天气影响：恶劣天气条件如大雨、大雪和浓雾会影响传感器的正常工作，从而增加了自动驾驶的难度。系统需要具备在各种天气条件下安全运行的能力，就像运动员在不同的比赛环境中仍能保持高水平的发挥一样。
- 突发事件处理：道路上的突发事件，如突然出现的障碍物、紧急车辆通过等，需要系统快速做出反应。这就像面对不期而遇的障碍，自动驾驶系统必须具备灵活应对的能力。

2 法律法规

自动驾驶技术的发展需要配套的法律法规支持，例如，如何定义责任归属、数据隐私保护等。这些法律法规就像“规则手册”，需要仔细制定和不断进行完善。

- 责任归属：当自动驾驶车辆发生事故时，责任应该如何划分？是车辆制造商、软件开发商还是车辆所有人？这一问题需要法律法规来明确界定，以确保各方权益和安全。

- 数据隐私保护：自动驾驶车辆需要收集大量的道路数据和用户数据，这些数据的保护和使用需要严格的法律法规。例如，车辆收集到的行车路线、周围环境信息和用户习惯等数据，必须在确保隐私保护的前提下使用。
- 标准和规范：自动驾驶技术的推广和应用需要统一的技术标准和行业规范。这些标准和规范确保不同厂商的自动驾驶系统能够兼容和互操作，推动技术的普及和应用。

3 技术成熟度

尽管自动驾驶技术在不断进步，但其实际应用仍面临许多技术挑战。

- 算法和计算能力：自动驾驶系统依赖复杂的算法和强大的计算能力来处理海量数据并实时做出决策。当前的技术还需要进一步提升，以满足自动驾驶的高要求。
- 可靠性和安全性：自动驾驶系统必须具备极高的可靠性和安全性，能够在各种极端情况下保障乘客的安全。这需要严格的测试和验证，以确保系统在各种环境下的稳定运行。

4 社会接受度

自动驾驶技术的推广还需要获得社会的广泛接受和信任。

- 公众信任：许多人对自动驾驶技术的安全性和可靠性持怀疑态度。需要通过广泛的宣传和实际应用来提高公众对自动驾驶的信任。
- 道德和伦理问题：自动驾驶技术还面临一些道德和伦理问题，如在紧急情况下的决策如何平衡不同参与者的利益。这些问题需要在技术发展过程中逐步解决，并与社会进行广泛的讨论和沟通。

自动驾驶技术的快速发展不仅带来了巨大的机遇，也面临着许多挑战。从复杂的交通环境到法律法规的制定，从技术的成熟到社会大众的接受度，每一个环节都需要不断努力和完善。就像在迎接一场“障碍赛”，我们需要在高难度的环境中保持稳定和安全，同时遵循严格的“规则手册”，共同推动自动驾驶技术的发展和普及。

13.2 自动驾驶在日常生活和工作场景中的应用

未来的某一天，你坐在一辆自动驾驶汽车里，舒适地倚靠在座椅上，手里捧着一本你最喜欢的小说，窗外的景色如画卷般滑过。你不必再为繁忙的交通和拥堵的道路感到烦恼，也不用再紧盯着路况，操心安全。自动驾驶汽车将为你承担所有的驾驶任务，你可以完全放松，享受这段旅程。在这部分，我们将详细探讨自动驾驶技术在人们日常生活和工作中的实际应用，了解它如何提高我们的生活质量和工作效率，带来更加便捷和智能的未来。

让我们一起走进这个充满无限可能的未来世界，体验自动驾驶技术为我们带来的精彩生活。自动驾驶的应用及展望如图 13-5 所示。

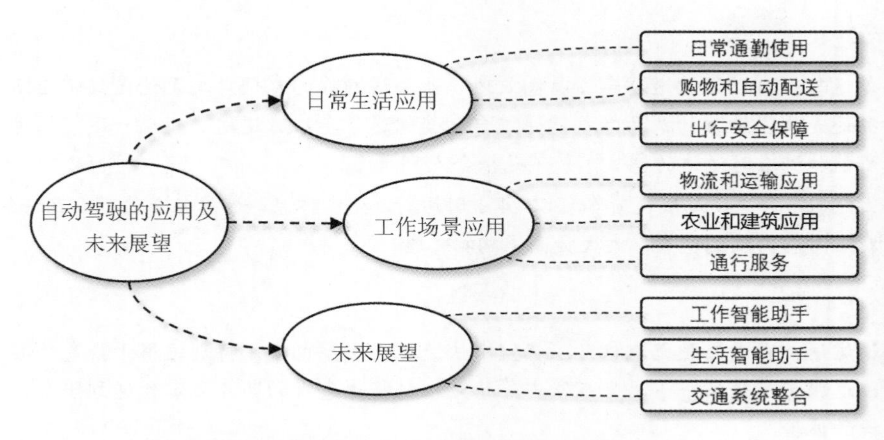

图 13-5 自动驾驶的应用及未来展望

13.2.1 自动驾驶在日常生活中的应用

1 通勤

自动驾驶汽车将彻底改变我们的通勤方式，让出行变得更加轻松和愉悦。你再也不用担心早高峰的拥堵，也不用因为开车疲劳而感到困倦。自动驾驶技术的应用将带来更便捷、更安全的通勤体验。

1）上学和上班

自动驾驶汽车可以为学生和上班族提供更加便捷和安全的通勤服务。

- 自动驾驶校车：学生可以乘坐自动驾驶校车去上学，家长不用再担心孩子的安全。校车配备先进的安全系统，能够实时监测道路情况，确保每一个孩子都能安全到达学校。
- 上班族的通勤利器：上班族可以在自动驾驶汽车里放松一下，看看书、听听音乐或者处理一些工作。这样一来，你的通勤时间不仅不会浪费，还能得到充分利用。自动驾驶汽车的舒适度和便捷让你从一开始就有了一个愉快的工作日。

2）共乘服务

自动驾驶汽车还能提供高效的共乘服务，减少私家车的使用，缓解交通压力。

- 高效共乘：通过手机应用，你可以预约一辆自动驾驶共乘车，与其他人一起分担通勤费用。这不仅节省了开支，还减少了路上的车流量，有助于缓解交通拥堵。
- 环保出行：自动驾驶共乘服务还能减少碳排放，对环境更加友好。多个人共乘一辆车，相比每个人开自己的车，能大幅减少每公里的碳足迹，为环保事业贡献一份力量。

2 购物和自动配送

自动驾驶技术在购物和物流配送中也可以广泛应用，大大提高了便利性和效率。

1）自动驾驶送货车

- 高效送货：自动驾驶送货车可以高效地将商品送到你的家门口。无论是日常生活用品、外卖食品还是网上购物的商品，都能通过自动驾驶送货车准时送达。想象一下，不管天气如何，你都能收到准时送达的包裹，是不是很令人期待呢？
- 全天候服务：自动驾驶送货车可以 24 小时运行，无需休息。这意味着你可以在任何时间下单，并在短时间内收到包裹，大大提高了购物体验。

2）无人机配送

- 快速运送：自动驾驶无人机可以在空中快速运送小型包裹，特别适用于紧急物品和偏远地区的配送服务。想象一下，坐在家中等待无人机将你急需的药品或零食送到阳台，这将是多么便捷的体验。
- 灵活高效：无人机可以避开地面交通堵塞，直接飞行到目的地，极大地缩短了配送时间。无论是城市高楼还是乡村小屋，无人机都能迅速抵达。

通过自动驾驶技术的广泛应用，我们的日常生活变得更加便捷和安全。从通勤到购物，再到物流配送，自动驾驶技术正在改变着我们的出行方式，提升我们的生活质量。未来，随着技术的进一步发展，自动驾驶将为我们带来更多惊喜和便利。

13.2.2 自动驾驶在工作场景中的应用

1 物流和运输

自动驾驶技术在物流和运输行业有着巨大的应用潜力，能够显著提高效率和安全性。

1）自动驾驶卡车

自动驾驶卡车在长途运输中具有极大的优势。首先，它们可以昼夜不停地运行，减少因司机需要休息而造成的运输延迟，从而确保货物能够更快地到达目的地。其次，自动驾驶卡车能够减少司机的疲劳驾驶，从而降低交通事故的风险，提高整体运输的安全性。

- 昼夜不停：自动驾驶卡车能够 24 小时连续运行，而不像人类司机那样需要休息。这意味着货物可以更快地送达，无须担心因司机疲劳而造成的延误。
- 提高安全性：自动驾驶卡车配备了先进的传感器和 AI 算法，能够实时监测道路状况，自动调整车速和路线，从而减少交通事故的发生。例如，自动驾驶卡车可以在前方发生紧急情况时迅速刹车，避免碰撞。
- 港口和物流中心的应用：在港口和物流中心，自动驾驶卡车可以高效地搬运货物，减少人工成本和出错的概率。它们可以按照预设的路线自动行驶，将集装箱从一个地方运送到另一个地方，提高工作效率。

2）自动驾驶叉车

在仓库和物流中心，自动驾驶叉车可以高效地搬运和堆放货物，提高仓储管理的效率。

- 高效搬运：自动驾驶叉车能够自动识别货物的位置和类型，并将其搬运到指定的存放位置。

这不仅提高了搬运效率，还减少了人为操作可能导致的错误。

- 智能管理：自动驾驶叉车可以与仓储管理系统进行无缝对接，自动更新货物的存储信息，从而实现智能化的仓储管理。这样一来，仓库管理人员可以实时了解库存情况，优化库存管理。

2 农业和建筑

自动驾驶技术在农业和建筑行业同样展现了巨大的应用前景，能够大幅提高工作效率和精准度。

1）自动驾驶拖拉机

在农业领域，自动驾驶拖拉机可以精确地执行各种农业任务，如耕种、施肥和收割，提高农作物的产量和质量。

- 精准作业：自动驾驶拖拉机能够根据预先设定的路径和参数，精确地执行耕种、施肥和收割等任务。这不仅提高了工作效率，还保证了农作物的均匀生长。
- 节省劳动力：自动驾驶拖拉机可以自动完成大量农业工作，减少对人力的依赖，从而降低劳动力成本。农民可以将更多精力投入到农场管理和农作物优化上。

2）自动驾驶建筑机械

在建筑工地，自动驾驶机械如推土机和挖掘机可以执行高精度的施工任务，减少人为错误，提高施工效率。

- 高精度施工：自动驾驶建筑机械能够根据预先设定的施工计划，精确地进行挖掘、推土等操作，保证施工质量。例如，自动驾驶挖掘机可以按照设定的深度和角度进行挖掘，避免人为操作可能导致的误差。
- 提高安全性：自动驾驶建筑机械可以在危险环境中工作，减少工人暴露在危险中的时间，从而提高施工现场的安全性。

3 服务行业

自动驾驶技术在服务行业的应用也非常广泛，特别是在出租车和共享汽车服务中。

1）自动驾驶出租车

自动驾驶出租车可以随时响应乘客的需求，通过手机应用召唤一辆自动驾驶出租车，快速、安全地到达目的地。

- 便捷出行：乘客可以通过手机应用随时呼叫自动驾驶出租车，无须等待长时间的车来接送。无论是上下班、通勤、购物、出行还是夜间回家，自动驾驶出租车都能提供便捷的服务。
- 安全保障：自动驾驶出租车配备了先进的传感器和AI系统，能够实时监测道路和乘客的安全。例如，如果遇到突发情况，自动驾驶出租车可以立即采取措施，确保乘客的安全。

2）自动驾驶共享汽车

自动驾驶共享汽车可以有效减少私家车的使用率，降低交通拥堵和碳排放量。

- 减少拥堵：乘客可以随时预约和使用共享汽车，而不需要购买和维护私家车。这不仅节省了个人的出行成本，还减少了路上的车辆数量，从而缓解交通压力。
- 环保出行：自动驾驶共享汽车的高效利用和优化调度能够减少每次出行的碳排放量，对环境更加友好。例如，共享汽车可以根据实时需求自动调整位置，实现最大化利用率。

通过在物流、农业、建筑和服务行业中的应用，自动驾驶技术正在为我们的工作和生活带来显著的变化。它不仅提高了工作效率和安全性，还提供了更加便捷和环保的出行方式。未来，随着技术的进一步发展，自动驾驶将为我们创造更多的可能性，提升我们的生活质量。

13.2.3 自动驾驶的未来展望

未来，自动驾驶技术将继续快速发展，并对我们的社会产生深远的影响，如图 13-6 所示。

图 13-6 自动驾驶的未来

1 智能助手

未来的自动驾驶汽车将不仅仅是交通工具，它们会成为我们的“智能助手”，为我们提供各种各样的服务。想象一下，你的车子不仅能把你安全地从家里送到学校或公司，还能在路上为你提供更多便利和乐趣。

1）车上办公

自动驾驶汽车将成为移动的办公室。你可以在上班的路上处理邮件、参加视频会议，甚至进行复杂的工作任务。车内会配备舒适的座椅、稳定的 WiFi 和先进的办公设备，让你充分利用通勤时间，提高工作效率。

- 办公设备：车内会有可调节的办公桌、高清显示屏和高质量的音响系统，让你在移动中也能像在办公室一样高效地工作。

- WiFi：高速稳定的WiFi将确保你可以随时在线，参加视频会议、处理文件和与同事沟通，不再因为交通问题而耽误工作。

2）车上娱乐

自动驾驶汽车还将成为移动的娱乐中心。你可以在车里看电影、听音乐，甚至玩虚拟现实游戏，享受愉快的旅程。

- 娱乐系统：车内会配备高清电视屏幕、高品质音响系统和虚拟现实设备，让你在路上也能享受家庭影院般的娱乐体验。
- 互动娱乐：你还可以与朋友或家人一起玩互动游戏，增加旅途的乐趣。

3）健康助手

未来的自动驾驶汽车将关心你的健康。在车内，智能系统会监测你的身体状况，提供健康建议和紧急救助。

- 健康监测：座椅和方向盘上配备的传感器可以实时监测你的心率、血压和体温，及时发现健康问题。
- 健康建议：基于你的健康数据，车内系统会提供饮食、运动和休息建议，帮助你保持健康的生活方式。
- 紧急救助：如果检测到你存在紧急健康问题，自动驾驶汽车则会自动联系医疗机构，并迅速将你送往最近的医院。

2 交通系统整合

自动驾驶技术的发展将与智能交通系统紧密结合，实现更加高效和环保的交通管理。未来的城市交通将变得更加流畅，减少拥堵和碳排放量，让我们的生活环境更加美好。

1）智能交通管理

自动驾驶汽车将与城市的智能交通系统互联互通，实现交通流量的动态调控，避免拥堵，确保道路畅通无阻。

- 交通流量优化：智能交通系统会根据实时交通数据，动态调整交通信号和车流方向，确保道路畅通无阻。比如，系统可以根据高峰期和非高峰期的交通状况，智能调整红绿灯的时间，以减少等待时间。
- 优先通行：自动驾驶汽车可以与智能交通系统协同工作，优先为急救车辆、公交车和其他特殊车辆提供畅通无阻的通行路线，提高紧急情况的处理效率。

2）环保交通

通过优化行车路线和减少不必要的等待，自动驾驶技术将显著减少车辆的燃油消耗和碳排放量，更好地保护环境。

- 低碳出行：自动驾驶汽车会根据最优路线行驶，避免不必要的绕路和长时间等待，从而减少燃油消耗和尾气排放量。例如，在道路上没有其他车辆时，自动驾驶汽车可以选择最短的路线行驶，可以节省燃油的使用。

- 新能源应用：随着自动驾驶技术的发展，越来越多的自动驾驶汽车将采用新能源动力，如电动汽车和氢燃料电池汽车，进一步减少对环境的污染。未来，自动驾驶汽车的能源使用将更加高效和环保，减少对传统燃油的依赖。

自动驾驶技术的未来发展将不仅改变我们的出行方式，还会深刻影响我们的日常生活方式和社会结构。它们将成为我们的智能助手，帮助我们更好地工作、娱乐和健康生活。同时，与智能交通系统的整合将使城市交通更加高效和环保，为我们创造一个更加美好的生活环境。未来已来，让我们期待自动驾驶技术所带来的无限可能吧！

13.3 思考练习

13.3.1 问题与解答

问题 1：自动驾驶汽车如何通过传感器感知周围环境？

自动驾驶汽车使用多种传感器来感知周围环境，包括摄像头、激光雷达（LiDAR）、雷达和超声波传感器。摄像头捕捉车辆周围的图像，识别交通信号灯、行人、车辆和车道线；激光雷达通过发射激光脉冲，生成高精度的三维地图，帮助车辆“看到”周围环境的详细结构；雷达使用无线电波探测物体的距离和速度，特别擅长在恶劣天气条件下工作；超声波传感器通常用于近距离探测障碍物，帮助车辆在低速时进行精确操作，如泊车。这些传感器协同工作，为自动驾驶汽车提供全面的环境感知能力。

问题 2：自动驾驶汽车的人工智能和算法如何做出驾驶决策？

自动驾驶汽车的人工智能（AI）和算法是其“大脑”，负责处理传感器收集到的大量数据，并快速做出驾驶决策。机器学习和深度学习是其中的核心技术。机器学习算法通过分析大量的历史驾驶数据，识别在不同情况下应该采取的最佳行动。深度学习模型则通过大量的图像和传感器数据进行训练，使车辆能够识别和理解环境中的各种物体和行为。AI 算法结合当前的车速、车距等信息，计算出最佳的驾驶方案，并向控制系统发送指令，执行相应的转向、加速和刹车操作。

问题 3：自动驾驶技术在物流和运输行业的应用有哪些优势？

自动驾驶技术在物流和运输行业有着巨大的应用潜力，能够显著提高效率和安全性。自动驾驶卡车可以昼夜不停地运行，减少因司机需要休息而造成的运输延迟，确保货物更快地到达目的地。此外，自动驾驶卡车减少了司机的疲劳驾驶，降低了交通事故的风险。在港口和物流中心，自动驾驶卡车能够高效地搬运货物，减少人工成本和出错的概率。自动驾驶叉车则可以在仓库和物流中心高效地搬运和堆放货物，提高仓储管理的效率，实现智能化的仓储管理。

13.3.2 讨论题

1. 自动驾驶技术的普及对社会有哪些潜在的影响和挑战？

讨论重点：讨论自动驾驶技术如何提高道路安全，减少交通事故，并探讨可能的技术故障和应对措施。讨论自动驾驶技术对司机和相关行业就业的影响，以及如何应对因技术进步导致的职业转型。探讨现行法律法规如何适应自动驾驶技术的发展，以及责任归属和数据隐私保护等法律问题。

2. 自动驾驶汽车在提高城市交通效率和环保方面有哪些优势？

讨论重点：探讨自动驾驶汽车如何通过与智能交通系统整合，实现交通流量的动态调控，减少拥堵。讨论自动驾驶汽车如何通过优化行车路线和采用新能源，减少燃油消耗和碳排放量，保护环境。

第14章 工业4.0时代的智能制造

Chapter

学习目标

理解智能制造和智能工厂的基本概念及其核心技术。了解智能制造技术在实际工业中的应用和带来的优势。探讨智能工厂的组成部分及其功能。分析智能制造和智能工厂在未来的发展趋势和应对挑战（本章1课时）。

学习重点

- 智能制造通过使用物联网、人工智能和大数据等技术，实现了生产的高度自动化和优化。
- 智能工厂由智能设备、机器人、数据分析系统和人机协作系统组成，极大地提升了生产效率和灵活性。
- 智能制造技术在汽车、电子和医药等行业广泛应用，有效提高了生产效率和产品质量。
- 通过数据分析和优化，智能制造不仅能提高生产效率，还能减少生产成本和提升产品质量。
- 未来的智能工厂将更加智能化和环保，能够根据市场需求实现个性化定制生产。

14.1 智能制造：技术如何改变制造业

在如今的工业4.0时代，制造业正在经历一场深刻的变革。智能制造（见图14-1），作为这一变革的核心，正在利用先进的技术来提升效率、降低成本，并创造出更加灵活和高效的生产方式。你可能会好奇，这些技术具体是如何改变制造业的？想象一下，工厂里的机器人自动化生产线、利用大数据优化的生产流程，以及通过物联网（Internet of Things，IoT）实现的设备互联。智能制造不仅仅是机器人的应用，还涉及人工智能、大数据、云计算、增强现实和虚拟现实等多种新兴技术的融合。这些技术协同工作，使得工厂能够更加迅速地响应市场需求的变化，减少资源浪费，并提升产品的质量和一致性。接下来，我们将详细探讨这些技术是如何运作的，以及它们对制造业带来的革命性变化。

图 14-1 智能制造

14.1.1 智能制造的定义与核心技术

智能制造是一种利用数据和智能技术来优化制造过程的先进生产方式。通过将各种数字化技术和智能系统集成到传统的制造流程中，智能制造能够实现更高效、更灵活的生产。简而言之，智能制造让工厂变得更加“聪明”，能够根据市场需求快速调整生产计划，减少资源浪费，提高产品质量。

智能制造的核心在于多种先进技术的结合。物联网（IoT）是一种将各种设备通过互联网连接起来的技术。在智能制造中，物联网使得工厂里的设备、机器和传感器能够互相通信。比如，一台机器可以通过物联网与其他设备分享自己的运行状态和生产数据。这种信息共享使工厂可以实时监控生产过程，及时发现并解决问题，从而提高生产效率和产品质量。

人工智能在智能制造中可以用于预测设备故障、优化生产流程和提升产品质量。例如，通过分析大量的生产数据，人工智能可以预测哪些设备可能会出现故障，从而提前进行维护，避免生产停工。此外，人工智能还可以根据数据优化生产计划，提高生产效率。

大数据分析是对大量数据进行收集、处理和分析的技术。在智能制造中，工厂会产生大量的数据，包括生产数据、设备数据和市场数据。通过大数据分析，工厂可以发现生产中存在的潜在问题和需要改进的技术。例如，分析生产线上的数据可以找出生产效率低下的原因，并提出相应的改进措施。大数据分析还可以帮助工厂预测市场需求，调整生产计划，避免库存积压或缺货现象的发生。

云计算是一种通过互联网提供计算资源和存储服务的技术。在智能制造中，云计算使得工厂能够存储和处理大量生产数据，而无须使用昂贵的本地硬件设备。通过云计算，工厂可以实时访问和分析生产数据，实现协同工作，提高生产效率。此外，云计算还提供强大的计算能力，支持复杂的生产模拟和优化。

增强现实（AR）和虚拟现实（VR）是两种将虚拟信息与现实世界结合的技术。在智能制造中，AR 和 VR 可以用于设计、培训和维护。例如，工程师可以通过 AR 技术在现实环境中看到设备的虚拟模型，并进行设计和调整。工人可以通过 VR 技术进行设备操作培训，提高技能、减少操作失误等。此外，AR 还可以帮助工人进行设备维护，提供实时的操作指南和故障诊断。

智能制造通过集成物联网、人工智能、大数据分析、云计算、增强现实和虚拟现实等先进技术，实现了生产过程的数字化和智能化。这些技术协同工作，使工厂能够更加灵活、高效地生产优质产品，快速响应市场变化，提高竞争力。

14.1.2 智能智造技术在制造过程中的应用

智能制造技术在制造过程中的应用极为广泛，涵盖从设计到生产，再到监控和供应链管理的每个环节，都得到了提升和优化。以下是这些技术在实际应用中的具体情况。

1 智能设计与仿真

通过人工智能、增强现实（AR）和虚拟现实（VR）技术，智能设计与仿真将成为可能。人工智能可以快速分析大量数据，为工程师提供设计建议，并优化产品性能。AR 和 VR 技术让设计师能够在虚拟环境中查看和测试产品。比如，在汽车设计中，设计师可以通过 VR 头戴设备进入虚拟车间，对汽车模型进行全方位的检查和调整，而无须制造实物模型。这不仅提高了设计效率，还减少了试错成本和时间。

2 智能生产

在智能生产方面，自动化设备和机器人极大地提高了生产线的自动化水平，实现了无人化操作。现代工厂中，工业机器人可以进行焊接、组装、包装等多种复杂的操作。它们精确、高效，能够连续 24 小时不知疲倦地工作。例如，在电子产品的生产线上，机器人可以快速而精确地组装电路板上的微小元件，并确保产品的一致性以及高质量。

3 智能监控与维护

智能监控与维护通过物联网（IoT）和大数据分析，实现了设备状态的实时监控和预测性维护。每台设备上安装的传感器能够不断采集运行数据，并通过 IoT 平台将数据传输到中央系统。大数据分析技术可以处理这些数据，并能快速识别出潜在的问题和故障风险。例如，当一台机器的数据异常时，系统会发出预警，提示维护人员检查，以避免设备突然故障导致的停机时间和造成的生产损失。

4 供应链优化

供应链优化是智能制造的另一大亮点。通过大数据和 AI 技术，供应链管理变得更加高效和灵活。大数据分析可以实时追踪原材料、生产进度和市场需求，确保每个环节无缝衔接。例如，人工智能可以预测市场需求的变化，提前调整生产计划和原材料采购，避免库存积压或原材料短缺。智能供应链管理系统使工厂能够快速响应市场需求变化，提高整体供应链的响应速度和灵活性。

英伟达公司的 AI 工厂技术解决方案

英伟达公司 2024 年推出了 AI 工厂技术解决方案，这是为了满足全球对人工智能应用的需求而开发的综合解决方案。它结合了计算、存储、网络和软件技术，为企业提供高效的 AI 工作负载支持。通过与戴尔的合作，AI 工厂不仅提升了计算和存储效率，还显著优化了能源使用。

AI 工厂的主要功能包括生成式 AI 解决方案，如 RAG（检索增强生成）和模型训练，这些解决方案帮助企业快速部署和应用 AI 技术。此外，AI 工厂广泛应用于各个行业，从客户服务的数字助理到工业数字孪生，显著提升了 AI 存储和计算效率。这一平台通过优化硬件和软件组件，实现了更高的性能和能源效率，推动全球产业向智能化方向发展。

14.1.3 智能制造的优势

智能制造技术在现代工业中展现出巨大的优势，从生产效率到产品质量，再到生产成本和定制能力，智能制造都带来了革命性的提升。接下来我们将详细探讨智能制造的四大主要优势。

1 提高生产效率

智能技术使得生产流程更加高效和精益。通过自动化设备和智能控制系统，使得生产线能够实现 24 小时不间断运行，大大提高了生产效率。例如，工业机器人可以精准且高速地完成装配、焊接等重复性工作，而不会出现疲劳和错误。生产过程中的每一步都可以通过物联网（IoT）进行实时监控和优化，减少停机时间和故障发生的频率。智能制造系统还能够通过大数据分析优化生产流程，识别并消除瓶颈，提高整体生产效率。因此，工厂能够在相同时间内生产出更多、更高质量的产品。

2 提升产品质量

通过精密控制和监控，智能制造显著提高了产品的一致性和质量。自动化生产设备能够严格按照设定的标准和参数运行，减少了人为操作所带来的误差。例如，在汽车制造中，机器人焊接不仅速度快，而且焊点质量稳定，保证了每辆汽车的车身强度和安全性。智能监控系统可以实时检测生产中的每个环节，及时发现并纠正异常情况。同时，大数据分析技术帮助制造商追踪产品质量问题的根源，并进行持续改进，确保每一批产品都符合高标准的质量要求。

3 降低生产成本

智能制造通过减少人力和材料浪费，显著降低了生产成本。自动化设备可以替代大量的人工操作，不仅提高了生产效率，还减少了因人工失误而导致的浪费。物联网和大数据分析可以优化材料的使用，精确计算每一件产品所需的材料量，减少了原材料的浪费。例如，在服装制造中，智能裁剪机可以根据设计图纸精确裁剪布料，最大限度地利用每一块布料。预测性维护技术可以提前发现设备潜在故障，进行预防性维修，避免设备突发故障带来的停机和维修成本。综合这些措施，大大降低了生产成本，提高了企业的利润率。

4 灵活定制生产

智能制造使得工厂能够实现小批量、多样化的生产，满足个性化的需求。传统的大规模生产模式通常难以快速调整，而智能制造系统能够根据客户需求灵活调整生产线，实现个性化定制。比如，在家电制造业，智能制造系统可以根据订单具体要求，生产不同颜色、功能和配置的家电产品。通过与客户需求直接对接，智能制造能够快速响应市场变化，缩短产品上市时间，提高客户满意度。3D 打印技术在定制生产中的应用也越来越广泛，可以根据客户设计要求，快速打印出定制化产品。

智能制造通过提高生产效率、提升产品质量、降低生产成本和实现灵活定制生产，全面提升了制造业的竞争力。这些优势不仅帮助企业在市场中获得更大优势，还推动了整个行业向更加高效、精准和灵活的方向发展。随着技术的不断进步，智能制造将在更多领域展现其潜力，为我们带来更多创新和变革。

14.1.4 智能制造的挑战

虽然智能制造带来了诸多优势，但在实现过程中也面临着一系列挑战。以下是智能制造在技术整合、网络安全和技能要求方面的主要挑战。

1 技术整合

智能制造涉及多种先进技术的应用，如物联网（IoT）、人工智能（AI）、大数据分析、云计算、增强现实（AR）和虚拟现实（VR）等。将这些不同技术和系统有效地整合在一起是一个复杂且昂贵的过程。首先，不同技术之间的兼容性问题需要解决，例如，传统的生产设备可能需要进行改造或升级才能与新的智能系统兼容。其次，不同系统的数据格式和通信协议可能不同，需要统一标准和接口才能实现无缝连接。此外，技术整合还需要大量的资金投入和专业技术的支持，包括硬件设备的采购和安装、软件系统的开发和维护，以及系统集成和调试。这些因素使得技术整合成为智能制造实施过程中的一个主要挑战。

2 网络安全

随着制造业的数字化和互联化的加深，网络安全风险也显著增加。智能制造系统通过互联网连接各类设备、传感器和控制系统，使这些系统容易受到网络攻击和数据泄露的威胁。例如，黑客可能通过攻击制造企业的网络系统，窃取敏感的生产数据或知识产权，甚至破坏生产设备，从而造成生产停滞和经济损失。此外，互联设备和系统之间的数据传输可能被拦截或篡改，影响生产的准确性和安全性。因此，制造企业必须采取一系列网络安全措施，如数据加密、防火墙、入侵检测系统和定期的安全审计等，以保护智能制造系统的安全。

3 技能要求

智能制造的实施需要具备高技能的技术人员，这对劳动力市场提出了新的挑战。首先，传统制造业的工人可能缺乏智能制造业所需的技术知识和技能，如编程、数据分析和系统维护等。

企业需要投入大量资源进行员工培训，提升他们的技术水平，以适应智能制造的要求。其次，智能制造对人才的需求不仅限于技术工人，还需要具备综合素质的工程师和管理人员，他们需要了解智能制造的全流程，并能够进行系统集成、数据分析和决策支持等工作。

尽管智能制造在技术整合、网络安全和技能要求方面面临诸多挑战，这些挑战也为制造业的转型升级提供了新的机会。通过克服这些挑战，智能制造企业可以实现更高效、更安全、更智能的生产，提升整体竞争力。未来，随着技术的不断进步和管理经验的积累，智能制造将为制造业带来更多的创新和变革。

图 14-2 所示是对智能智造的现状进行分析。

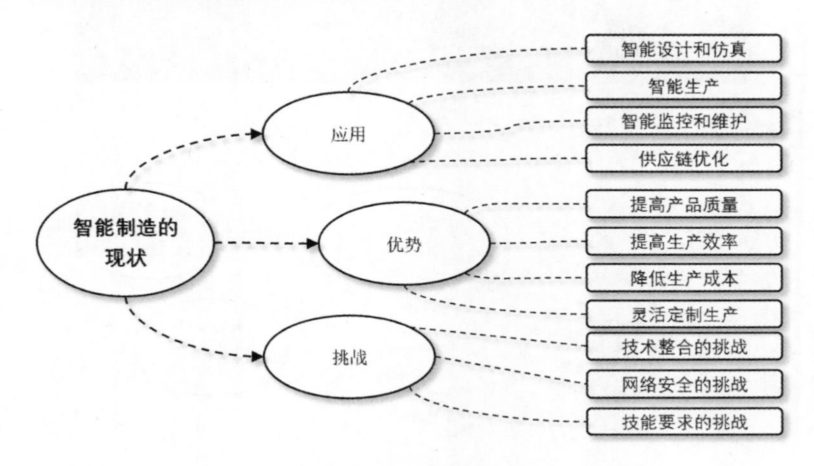

图 14-2 智能制造的现状分析

14.2 智能工厂：未来工厂的面貌

14.2.1 智能工厂的定义与特点

智能工厂（AI 工厂）是现代制造业的一种先进形式，利用智能技术和自动化系统，实现高度自动化和灵活生产的工厂（见图 14-3）。它不仅仅是传统工厂的自动化升级，而是全面集成了物联网（IoT）、人工智能（AI）、大数据分析、云计算、增强现实（AR）和虚拟现实（VR）等先进技术，实现了生产过程的智能化和数字化。

智能工厂的显著特点如图 14-4 所示。具体介绍如下。

1 高度互联

智能工厂中的设备、系统和人员通过互联网和局域网紧密连接，实现信息的实时传递和共享。物联网技术使得工厂里的机器设备、传感器和生产系统可以互相通信。例如，生产线上的每台设备都装有传感器，这些传感器能够实时监控设备的运行状态，并将数据传输到中央控制系统。

中央控制系统根据这些数据进行实时调度和优化，确保生产过程的顺畅和高效。

图 14-3 智能工厂

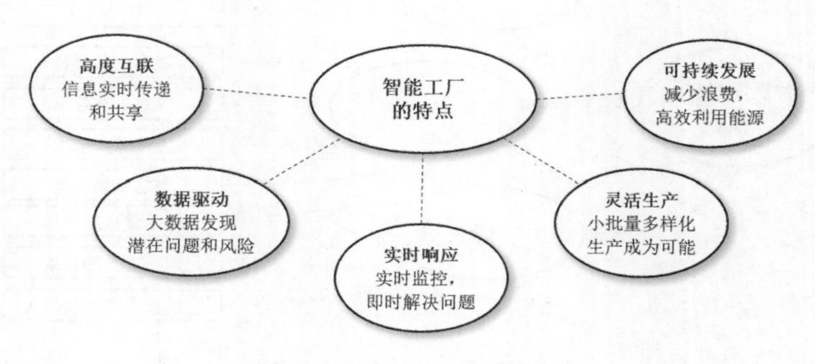

图 14-4 智能工厂的特点

2 数据驱动

在智能工厂中，数据是核心资源。通过收集和分析大量的生产数据，工厂可以进行精准的决策和优化。大数据分析技术能够处理海量的生产数据，发现生产中的潜在问题和改进机会。例如，通过分析设备运行数据，工厂可以预测设备的故障时间，提前进行维护，避免生产停工。数据驱动还体现在生产计划的制定上，通过分析市场需求和生产能力，工厂可以优化生产计划，提高生产效率和产品质量。

3 实时响应

智能工厂具有快速响应市场变化和生产需求的能力。得益于高度互联和数据驱动，工厂可以实时监控生产过程中的每一个环节，及时发现和解决问题。例如，当生产线上的某台设备出现故障时，系统会立即发出警报，并根据故障类型和严重程度自动进行处理，或通知维修人员进行修复。实时响应能力不仅提高了生产效率，还减少了生产中的人为错误和资源浪费。

4 灵活生产

智能工厂能够灵活调整生产线，以满足不同产品的生产需求。传统工厂通常只能进行大批量的单一产品生产，而智能工厂则可以实现小批量、多样化的生产。通过柔性制造系统和智能控制技术，工厂可以快速切换生产模式，适应市场变化和客户的个性化需求。例如，在家电制造中，智能工厂可以根据客户的订单，灵活调整生产线，生产不同颜色和配置的家电产品，以满足个性化定制的需求。

5 可持续发展

智能工厂在追求高效生产的同时，也注重环境保护和可持续发展。通过优化资源使用和减少废弃物排放，智能工厂能够实现绿色制造。例如，通过智能能源管理系统，工厂可以实时监控和优化能源消耗，减少不必要的浪费。大数据分析还可以帮助工厂优化生产流程，减少原材料的浪费和污染物的排放。此外，智能工厂还可以利用可再生能源，如太阳能和风能，降低对传统能源的依赖，实现可持续发展的目标。

14.2.2 智能工厂的组成部分

智能工厂是由智能设备与机器人、数据采集与分析系统、智能决策系统以及人机协作系统构成。在这些组成部分中，每个部分都发挥着至关重要的作用。它们共同协作，实现了高度自动化和智能化的生产过程。

1 智能设备与机器人

智能设备和机器人是智能工厂的核心组成部分之一。它们在生产和物流中应用广泛，大大提高了生产效率和精确度。

- 自动化生产设备：智能工厂使用各种自动化生产设备，如数控机床、自动化装配线和3D打印机等。这些设备能够按照预先设定的程序和参数自动运行，减少了人工操作的错误，提高了生产效率和产品质量。
- 工业机器人：工业机器人在智能工厂中承担着重要的任务，如焊接、组装、搬运和检测等。机器人不仅工作效率高，而且能够在危险或不适合人类的环境中工作。

2 数据采集与分析系统

数据采集与分析系统是智能工厂实现智能化的基础。通过传感器和物联网（IoT）设备，工厂可以实时采集大量的生产数据，并利用大数据分析技术优化生产流程。

- 传感器和IoT设备：智能工厂中的每台设备、每条生产线都安装了各种传感器和IoT设备。这些传感器可以监测设备的运行状态、生产过程中的各种参数（如温度、压力、速度等），并将数据传输到中央控制系统。
- 大数据分析：收集到的生产数据通过大数据分析技术进行处理和分析。大数据分析可以发现生产中的潜在问题和改进机会，帮助工厂优化生产流程。

3 智能决策系统

智能决策系统利用人工智能（AI）进行数据分析和决策支持，优化生产计划和资源配置。

- 数据分析：智能决策系统通过AI技术对大量的生产数据进行分析，找出影响生产效率和产品质量的关键因素。例如，通过分析生产线的历史数据，AI可以识别出导致产品质量问题的原因，并提出改进方案。

- 优化决策：基于数据分析的结果，智能决策系统可以自动生成优化的生产计划和资源配置方案。例如，当市场需求变化时，系统可以根据最新的市场数据调整生产计划，确保产品能够及时供应市场。此外，智能决策系统还可以优化资源的使用，减少浪费，提高生产效率。

4 人机协作系统

智能工厂强调人机协作，通过增强现实（AR）、虚拟现实（VR）技术和协作机器人，实现人与机器的高效协同。

- 增强现实（AR）和虚拟现实（VR）：AR和VR技术可以为工厂员工提供实时的操作指导和培训。例如，维修人员可以通过AR眼镜看到设备的内部结构和维修步骤，从而快速完成设备的维修工作。VR技术则可以用于培训员工，让他们在虚拟环境中熟悉设备操作，提高技能水平。
- 协作机器人：是一种专门设计用于与人类共同工作的机器人。它们配备了先进的传感器和安全系统，能够感知人类的存在，并与人类安全地协同工作。例如，在装配线上，协作机器人可以与工人一起完成复杂的装配任务，提高工作效率和产品质量。

智能工厂通过智能设备与机器人、数据采集与分析系统、智能决策系统和人机协作系统的共同作用，实现了高度自动化和智能化的生产。

14.2.3 智能工厂的应用案例

智能工厂在不同的制造领域中展现了其强大的优势和广泛的应用范围。图14-5所示为智能工厂在汽车制造、电子制造和医药制造中的具体应用案例。

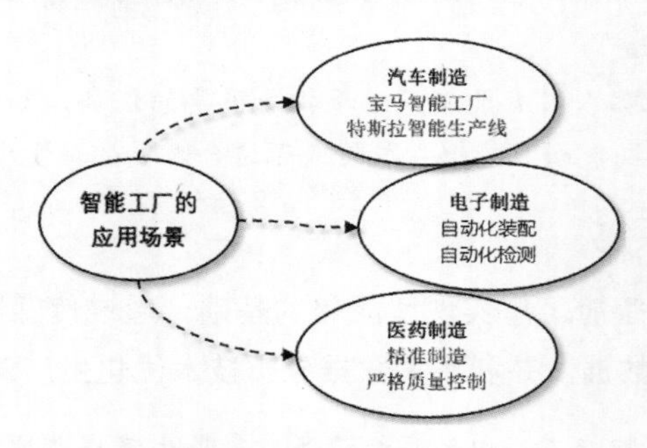

图14-5 智能制造的应用案例

1 汽车制造

智能工厂在汽车制造领域的应用非常广泛，代表性的企业如宝马和特斯拉已经建设了先进的智能生产线，实现了高效的自动化生产。

1）宝马的智能工厂

宝马的智能工厂配备了大量的机器人和自动化设备，这些设备能够执行各种复杂的生产任务，如焊接、喷漆和装配。通过物联网（IoT）和大数据分析，宝马工厂可以实时监控生产过程中的每个环节，确保生产效率和产品质量。例如，每辆车的生产状态和工艺参数都会被实时记录和分析，以发现和纠正生产中的任何异常情况。此外，宝马还利用增强现实（AR）技术进行质量检测，工人可以通过AR眼镜查看车辆的装配细节，确保每个零件都符合设计要求。

2）特斯拉的智能生产线

特斯拉的工厂同样采用了高度自动化和智能化的生产线。特斯拉使用大量的机器人来完成车身的焊接和组装工作，确保每个焊点的精确度一致。通过人工智能（AI）和大数据分析，特斯拉可以优化生产计划和资源配置，确保每条生产线都以最高效率运行。例如，AI系统可以根据市场需求和生产进度，动态调整生产计划，确保产品能够及时供应市场。此外，特斯拉还使用虚拟现实（VR）技术进行员工培训，提高员工的技能水平和操作效率。

2 电子制造

在电子制造领域，智能工厂通过自动化装配和检测技术，大幅度提高了生产效率和产品质量。

- 自动化装配：电子产品的生产通常需要精密的装配工艺。智能工厂中，自动化装配设备能够快速、精确地完成各种复杂的装配任务。例如，在智能手机的生产线上，机器人可以自动完成芯片安装、螺丝拧紧和外壳组装等工作，确保每个组件都安装到位。自动化装配不仅提高了生产效率，还减少了人工操作带来的误差，提高了产品的一致性。
- 自动化检测：智能工厂还广泛应用了自动化检测技术，通过高精度的检测设备，对每个产品进行严格的质量检测。例如，在电路板生产中，自动化检测设备可以快速扫描电路板的每个焊点，从而检测出可能的缺陷和故障。

3 医药制造

智能工厂在医药制造中，通过智能技术实现了精准制造和严格的质量控制，确保药品的安全性和有效性。

- 精准制造：医药生产要求极高的精度和一致性。智能工厂利用自动化设备和智能控制系统，确保每个生产步骤都在严格控制的条件下进行。例如，在药片生产中，智能工厂可以通过自动化设备精确控制每片药的重量和成分比例，确保每批药品的疗效和安全性一致。
- 严格质量控制：医药制造对质量控制有非常高的要求。智能工厂利用先进的检测技术和大数据分析，进行全过程的质量监控。例如，在注射剂生产中，智能工厂可以通过高精度的检测设备，对每一支注射剂进行外观、成份和纯度检测，确保产品没有任何杂质和污染。

14.2.4 智能工厂的未来趋势

智能工厂正处于不断发展和演变的过程中，未来将展现出更加智能化、绿色化和个性化的特点，如图14-6所示。这些趋势不仅会进一步提升制造业的效率和灵活性，还将推动整个行业朝着更加可持续和人性化的方向发展。

图 14-6 智能工厂的未来

1 进一步智能化

随着技术的持续进步，智能工厂将变得更加智能化，实现更高水平的自动化和智能化。未来的智能工厂将利用更先进的人工智能（AI）、机器学习和大数据分析技术，对生产过程进行更加深入的优化和管理。例如，AI 系统将能够自主学习和适应新的生产条件，不断改进生产工艺和流程，提高生产效率和产品质量。这种智能化的发展将使得工厂能够更快、更精准地响应市场变化，保持竞争优势。

2 绿色制造

未来的智能工厂将更加注重环保和可持续发展，通过绿色技术减少能源消耗和污染。智能工厂将采用各种节能环保技术，如太阳能、风能等可再生能源，以减少对传统化石燃料的依赖。同时，工厂将通过智能能源管理系统，实时监控和优化能源的使用，确保能源消耗的最小化。例如，智能照明系统可以根据工厂内的实际光照需求自动调节亮度，减少不必要的能源浪费。此外，智能工厂还将注重减少生产过程中产生的废弃物和污染物，通过循环利用和绿色材料的使用，实现零废弃和零排放的目标。

3 个性化生产

智能工厂将更加灵活，能够快速响应市场需求，实现个性化定制生产。未来的消费者对产品的需求将越来越多样化和个性化，智能工厂将通过柔性制造系统和智能控制技术，满足这种多样化的需求。柔性制造系统使得工厂可以在同一条生产线上快速切换不同产品的生产，无须长时间的停工和调整。例如，一家服装制造厂可以在接到订单后，根据客户的具体要求，快速调整生产线，生产出不同款式、颜色和尺寸的服装。

未来的智能工厂将通过进一步智能化、绿色制造和个性化生产，实现制造业的全面升级。这些趋势不仅能提升生产效率和产品质量，还能推动制造业向更加可持续和人性化的方向发展。

14.3 思考练习

14.3.1 问题与答案

问题 1：什么是智能制造？它的核心技术有哪些？

智能制造是利用数据和智能技术来优化制造过程的先进生产方式，通过集成物联网（IoT）、人工智能（AI）、大数据分析、云计算、增强现实（AR）和虚拟现实（VR）等技术，实现更高效、更灵活的生产。物联网使设备互联互通，人工智能用于预测和优化，大数据分析帮助发现问题并进行改进，云计算提供存储和处理能力，AR/VR 用于设计、培训和维护等方面。

问题 2：智能工厂的主要组成部分有哪些？它们分别有什么功能？

智能工厂的主要组成部分包括智能设备与机器人、数据采集与分析系统、智能决策系统和人机协作系统。智能设备与机器人用于自动化生产和物流操作；数据采集与分析系统通过传感器和物联网设备实时采集数据，并利用大数据分析优化生产流程；智能决策系统利用 AI 进行数据分析和决策支持，优化生产计划和资源配置；人机协作系统通过 AR/VR 技术和协作机器人实现人与机器的高效协同。

问题 3：未来智能工厂的发展趋势是什么？这些趋势将如何影响制造业？

未来智能工厂的发展趋势包括进一步智能化、绿色制造和个性化生产。智能工厂将利用更先进的 AI、机器学习和大数据分析技术，实现更高水平的自动化和智能化；通过采用可再生能源和智能能源管理系统，减少能源消耗和污染，实现绿色制造；通过柔性制造系统和智能控制技术，快速响应市场需求，实现个性化定制生产。这些趋势将提升生产效率和产品质量，推动制造业向更加可持续和人性化的方向发展。

14.3.2 讨论题

1. 智能制造对传统制造业有哪些主要改变？这些改变如何提升生产效率和产品质量？

讨论重点：智能制造通过自动化设备和机器人提高生产效率，减少人为错误。大数据分析优化生产流程，预测性维护减少设备故障。AI 优化生产参数，确保产品质量一致性。

2. 未来的智能工厂如何应对市场的快速变化和个性化需求？柔性制造系统在其中扮演什么角色？

讨论重点：智能工厂通过柔性制造系统实现生产线快速切换，以满足个性化需求。智能控制技术提高了生产的灵活性和响应速度，使工厂能够快速适应市场变化。

第15章 Chapter 绿色能源的智能守护者

学习目标

理解新能源及其智能化应用对未来发展的重要性。掌握智能电网、智慧能源管理系统和分布式能源系统的核心概念和功能。探讨智慧能源在城市和工厂中的实际应用及其带来的效益。了解智慧能源系统的未来发展趋势和潜在影响（本章 1 课时）。

学习重点

- 新能源如太阳能、风能、水能具有环保性和可再生性。
- 智能电网、能源储存和智能控制系统在新能源中起到了重要作用。
- 智慧能源系统由智能电网、智能能源管理系统和分布式能源系统组成，并通过协同工作实现高效管理。
- 智慧能源在城市和工厂中的应用优化了电力管理，提高了能效并降低了成本。
- 智慧能源的未来发展趋势是构建能源互联网并整合可再生能源，以推动智能和可持续的能源利用。

15.1 新能源时代：智能化技术的加持

在全球气候变化和环境保护的压力下，传统的化石燃料已无法满足可持续发展的需求。太阳能、风能和水能等新能源因其清洁和可再生的特点，成为未来能源发展的主要方向。然而，这些新能源的利用也面临着效率和稳定性的问题，如图 15-1 所示。

智能化技术为解决这些问题提供了支持。通过智能化技术，太阳能电池板和风力发电机可以自动优化，以提高能源转换效率。智能电网能够实时监测和调整电力供应，以确保稳定性。智能储能系统，如智能电池，可以缓解新能源供应的不稳定性问题。智能控制系统利用人工智能和大数据分析，对能源生产和消耗进行优化管理。

智能化技术不仅提高了新能源的利用效率和稳定性，还推动了能源行业的发展，使清洁能源成为未来社会的重要动力源。

图 15-1 新能源

15.1.1 新能源的种类和特点

新能源是指那些可持续利用、不产生或很少产生污染的能源类型。它们包括太阳能、风能和水能。这些能源在环保和可再生方面具有显著优势，但也各有其特点和限制。

1 太阳能

太阳能是通过太阳光转换为电能的一种新能源。利用光伏电池板或太阳能集热器，将太阳光直接转换为电力或热能。

太阳能的特点如下：

（1）清洁：太阳能不产生任何有害排放物，完全无污染，是最环保的能源之一。

（2）可再生：太阳能取之不尽，用之不竭，只要有阳光的地方就能利用。

（3）受天气和昼夜影响：太阳能的利用效率受天气和昼夜变化的影响较大。在阳光充足的白天，太阳能发电效率高；在阴天和夜晚，太阳能发电效率低甚至无法发电。这需要与储能系统结合使用，以保证电力供应的稳定性。

2 风能

风能是通过风力发电机将风的动能转换为电能的一种新能源。风力发电机通常安装在风力资源丰富的地区，如沿海、山地和草原。

风能的特点如下：

（1）清洁：风能发电过程中不产生任何有害排放物，对环境友好。

（2）可再生：风能是可再生能源，风力资源自然存在且不会枯竭。

（3）受风速和地理位置影响：风能的利用效率取决于风速和地理位置。在风力较大的地方，风能发电效率高；在风力较小或不稳定的地方，风能发电效率低。此外，风力发电设备需要大量的空间，通常部署在风力资源丰富且人口稀少的地区。

3 水能

水能是通过水流动（如河流、瀑布、海浪）产生电能的一种新能源。水力发电利用水流动的动能推动水轮机，从而发电。

水能的特点如下：

（1）稳定：水能发电稳定性高，受气候和环境变化的影响较小，能够提供持续、可靠的电力。

（2）高效：水能发电效率高，是目前已知最高效的发电方式之一。大型水力发电站能够产生大量电力，满足城市和工业的需求。

（3）对地理和生态有影响：水力发电站的建设需要特定的地理条件，如大河、峡谷和水坝。这可能会对当地生态系统产生影响，例如改变水流、淹没土地和影响鱼类迁徙。因此，水力发电的生态影响需要进行详细评估和管理。

太阳能、风能和水能作为主要的新能源种类，各有其独特的特点和应用场景。太阳能和风能因其清洁和可再生性，被广泛应用于各种发电和生活场景中，而水能则因其稳定和高效性，成为大规模发电的重要选择。这些新能源的开发和利用，为实现可持续发展和环境保护提供了重要支持。

15.1.2 智能化技术在新能源中的应用

智能化技术在新能源领域的应用极大地提升了能源的利用效率和系统稳定性。图 15-2 所示为智能电网、能源储存技术和智能控制系统在新能源中的具体应用。

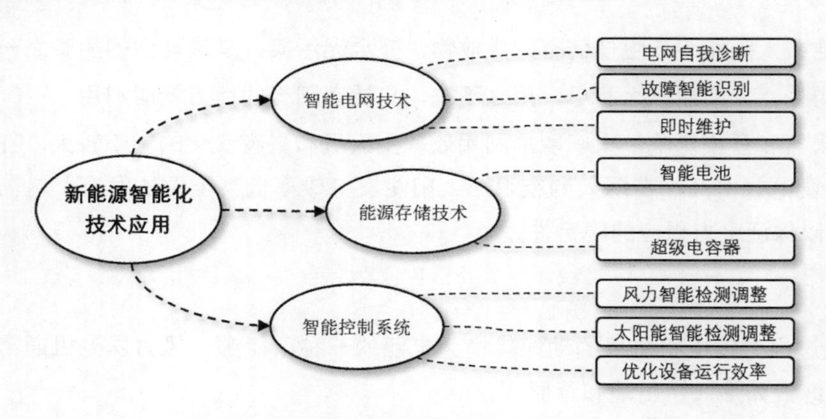

图 15-2 智能化技术在新能源中的应用

1 智能电网技术

智能电网是利用先进的数字通信技术、物联网（IoT）、大数据分析和人工智能（AI）等技术手段，实现电力系统全方位智能化管理的电网系统。它涵盖电力的生产、传输、分配和消费各个环节，旨在通过实时监测和优化，提升电力系统的可靠性、灵活性和效率，从而更好地满足现代社会对高效、安全和可持续能源的需求。

智能电网利用传感器和 IoT 设备实时采集电力系统的运行数据，包括发电量、输电线路负载和用电量。这些数据通过大数据分析技术处理，识别系统中的潜在问题和优化机会。例如，通过实时监测，智能电网可以提前发现电力设备的异常运行状态，及时进行维护，防止故障发生。

智能电网利用先进的算法和数据分析，实时调整电力的生产和分配，确保供需平衡。例如，当某个区域的用电需求增加时，智能电网可以自动调度其他区域的富余电力，避免电力短缺和过载。通过这种优化分配，智能电网能够高效利用现有资源，减少能源浪费，提升系统的整体效能。

智能电网具备自我诊断和故障恢复能力。当某处电力设备发生故障时，系统能迅速检测并隔离故障，并切换到备用线路，以确保电力供应不间断。这种自我修复功能大大提高了电网的可靠性和稳定性。

2 能源储存技术

智能化的能源储存技术，如智能电池和超级电容器，能够有效解决新能源不稳定性的问题。它们通过智能控制系统，根据需求自动调整充放电，确保电力供应的连续性和稳定性。

- 智能电池：智能电池系统能够存储多余的电力，在电力需求高峰时释放。它们通过内置的传感器和控制系统，实时监测电池状态（如电量、温度等），并自动调整充放电策略。例如，在太阳能发电系统中，白天太阳能电池板产生的多余电力可以存储在智能电池中，晚上或阴天时使用。
- 超级电容器：超级电容器是一种高效的储能装置，具有快速充放电能力。它们适用于需要频繁充放电的场景，如风力发电系统中的短期能量存储。超级电容器能够迅速响应电力需求变化，平滑输出功率，减少电力波动对系统的影响。

3 智能控制系统

智能控制系统在风力发电和太阳能发电中发挥着关键作用。它们通过 AI 算法优化设备运行，提高发电效率和系统的稳定性。

- 风力发电：在风力发电中，智能控制系统通过实时监测风速、风向和发电机状态，自动调整风力发电机的叶片角度和转速，确保最大化发电量。例如，智能风力发电机能够根据当前风速和风向，调整叶片的角度，使其始终处于最佳工作状态，提高发电效率。
- 太阳能发电：在太阳能发电中，智能控制系统通过监测太阳能电池板的角度和光照强度，自动调整电池板的倾斜角度，确保最佳的光照接收。例如，智能太阳能电池板可以在白天自动跟踪太阳的位置，始终保持最佳倾斜角度，最大化太阳能的利用。
- 优化设备运行：智能控制系统利用大数据技术和 AI 算法，分析历史数据和实时运行数据，优化设备的运行策略。例如，通过分析风力发电机的历史运行数据，AI 算法可以预测可能的故障和维护需求，提前进行设备保养，避免意外停机，提高系统的可靠性以及设备的寿命。

智能电网、能源储存技术和智能控制系统是智能化技术在新能源领域的主要应用。它们通过实时监测、数据分析和优化控制，提高了新能源的利用效率和系统稳定性。智能化技术不仅解决了新能源的不稳定性问题，还推动了新能源的广泛应用，为实现可持续发展的目标提供了强有力的支持。

15.1.3 智能化技术对新能源发展的影响

智能化技术为新能源领域的应用带来了深远的影响，主要体现在提高效率、降低成本和提升稳定性等方面。以下是这些影响的详细解释。

1 提高效率

通过智能控制和优化，新能源的利用效率得到了显著提升。智能化技术使得发电设备能够更灵活地应对环境变化，提高能源转换率。

- 智能控制系统：在风力发电和太阳能发电中，智能控制系统通过实时监测环境条件（如风速、风向和光照强度），自动调整发电设备的工作状态。例如，智能风力发电机能够根据风速和风向自动调整叶片角度，确保风能的最大化利用。类似地，智能太阳能电池板可以跟踪太阳的位置，调整倾斜角度，最大化光照接收。
- 优化算法：AI 算法通过分析大量的历史数据和实时数据，优化发电设备的运行策略。例如，AI 可以预测一天中不同时间段的风速和光照变化，提前调整发电设备的设置，提高发电效率。通过这种方式，发电设备能够在各种环境条件下保持高效运行，显著提高新能源的利用效率。

2 降低成本

智能化技术的应用在多个方面降低了设备维护和管理成本，显著减少了新能源的生产成本。

- 智能监控系统：智能监控系统通过物联网（IoT）设备和传感器实时监测发电设备的运行状态。系统能够检测设备的温度、振动、功率输出等参数，及时发现异常情况。例如，如果风力发电机的振动数据异常，系统会发出警报，提示维护人员检查设备。通过提前发现和解决问题，避免了设备的突然故障和停机，减少了维护成本以及生产损失。
- 预测性维护：智能化技术还支持预测性维护，即通过大数据分析和机器学习算法，预测设备的维护需求。系统可以根据设备的历史运行数据和当前状态，预测何时需要进行维护，并提前安排维护计划。预测性维护不仅减少了设备故障和停机时间，还延长了设备的使用寿命，进一步降低了长期运营成本。

3 提升稳定性

智能电网和智能储能技术的应用提高了新能源的稳定性，确保了电力供应的连续性和可靠性。

- 智能电网：智能电网通过实时监测和智能调度，实现电力系统的稳定运行。系统能够平衡电力供需，避免电力短缺和过载。例如，当某个区域的电力需求增加时，智能电网可以自动调度其他区域的电力供应，确保该需求地区电力供应的连续性。此外，智能电网具备故障自我诊断和恢复功能，当电网某处发生故障时，系统能迅速隔离故障部分，并切换到备用线路，减少停电时间。

- 智能储能技术：智能储能系统，如智能电池和超级电容器，能够在电力需求低谷时存储多余的电力，在需求高峰时释放电力，平衡供需差异。这不仅提高了新能源的利用率，还确保了电力供应的稳定性。智能储能系统通过智能控制，自动调整充放电策略，根据实时需求调节电力供应。例如，在夜间或阴天时，智能储能系统可以提供太阳能电池板无法供应的电力，确保电网的连续供电。

15.2 智慧能源：为城市和工厂提供新动力

随着城市化进程的加快和工业化的发展，能源需求不断增长，传统能源供应模式面临着巨大的挑战。智慧能源系统应运而生，利用物联网（IoT）、大数据分析、人工智能（AI）等智能技术，优化能源的生产、传输、存储和消费过程，为城市和工厂提供高效、可靠和可持续的能源解决方案。智慧能源不仅提高了能源利用效率，减少了浪费，还降低了环境污染和碳排放，成为未来能源发展的重要方向。在这个新兴领域中，智能电网、智能能源管理系统和分布式能源系统等技术的应用，展现了智能化技术在应对能源挑战方面的巨大潜力和广阔前景。

15.2.1 智慧能源的定义和组成

智慧能源是指利用智能技术对能源的生产、传输、存储和消费进行全面优化的系统。它通过整合物联网（IoT）、人工智能（AI）、大数据分析和云计算等先进技术，实现能源的高效、可靠和可持续管理，如图 15-3 所示。智慧能源系统不仅提高了能源利用效率，还减少了能源浪费和环境污染，推动了绿色发展。

图 15-3 智慧能源

智慧能源系统主要由以下三部分组成。

1 智能电网

我们前面说过，智能电网作为智慧能源系统的核心部分，通过实时监测、优化能源分配、自我诊断和故障恢复，显著提升了电力系统的效率和可靠性。同时，它支持可再生能源的集成，增强用户参与，推动能源的智能化和可持续发展。通过这些功能，智能电网不仅提高了电力供应的稳定性和效率，还为实现绿色能源的全面应用提供了技术保障。

2 智能能源管理系统

智能能源管理系统是智慧能源的重要组成部分，主要用于优化能源的使用和管理，确保能源的高效利用。

- 能源监控和分析：通过智能传感器和IoT设备，智能能源管理系统可以实时监控建筑物、工厂等设施的能耗情况。大数据分析技术帮助识别高能耗设备和不合理的用能行为，提出优化建议。
- 能效优化：智能能源管理系统可以根据实时数据和预测模型，自动调整能源使用策略。例如，智能空调系统可以根据室内外温度和人员活动情况，自动调节空调温度，以节省能源。
- 用户参与和互动：智能能源管理系统还可以通过智能手机应用等平台，向用户提供能耗信息和节能建议，帮助用户了解和管理自己的用能情况，促进节能减排。

3 分布式能源系统

分布式能源系统是指分散在各地的小规模能源生产和存储装置，与传统的大规模集中式电力系统形成互补。

- 多样化能源生产：分布式能源系统包括太阳能电池板、风力发电机、燃料电池和微型燃气轮机等设备，可以在用户附近直接生产电力，减少长距离输电的能量损耗。
- 本地储能：分布式能源系统通常配备储能装置，如电池和超级电容器，以存储多余的电力，确保能源的稳定供应。储能技术可以调节能源的生产和消费差异，平滑能源输出。
- 灵活调度和管理：分布式能源系统具有高度灵活性，能够根据实时需求和供给情况，自主调整能源生产和分配。智能控制系统可以协调多个分布式能源装置，实现整体优化。

智慧能源通过智能电网、智能能源管理系统和分布式能源系统的相互协作，实现了能源的高效、可靠和可持续管理。它利用先进的智能技术，优化能源的生产、传输、存储和消费过程，推动了能源行业的转型升级。

15.2.2 智慧能源在城市中的应用

智慧能源系统在城市中的应用日益广泛，涵盖了电力管理、建筑能源优化和交通能源使用等多个领域。通过智能技术的应用，城市能源管理变得更加高效和可持续。图 15-4 所示为城市智能电网、智慧建筑和智慧交通在城市中的详细应用。

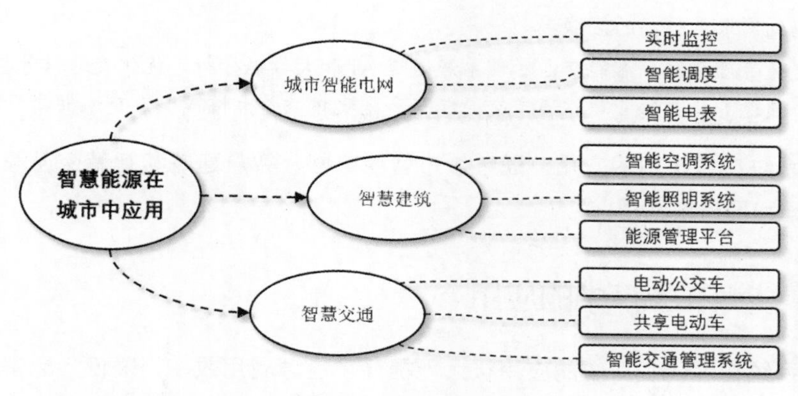

图 15-4 智慧能源在城市中的应用

1 城市智能电网

城市中的智能电网能够实现电力的实时监控和智能调度，提高电力供应的可靠性和效率。

- 实时监控：智能电网通过物联网（IoT）设备和传感器，实时监控电力系统的运行状态，包括发电、输电和用电情况。大数据分析技术通过处理这些数据，可识别用电高峰和潜在问题。
- 智能调度：智能电网利用 AI 算法和优化模型，根据实时数据进行电力调度和分配。这样可以平衡电力供需，减少电力浪费。
- 智能电表：智能电表安装在居民和商业用户的电力系统中，能够实时记录和传输用电数据。用户通过智能电表可以了解自己的用电情况，合理安排用电时间，减少不必要的能源消耗。

2 智慧建筑

智慧建筑通过智能化的能源管理系统，实现建筑内部的能源优化，减少能源消耗，提高能源利用效率。

- 智能空调系统：智能空调系统配备了温度传感器和 AI 控制模块，能够根据室内温度、湿度和人员活动自动调整空调的温度和风速。
- 智能照明系统：智慧建筑中的智能照明系统可以根据自然光强度和人员活动情况自动调节灯光亮度。
- 能源管理平台：智慧建筑配备了综合能源管理平台，通过 IoT 设备和传感器，实时监控建筑内各个设备的能耗情况。大数据分析技术帮助识别高能耗设备和不合理的用能行为，并提供优化建议。

3 智慧交通

智慧交通系统通过智能技术优化城市交通能源的使用，可以减少能源消耗和环境污染。

- 电动公交车：电动公交车是智慧交通的重要组成部分，利用电力作为驱动能源，减少了传统燃油公交车的尾气排放量。电动公交车配备了智能充电系统，能够在非高峰时段自动充电，确保在高峰时段能够连续运行。
- 共享电动车：共享电动车系统利用智能充电和调度平台，实现高效的车辆管理和能源利用。用户通过手机应用可以方便地查找和使用共享电动车，系统根据车辆的电量和位置，自动调度车辆到需求量较高的区域。

- 智能交通管理系统：智能交通管理系统通过AI和大数据分析，优化交通信号控制和交通流量管理。通过智能交通管理，城市交通能耗和尾气排放量大幅减少，交通拥堵情况得到改善。

智慧能源系统在城市中的应用，通过城市智能电网、智慧建筑和智慧交通等方面，实现了能源的高效管理和可持续利用。

15.2.3 智慧能源在工厂中的应用

智慧能源系统在现代工厂中的应用极大地提高了能源利用效率、降低了运营成本，并确保了生产的连续性和稳定性。以下是智能能源管理系统、分布式能源系统和智能维护与监控在工厂中的详细应用，如图15-5所示。

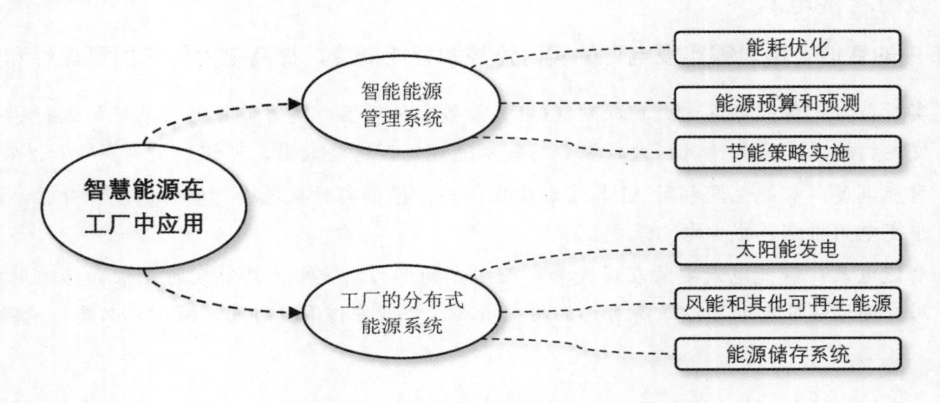

图15-5 智慧能源在工厂中的应用

1 智能能源管理系统

智能能源管理系统通过整合物联网（IoT）和大数据分析技术，实现工厂能源的高效利用和优化管理。

- 能耗优化：智能能源管理系统能够实时监测和分析工厂内各类设备的能耗数据。通过大数据分析，系统可以识别高能耗设备和不合理的用能行为，提出具体的优化建议。
- 能源预算和预测：智能能源管理系统还能帮助工厂制定精确的能源预算和预测未来的能源需求。通过分析历史能耗数据和当前生产计划，系统可以预测未来的能源使用情况，并提前进行资源调配，避免能源浪费和成本超支。
- 节能策略实施：系统可以根据实时数据和预测模型，自动调整能源使用策略。例如，在电价较低的时段，系统可以增加生产设备的运行负荷，而在电价较高的时段，则尽量减少能源消耗。这样不仅节省了能源成本，还提高了整体能源的利用效率。

2 工厂的分布式能源系统

分布式能源系统使工厂能够实现能源的自给自足，减少对外部电网的依赖。

- 太阳能发电：工厂可以在厂房屋顶或空地上安装太阳能电池板，利用太阳能进行发电。这不仅减少了对外部电网的依赖，还能降低电费支出。
- 风能和其他可再生能源：除了太阳能，工厂还可以利用风能、生物质能等可再生能源发电。通过多种能源组合，工厂可以更加灵活地管理能源供应，确保生产的持续性和稳定性。
- 能源储存系统：为了平衡供需波动，工厂还可以配备电池储能系统或其他储能设备。储能系统能够在用电低谷时存储多余电力，在用电高峰时释放存储的电力，确保电力供应的连续性和稳定性。

15.2.4 智慧能源的未来发展

智慧能源系统正在不断地进步和演变，以应对日益增长的能源需求和环境保护的挑战。未来，智慧能源的发展将集中在两个主要方面：能源互联网的形成和可再生能源的整合与优化。这些进展将使能源利用更加高效、可靠和可持续。

1 能源互联网

未来，智慧能源系统将进一步整合，形成一个被称为“能源互联网”的网络。这一网络将实现能源的高效共享和智能调度，使得能源管理更加灵活、高效。

能源互联网将通过数字通信技术和物联网（IoT）连接不同的能源生产和消费节点，形成一个广泛的能源共享网络。例如，不同区域的发电站、储能设施和用户将通过能源互联网实现互联互通。当某一地区的电力需求增加时，能源互联网可以自动从其他电力富余的地区调配电力，确保电力供应的稳定性，如图 15-6 所示。

图 15-6 智慧能源的未来

2 可再生能源与智慧能源结合

智慧能源系统将与可再生能源紧密结合，提高可再生能源的利用率，优化整体能源系统的效率和稳定性。

- 优化风力发电和太阳能发电的调度：智慧能源系统可以根据天气预报、历史数据和实时监测，优化风力发电和太阳能发电的调度。例如，当预测到未来几天的风力较强时，系统可以提前调度风力发电机组进行满负荷发电，并存储多余电力。在太阳能充足的白天，系统可以优先利用太阳能发电，减少传统发电的使用。

- 增强可再生能源的稳定性：可再生能源如风能和太阳能具有间歇性和波动性，智慧能源系统通过智能储能和智能电网技术，提高了这些能源的稳定性。智能电网通过实时监控和动态调度，确保电力供应的连续性，减少可再生能源的波动对电网的影响。
- 分布式能源系统的集成：智慧能源系统支持分布式能源系统的广泛应用，如家庭太阳能电池板、社区风力发电装置等。通过智能控制和管理，这些分布式能源系统可以灵活地接入电网，参与电力调度和供应。

未来，智慧能源系统将通过能源互联网和可再生能源的紧密结合，进一步提升能源利用的效率和可持续性。

15.3 思考练习

15.3.1 问题与答案

问题 1：什么是智能电网，为什么它是智慧能源系统的核心部分？

智能电网是利用先进的数字通信技术、物联网（IoT）、大数据分析和人工智能（AI）等技术手段，实现电力系统全方位智能化管理的电网系统。它在智慧能源系统中起到核心作用，因为它能实时监测和优化电力的生产、传输、分配和消费，提高能源分配效率和电网的稳定性，确保能源的高效、可靠和可持续利用。

问题 2：智慧能源系统在工厂中的应用有哪些？

智慧能源系统在工厂中的应用包括：

- 智能能源管理系统：通过实时监测和大数据分析，优化设备能耗，制定精确的能源预算和节能策略，降低能源成本。
- 分布式能源系统：工厂利用太阳能、风能等分布式能源，实现能源自给自足，减少对外部电网的依赖。
- 智能维护和监控：通过智能传感器和监控系统，实时监测设备状态，进行预测性维护，确保生产的连续性和稳定性。

问题 3：未来智慧能源系统的发展趋势有哪些？

未来智慧能源系统的发展趋势包括：

- 能源互联网：通过高效共享和智能调度，实现不同区域之间的电力资源调配，优化能源的使用。
- 可再生能源与智慧能源结合：通过优化风力发电和太阳能发电的调度，提高可再生能源的利用率和整体能源系统的效率与稳定性。智慧能源系统将进一步整合可再生能源，增强其稳定性和利用效率，实现绿色、智能和可持续的能源管理。

15.3.2 讨论题

1. 如何通过智能电网优化能源分配，提高城市电力系统的稳定性和效率？

讨论重点：讨论如何利用物联网（IoT）设备和大数据技术实时监测电力系统的运行状态，识别用电高峰和潜在问题。探讨智能电网通过 AI 算法和优化模型，动态调整电力的生产和分配，确保供需平衡和减少能源浪费的具体方法。分析智能电网如何通过自我诊断和故障恢复能力，提高电力系统的可靠性和稳定性。

2. 智慧能源系统如何与可再生能源结合，优化能源利用，推动可持续发展？

讨论重点：讨论智慧能源系统如何通过智能调度和储能技术整合太阳能和风能等可再生能源，提高其利用率。探讨能源互联网的概念及其如何实现不同区域之间的电力资源调配，优化能源使用。分析智慧能源系统与可再生能源结合后，对环境保护和经济发展的双重效益，包括减少碳排放、降低能源成本等。

第 16 章 Chapter

智慧医疗——AI 作为医生

学习目标

了解人工智能（AI）在医疗诊断和治疗中的具体应用及其优势。描述 AI 在医学影像分析和疾病预测中的作用，理解 AI 如何通过个性化治疗和手术辅助提升医疗效果。认识 AI 在远程医疗中的关键角色，了解在线问诊和健康监测的实际应用场景。了解远程医疗的未来发展趋势，包括全面整合、技术创新和全球医疗服务（本章 2 课时）。

学习重点

- AI 在医疗诊断中的应用，包括医学影像分析和疾病预测的具体方法和优势。
- AI 系统在肺癌早期筛查和心脏病发作风险预测中的实际应用案例。
- AI 如何在癌症治疗计划和微创手术中提升医疗效果和安全性。
- AI 如何辅助医生进行初步诊断和实时监测健康数据。
- AI 在远程医疗中的优势，包括提高医疗服务的便捷性、响应速度和降低医疗成本。
- 远程医疗在提供全球医疗服务方面的潜力，特别是对偏远地区和资源匮乏地区的帮助。

16.1 AI 在医疗诊断和治疗中的角色

在现代医疗领域，人工智能（AI）正迅速成为一种强大的工具，改变着我们对疾病的诊断和治疗方式。AI 通过处理海量数据和复杂的算法分析，不仅提高了医疗诊断的准确性和效率，还在治疗方案的制定中发挥了重要作用。随着技术的不断进步，AI 在医疗中的应用前景广阔，将进一步推动医疗质量的提升和医疗服务的普及。图 16-1 所示为智慧医疗示意图。

图 16-1 智慧医疗

16.1.1 AI 在医疗诊断中的应用

1 医学影像分析

医学影像分析是 AI 在医疗诊断中最重要的应用之一。AI 通过深度学习和图像识别技术，能够快速、准确地分析各种医学影像，如 X 光片、CT 扫描和 MRI 图像。AI 系统可以发现医生可能忽略的细微病变，从而提高诊断的准确性。

AI 系统在进行医疗影像分析的工作流程如图 16-2 所示。具体分析如下：

（1）图像预处理：AI 系统对医学影像进行预处理，如去除原始图像的噪声、提升对比度等，使得图像更清晰。

（2）特征提取：AI 系统通过深度学习模型，如卷积神经网络（CNN），提取图像中的特征。这些特征可能包括病变的形状、边界和纹理等。

（3）分类和识别：AI 系统利用训练好的模型，对提取的特征进行分类和识别，判断是否存在病变及其类型。

（4）结果输出：AI 系统将分析结果输出给医生，包括病变的位置、大小和可能的性质。

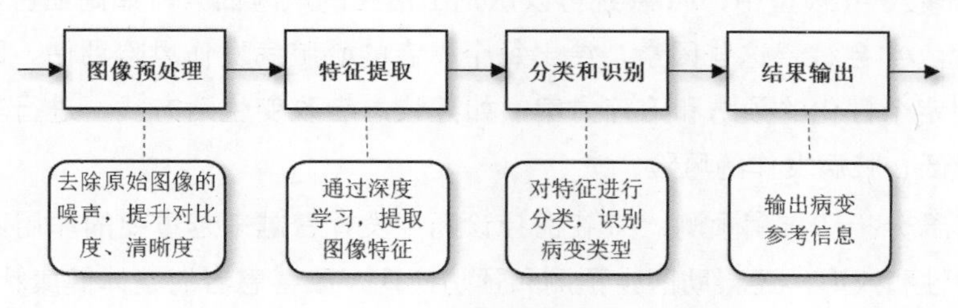

图 16-2 AI 进行医疗影像分析的工作流程

2 实例：AI 在肺癌早期筛查中的应用

在肺癌早期筛查中，AI 系统通过分析胸部 CT 影像，能够识别出微小的肺结节，这些结节可能是肺癌的早期迹象。传统上，医生在分析 CT 影像时需要花费大量时间，并且可能因为疲劳或经验不足而漏掉某些细微病变。AI 系统则可以通过学习大量标注好的影像数据，识别出最微小的异常，提高早期筛查的准确率。研究表明，AI 在肺癌早期筛查中的应用，能够显著提高早期发现率，增加患者的治愈机会。

3 疾病预测

AI 不仅能在现有影像数据中发现异常，还能通过大数据分析和机器学习，预测某些疾病的发生风险。这种预测能力帮助医生在疾病早期进行干预，预防疾病的发生或减轻其严重程度。

AI 系统进行疾病预测的工作流程如图 16-3 所示。具体分析如下：

（1）数据收集：AI 系统需要收集大量的患者数据，包括病历、基因信息、生活习惯、环境因素等。

（2）特征选择：AI 系统从收集的数据中选择与疾病相关的重要特征，如高血压、高胆固醇、家族病史等。

（3）模型训练：AI 系统使用这些特征训练机器学习模型，使其能够识别出潜在的疾病风险。

（4）风险评估：AI 系统对每个患者进行风险评估，预测其患某种疾病的概率，并提供个性化的预防建议。

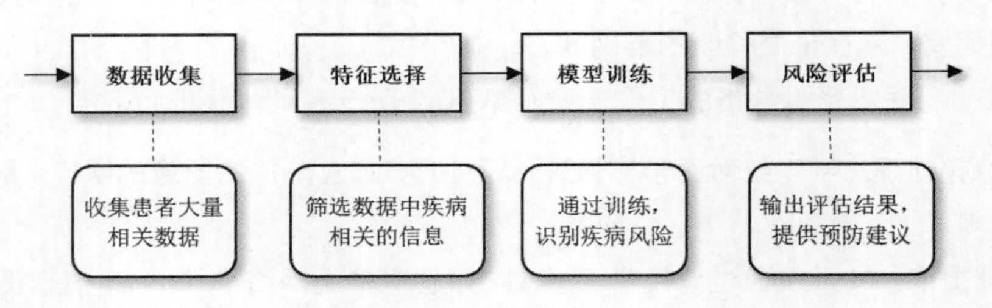

图 16-3 AI 进行疾病预测的工作流程

4 实例：AI 预测心脏病发作的风险

AI 系统可以通过分析大量患者的病历数据、基因信息和生活习惯，预测心脏病的发作风险。通过将这些数据输入 AI 模型中，AI 系统可以识别出潜在的风险因素，如高血压、高胆固醇和家族病史等。然后，AI 会综合这些因素，给出每个患者的心脏病发作风险评估。医生可以根据这个评估结果，制定个性化的预防和治疗方案，如建议患者改变生活方式、进行药物治疗或定期检查等，从而降低心脏病发作的风险。

通过医学影像分析和疾病预测，AI 在医疗诊断中发挥着越来越重要的作用。AI 系统不仅提高了诊断的准确性和效率，还帮助医生预测和预防疾病，改善患者的整体健康状况。

16.1.2 AI在治疗中的应用

1 个性化治疗

个性化治疗是AI在医疗中最具潜力的应用之一。通过分析患者的基因数据、病史和生活习惯，AI可以制定出最适合每个患者的治疗方案，从而提高治疗效果并减少副作用。

AI系统进行个性化治疗的工作流程如图16-4所示。具体分析如下：

（1）数据收集：AI系统需要收集患者的各种数据，包括基因信息、病史、生活习惯、过敏史和药物反应等。

（2）数据分析：AI系统通过机器学习和大数据分析，对收集的数据进行处理，识别出与疾病相关的关键因素。

（3）模型训练：AI系统利用这些关键因素训练模型，通过训练可以识别疾病存在的风险，并预测不同治疗方案对患者的可能效果。

（4）制订治疗方案：AI系统根据模型预测的结果，制定个性化的治疗方案，包括药物选择、剂量调整和治疗周期等。

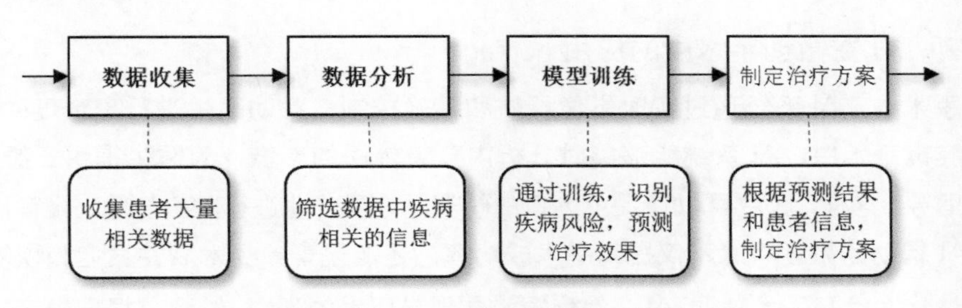

图16-4 AI进行个性化治疗的工作流程

2 实例：AI辅助制定癌症治疗计划

在癌症治疗中，AI可以根据患者的基因突变情况、肿瘤类型和身体健康状况，推荐最有效的治疗方案。例如，对于某种类型的肺癌，AI系统可以分析患者的基因数据，确定特定基因突变，然后推荐最适合的靶向药物和化疗方案。此外，AI还能预测不同治疗方案的副作用和效果，帮助医生和患者在治疗前做出更正确的选择。通过这种个性化治疗，患者不仅能获得更高效的治疗，还能减少不必要的副作用。

3 手术辅助

AI在手术中的应用也非常广泛，特别是在微创手术中，AI能够为医生提供实时的手术指导，提高手术的准确性和安全性。AI系统在手术辅助方面的应用如图16-5所示。

AI系统应用于手术辅助的具体流程如下：

（1）术前规划：在手术前，AI系统通过分析患者的医学影像数据（如CT、MRI等），为医生提供详细的手术规划方案，包括切口位置、手术路径和关键步骤等。

（2）实时导航：在手术过程中，AI 系统通过实时影像和传感器数据，为医生提供精确的导航，确保手术器械按照规划路径进行操作。例如，AI 可以在屏幕上显示手术器械的当前位置和目标位置，帮助医生精确操作。

（3）风险预测：AI 系统还可以实时监测患者的生命体征和手术进展，预测手术中可能出现的风险，并提醒医生采取预防措施。

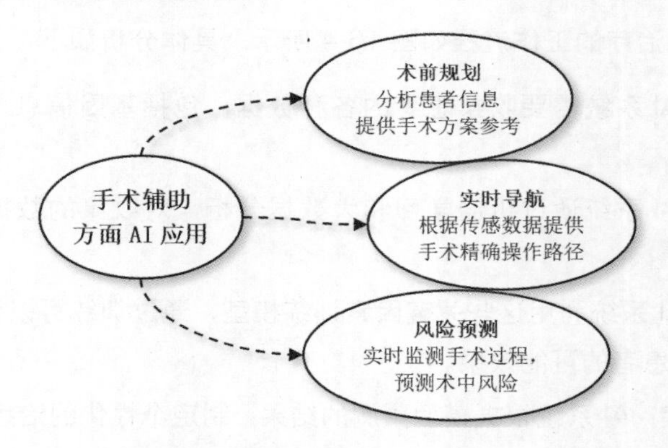

图 16-5 AI 在手术辅助方面的应用

4 实例：AI 在微创手术中的应用

在微创手术中，AI 系统通过实时影像导航和精确控制，帮助医生进行高难度的手术操作。例如，在腹腔镜手术中，AI 系统能够实时分析内窥镜传回的影像，为医生提供三维可视化模型和手术路径指导。这样，医生可以在最小创口的情况下，精准地进行肿瘤切除、器官修复等操作。研究表明，AI 辅助的微创手术不仅提高手术成功率，还能显著减少术后并发症和恢复时间。

通过个性化治疗和手术辅助，AI 在治疗领域展现出巨大的潜力。AI 系统根据患者的基因数据、病史和生活习惯，制定个性化的治疗方案，提高治疗效果并减少副作用；在手术中，AI 提供实时的手术指导和风险预测，提高手术的准确性和安全性，如图 16-6 所示。

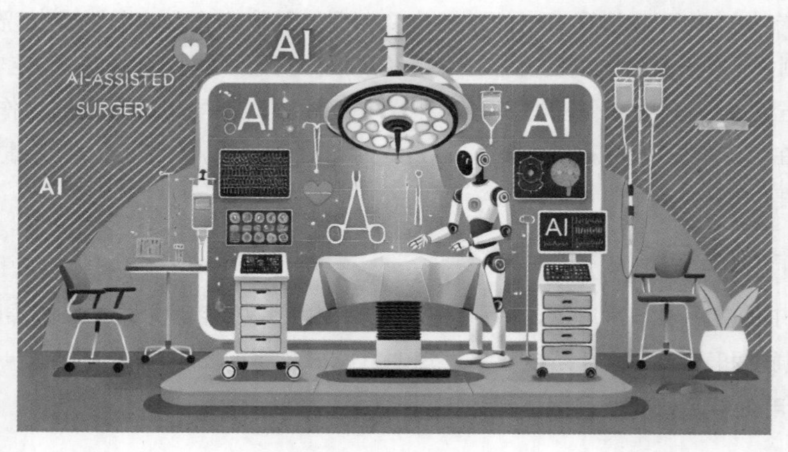

图 16-6 AI 辅助手术

16.1.3 AI在医疗诊断和治疗中的优势

1 快速高效

AI在医疗中的一个显著优势是其快速高效的处理能力。传统的医疗诊断和治疗需要医生手动分析大量的病历、影像和实验室数据，这不仅耗时，而且容易因为工作量大而导致疏漏。而AI系统可以在短时间内处理海量数据，并快速得出诊断结果。

- 数据处理：AI系统能够处理多种数据来源，包括医学影像、基因数据、电子健康记录（EHR）等。它们通过高性能计算，能够在几秒钟内分析数百个患者的CT扫描，或者处理大量的基因序列数据。
- 实时反馈：在急诊室或手术室等需要迅速决策的环境中，AI系统的快速反应能力尤为重要。例如，在急诊室，AI可以迅速分析患者的病情，提供初步诊断建议，为医生争取宝贵的抢救时间。
- 大规模筛查：在公共卫生领域，AI可以用于大规模疾病筛查。例如，在流感多发季节，AI系统可以快速分析肺部CT影像，筛查出肺部感染病例，大大提高了筛查效率。

2 准确性高

AI的另一个重要优势是其高准确性。AI系统通过不断学习和优化，可以达到甚至超过人类专家的诊断准确性。这得益于AI强大的数据处理和模式识别能力。

- 深度学习：AI通过深度学习模型，能够从大量的医学数据中学习复杂的模式和特征。以影像诊断为例，AI系统可以学习识别各种病变的特征，如肿瘤的形状、边界和密度，从而做出准确的诊断。
- 减少人为错误：由于疲劳、经验不足或人为疏忽，医生在诊断过程中可能出现错误。而AI系统能够持续高效地工作，不受情绪和体力的影响，减少了误诊和漏诊的可能性。
- 持续优化：AI系统可以通过不断更新和训练，持续优化其诊断和治疗模型。例如，随着更多患者数据的积累，AI系统可以不断学习新的医学知识和诊断标准，提升其准确性。

3 减轻医生负担

AI在医疗中的应用还可以显著减轻医生的工作负担，使医生有更多时间关注复杂病例和患者护理。

- 自动化流程：AI可以自动完成许多重复性和烦琐的任务，如病历记录、影像分析和数据输入等。这不仅提高了工作效率，还减少了医生的工作压力。
- 辅助决策：AI为医生提供辅助决策支持，通过分析患者的全面数据，提供诊断建议和治疗方案。这有助于医生更快地做出准确的医疗决策，提高整体医疗质量。
- 患者管理：AI系统可以帮助医生管理患者的随访和护理计划，跟踪治疗进展和效果。例如，AI可以提醒医生安排定期检查，监控慢性病患者的健康状况，提供个性化的护理建议。

AI在医疗诊断和治疗中的优势显而易见。通过快速高效的数据处理，AI能够快速得出诊断结果，提高医疗效率；通过深度学习和持续优化，AI达到了高准确性，减少了误诊和漏诊；通过自动化流程和辅助决策，AI减轻了医生的工作负担，使他们能够更专注于复杂病例和患者护理。

16.2 远程医疗：AI的新战场

远程医疗是指通过信息和通信技术提供医疗服务和信息交流的方式，突破了时间和空间的限制，使患者能够在家中或其他任何地方获得医疗服务。人工智能（AI）在远程医疗中发挥着关键作用，通过智能诊断、实时监控和个性化治疗等功能，大大提升了远程医疗的效率和质量，提供了更加广泛和便捷的医疗服务。

16.2.1 AI在远程医疗中的应用场景

AI在远程医疗中的应用场景包括在线问诊以及健康监测，如图16-7所示。

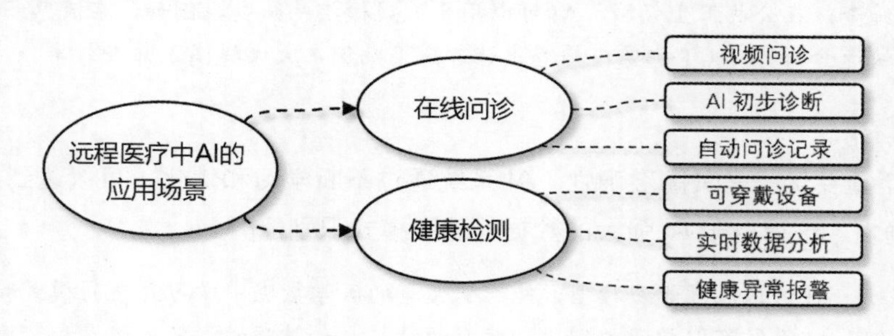

图16-7 远程医疗AI应用场景

1 在线问诊

在线问诊是远程医疗中最常见的应用之一。患者可以通过智能手机或计算机与医生进行视频问诊，无须前往医院或诊所。AI在这一过程中发挥了重要作用，协助医生进行初步诊断和问诊记录，提高了医疗服务的效率和准确性。

- 视频问诊：患者通过在线平台，与医生进行视频通话，描述自己的症状和病情。医生可以通过视频观察患者的状态，进行初步评估。
- AI初步诊断：在视频问诊过程中，AI系统可以根据患者描述的症状，提供初步诊断建议。例如，AI可以分析患者的语音和文本输入，识别出可能的疾病，并向医生提供参考。
- 自动问诊记录：AI系统能够自动记录问诊过程中的关键信息，如症状描述、医生的建议和诊断结果。这不仅减少了医生的工作量，还确保了病历记录的准确性和完整性。

2 实例：AI系统在在线问诊平台上的应用

目前一些在线医疗平台已经引入了AI助手。在患者开始视频问诊之前，AI助手会首先询问患者的基本信息和症状，并根据患者的回答生成初步诊断建议。然后，医生在视频问诊时可以参考这些建议，进行进一步的诊断和制订治疗方案。这种方式不仅提高了问诊的效率，还能帮助医生更好地了解患者的情况。

3 健康监测

健康监测是远程医疗的另一个重要应用领域。通过可穿戴设备，AI可以实时监测患者的健康数据，如心率、血压、血糖等，并在异常时发出警报。这种实时监测和预警系统对于慢性病患者的管理尤其重要。

- 可穿戴设备：患者佩戴智能手环、手表或其他可穿戴设备，这些设备能够持续监测身体的各种生理参数，并通过蓝牙或无线网络将数据传输到AI系统。
- 实时数据分析：AI系统接收到可穿戴设备传输的数据后，进行实时分析。例如，AI可以分析心率波动，检测出的心律失常，或者监测血糖水平的变化，判断是否出现低血糖或高血糖的危险。
- 健康异常警报：当AI系统检测到健康数据异常时，会立即发出警报通知患者，并建议采取相应的措施。例如，AI可以通过手机应用发送警报，提醒患者服药、休息或立即联系医生。

4 实例：AI健康监测系统在糖尿病管理中的应用

在糖尿病管理中，AI健康监测系统发挥了重要作用。糖尿病患者可以佩戴血糖监测设备，这些设备能够持续监测血糖水平，并将数据实时传输给AI系统。AI系统通过分析这些数据，可以识别出血糖水平的异常变化，并在血糖过高或过低时及时发出警报，提醒患者进行必要的干预。此外，AI还可以根据患者的血糖数据，提供个性化的饮食和运动建议，帮助患者更好地管理病情。

16.2.2 AI在远程医疗中的优势

AI在远程医疗中的优势包括医疗的方便快捷性、及时响应以及降低医疗成本，如图16-8所示。

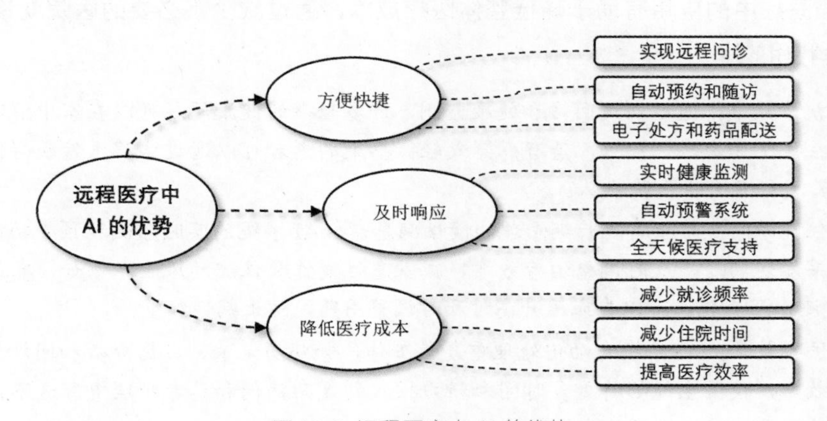

图16-8 远程医疗中AI的优势

1 方便快捷

AI在远程医疗中的应用使患者能够在家中或任何地方获得医疗服务，极大地提高了医疗的便捷性和可及性。

- 远程问诊：患者不再需要花费时间和精力前往医院排队等候。通过智能手机、计算机或平板设备，患者可以随时随地与医生进行视频问诊。这样的便捷性尤其适用于那些行动不便的老年人、慢性病患者以及居住在偏远地区的人们。
- 预约和随访：AI系统可以帮助患者在线预约医生，并自动安排随访时间。这种高效的预约管理不仅减少了患者的等待时间，还提高了医疗资源的利用率。例如，患者可以通过手机应用轻松预约医生，并在预约时间内进行视频问诊，而无须长时间等待。
- 电子处方和药品配送：在远程问诊结束后，医生可以通过AI系统开具电子处方，患者可以在线下单并由药房直接配送药品到家。这不仅省去了患者去药房取药的麻烦，还确保了及时用药。

2 及时响应

AI系统具备24小时监测和响应的能力，能够及时发现和处理健康问题，为患者提供持续的健康保障。

- 实时健康监测：AI通过可穿戴设备，如智能手表或健康监测手环，实时监测患者的健康数据，包括心率、血压、血糖等。AI系统通过分析这些数据，及时发现异常情况。例如，如果AI检测到患者的心率异常升高，可能预示着心脏问题，系统会立即发出警报。
- 自动预警系统：当AI系统检测到健康数据异常时，会自动发送预警通知患者，并建议采取相应的措施。例如，糖尿病患者的血糖水平如果出现异常波动，AI系统会及时提醒患者服药、饮食调整或联系医生，防止病情恶化。
- 全天候医疗支持：AI系统能够提供24小时的医疗支持，不受时间限制。患者在任何时候出现健康问题，都可以通过AI系统获得及时的帮助和指导。这种全天候的医疗支持极大地提高了患者的安全感和生活质量。

3 降低医疗成本

AI在远程医疗中的应用有助于降低整体医疗成本，通过减少不必要的医院就诊和住院，提高医疗资源的利用效率。

- 减少就诊频率：通过在线问诊和健康监测，许多轻微的健康问题可以在家中解决，减少了患者前往医院的次数。例如，患有感冒或轻微感染的患者可以通过远程医疗获得医生的建议和处方，无须亲自去医院排队。
- 减少住院时间：对于需要长期管理的慢性病患者，AI系统的实时监测和预警功能可以帮助医生及早发现问题，及时调整治疗方案，减少急性发作和住院的风险。例如，高血压患者通过AI监测血压变化，可以在血压升高时及时调整用药，防止病情加重。
- 提高医疗效率：AI系统自动化处理重复性工作，如病历记录、数据分析和问诊记录，提高了医疗效率，使医生能够将更多时间和精力投入到复杂病例和患者护理中。这不仅提高了医疗服务的质量，还降低了医疗的运营成本。

16.2.3 AI在远程医疗的未来发展

随着5G技术的发展，远程医疗的应用场景将更加广泛，进一步提高医疗服务的效率和质量。

同时，远程医疗还将打破地理限制，提供全球范围的医疗服务，特别是对偏远和资源匮乏地区的帮助。AI 在远程医疗中的未来愿景如图 16-9 所示。

图 16-9 远程医疗的未来

1 全面整合

未来，远程医疗将与各种智能医疗设备、电子健康档案（Electronic Health Record，EHR）和 AI 诊断系统全面整合，实现无缝连接，从而提供更高效的医疗服务。

- 智能医疗设备：如可穿戴健康监测器、智能手环和远程监控设备，将与远程医疗系统无缝连接，实时传输患者的健康数据。这些设备能够测量和记录心率、血压、血糖等关键健康指标，并将数据传输至云端，供医生和 AI 系统分析。
- 电子健康档案（EHR）：EHR 将患者的所有医疗记录电子化，包括病史、检查结果、药物处方等。这些数据将与远程医疗系统整合，使医生能够全面了解患者的健康状况，做出更准确的诊断和治疗决策。例如，在视频问诊时，医生可以即时查看患者的电子健康档案，快速了解患者的病史和过往治疗情况。
- AI 诊断系统：AI 诊断系统能够通过分析大量的医疗数据，提供初步诊断建议和治疗方案。未来，AI 诊断系统将与远程医疗平台全面整合，协助医生进行更精准的诊断和治疗。AI 还可以在后台处理和分析实时监测数据，及时发现健康问题，并向医生和患者发出预警。

2 技术创新

随着 5G 技术的发展，远程医疗的应用场景将更加广泛，提供更加高效和精准的医疗服务。

- 高速低延迟通信：5G 技术具有高速和低延迟的特点，使得远程医疗中的视频问诊和数据传输更加流畅。医生和患者之间的通信将更加清晰和及时，极大提高了问诊的效率和效果。
- 实时高清影像传输：5G 网络能够支持实时传输高清医疗影像，使得远程诊断和手术指导成为可能。医生可以在异地实时查看高清晰度的 CT、MRI 等影像，进行详细分析和诊断。远程手术指导也可以利用 5G 技术，实现低延迟的高清手术视频传输，帮助外地医生进行复杂的手术。

- 增强现实（AR）和虚拟现实（VR）：5G技术的发展将推动AR和VR在远程医疗中的应用。例如，医生可以通过AR设备实时查看患者的3D身体结构，进行精确的诊断和治疗规划；患者可以通过VR体验虚拟的康复训练，提高治疗效果。

3 全球医疗服务

远程医疗使得医疗资源可以跨越地理限制，提供全球范围的医疗服务，特别是对偏远地区和资源匮乏地区的帮助。

- 跨地域医疗服务：远程医疗可以将优质医疗资源带到医疗条件较差的偏远地区和发展中国家。患者无须长途跋涉，就能获得一流的医疗服务。例如，偏远地区的患者可以通过远程医疗平台，与大城市的专家进行视频问诊，获得专业的诊断和治疗建议。
- 国际医疗合作：远程医疗促进了国际间的医疗合作和资源共享。全球顶尖的医疗机构和专家可以通过远程医疗平台，共同参与复杂病例的诊断和治疗，分享最新的医疗技术和研究成果。这种合作不仅提高了医疗水平，还促进了全球医学的发展。

远程医疗的未来发展将通过全面整合智能医疗设备、电子健康档案和AI诊断系统，实现无缝连接，提供更加高效和精准的医疗服务。通过这些技术创新和全球医疗服务的推进，远程医疗将为更多患者带来便捷和优质的医疗服务，推动全球医疗健康的进步。

16.3 思考练习

16.3.1 问题与答案

问题1：AI在诊断中的应用有哪些具体例子？

AI在诊断中的应用包括医学影像分析和疾病预测。在医学影像分析方面，AI可以快速、准确地分析X光片、CT扫描和MRI图像，发现医生可能忽略的细微病变。例如，AI系统在肺癌早期筛查中，通过分析胸部CT影像识别微小的肺结节。在疾病预测方面，AI通过大数据分析和机器学习，预测某些疾病的发生风险，帮助医生及早干预。例如，AI系统可以预测心脏病发作的风险，帮助医生制定预防和治疗方案。

问题2：远程医疗中的AI应用有哪些具体场景？

远程医疗中的AI应用包括在线问诊和健康监测。在在线问诊中，患者通过智能手机或计算机与医生进行视频问诊，AI可以协助医生进行初步诊断和问诊记录。例如，AI系统在在线问诊平台上询问患者基本信息和症状，生成初步诊断建议，供医生参考。在健康监测中，AI通过可穿戴设备实时监测患者的健康数据，如心率、血压、血糖等，并在异常时发出警报。例如，AI健康监测系统在糖尿病管理中，监测血糖水平并及时发出警报，提醒患者进行必要的干预。

问题 3：未来远程医疗的发展趋势有哪些？

未来远程医疗的发展趋势包括全面整合、技术创新和全球医疗服务。在全面整合方面，远程医疗将与智能医疗设备、电子健康档案和 AI 诊断系统无缝连接，提高医疗服务的效率和质量。在技术创新方面，随着 5G 技术的发展，远程医疗的应用场景将更加广泛，支持实时高清影像传输和 AR/VR 技术的应用。在全球医疗服务方面，远程医疗将突破地理限制，提供全球范围的医疗服务，特别是对偏远地区和资源匮乏地区的帮助，促进国际医疗合作和资源共享。

16.3.2 讨论题

1. AI 在医疗诊断中的应用有哪些潜在挑战和解决方案？

讨论重点：讨论如何保护患者的敏感数据，防止数据泄露和滥用。探讨 AI 诊断的技术局限性，如算法偏差、数据质量问题，以及如何提高 AI 系统的可靠性。分析如何让医生与 AI 系统高效协同，避免依赖 AI 过度或忽视医生的专业判断。

2. AI 在个性化治疗中的应用能否完全取代医生的决策？为什么？

讨论重点：讨论 AI 在处理海量数据和提供个性化治疗方案方面的优势，以及其无法完全取代医生的原因，如缺乏情感判断和临床经验。探讨医生在个性化治疗中的关键作用，特别是在复杂病例和伦理决策中的不可替代性。讨论未来医疗中 AI 与医生的最佳合作模式，实现人机协同的最优效果。

第17章 AI在学习中的应用

Chapter

学习目标

理解个性化学习的概念，包括数据收集和分析、机器学习模型的应用；认识AI在个性化学习中的具体应用，如自适应学习系统、智能导师、学习风格分析和情感识别与互动；了解智能课堂的核心技术，包括智能教学助手、实时课堂分析、互动教学工具和语言翻译与字幕；分析智能课堂的实际应用案例，理解AI技术在提高教学质量和学生满意度方面的实际效果（本章2课时）。

学习重点

- 如何通过数据收集和机器学习模型实现个性化的学习路径和动态调整教学内容。
- 关注AI提供自适应学习系统、智能导师的实时反馈和指导、学习风格分析以及情感识别与互动。
- 理解智能教学助手如何提高教学效率，实时课堂分析如何调整教学策略，互动教学工具如何增强参与感，以及语言翻译和字幕如何帮助多语言环境下的学生。
- 通过具体应用和案例分析，理解AI技术在课堂管理、互动教学、个性化辅导和资源共享中的实际效果和益处。

17.1 个性化学习：AI的助力

在现代教育中，个性化学习逐渐成为提升教学效果的重要手段。传统教育系统存在统一进度、固定教材、单一教学方法等局限性，使不同能力的学生难以充分发挥潜力。人工智能（AI）的引入为个性化学习带来了新的希望。通过AI技术，教育系统可以根据学生的学习数据和行为，提供精准的学习路径和资源推荐。AI能够实时调整教学内容，识别学生情绪，提供心理支持，确保每个学生都能以最适合自己的节奏进行学习，从而提升整体学习效果，如图 17-1 所示。

图 17-1 AI 个性化学习

17.1.1 个性化学习的基础

个性化学习是根据每个学生的独特需求、兴趣和能力量身定制的一种教育方式。通过数据分析和人工智能技术，个性化学习可以调整教学内容、学习速度和方法，以最适合学生的方式提供教育支持，从而提高学习效果和学生的积极性。

在个性化学习中，数据收集和分析是基础环节。人工智能（AI）通过记录和分析学生的学习行为、成绩和反馈，全面了解每个学生的学习需求。这种数据收集和分析过程为个性化学习奠定了坚实的基础，图 17-2 所示为个性化学习定制中人工智能工作流程图。

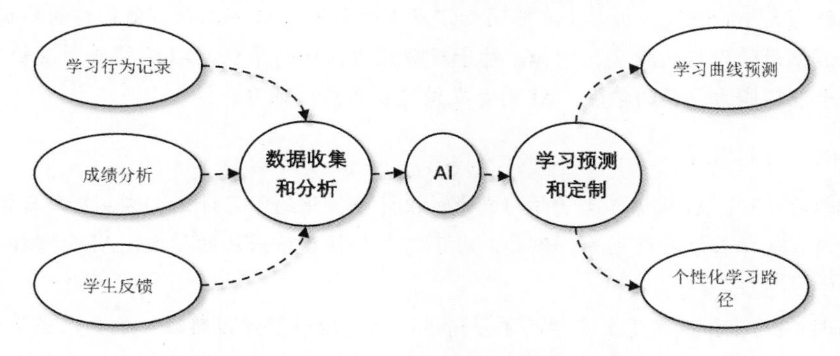

图 17-2 个性化学习定制中人工智能工作流程

1 数据收集和分析

1）学习行为记录

- 学习时间和频率：AI 会记录学生每次学习的时间和频率，了解他们在不同时间段的学习效率。例如，有些学生可能在早上学习效果最佳，而另一些学生可能晚上的注意力更集中。
- 学习方式：AI 可以追踪学生是通过阅读、视频学习还是做练习题来掌握知识的。不同的学习方式反映了学生的学习风格，AI可以根据这些数据调整推荐的学习资源。

2）成绩分析

- 考试和测验成绩：AI会分析学生在不同科目和不同类型考试中的表现，找出他们的强项和弱项。例如，学生在数学考试中表现出色，但在语文考试中成绩较低，AI会重点关注语文的学习。
- 作业和练习反馈：AI会记录学生完成作业和练习题的情况，包括正确率、错误类型和解题思路。这些数据帮助AI了解学生在具体知识点上的掌握程度。

3）学生反馈

- 学习体验反馈：学生可以通过平台提供学习体验的反馈，如某一课题是否理解、某一教学方法是否有效。AI会根据这些反馈调整教学策略，提高学习效果。
- 情感反馈：AI通过情感识别技术，监测学生的情绪变化，了解他们在学习过程中的心理状态。例如，学生在某些课题学习中表现出明显的挫败感，AI可以提供及时的心理辅导和鼓励。

通过这些详细的数据收集和分析，AI能够对每个学生的学习情况进行全方位的了解，从而提供个性化的学习支持和资源推荐。

2 学习预测和定制

在收集到大量的数据后，AI会利用机器学习模型对这些数据进行深入分析，预测学生的学习曲线，并提供个性化的学习路径。

1）学习曲线预测

- 学习进度预测：AI根据学生过去的学习数据，预测他们未来的学习进度。例如，AI可以预测某学生在接下来的一个月内在数学方面可能的进步情况，并提前调整学习计划。
- 理解能力预测：通过分析学生在不同知识点上的表现，AI可以预测他们对新知识的理解能力，进而调整教学内容的难度。例如，对于理解能力较强的学生，AI会推荐难度较高的练习题，而对于理解能力较弱的学生，AI则会提供更多的基础练习。

2）个性化学习路径

- 定制学习计划：AI根据学生的学习需求，设计个性化的学习计划。这包括每日学习时间安排、学习内容选择和复习计划等。例如，对于需要加强英语语法的学生，AI会增加相应的语法练习和学习材料。
- 动态调整：AI会根据学生实时的学习情况，动态地调整学习路径。例如，当学生在某一内容表现优异时，AI会提前引入更高难度的内容；反之，则会提供更多的复习资料和补充练习。

通过数据收集和分析，以及机器学习模型的应用，AI能够全面了解每个学生的学习需求和进度，提供精准的个性化学习路径，帮助学生高效地掌握知识，提高学习效果。

17.1.2 个性化学习的具体应用

在个性化学习中，AI通过多种方式为学生提供个性化的支持和指导。个性化学习的具体应用场景如图 17-3 所示。以下是具体应用的详细说明。

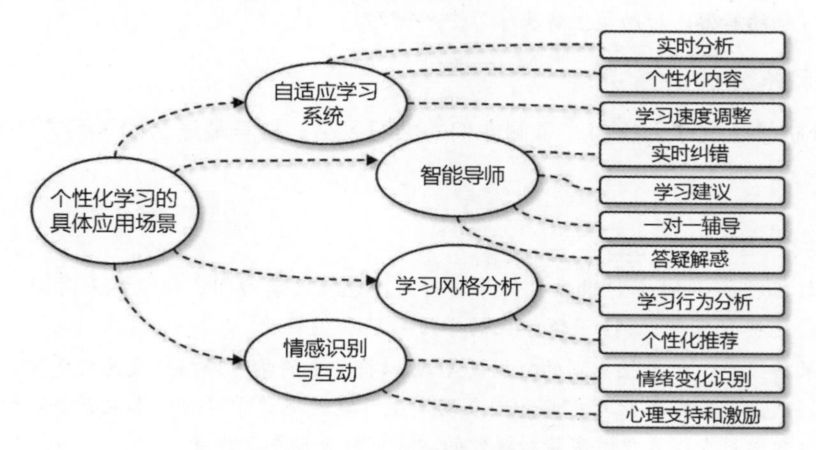

图 17-3 个性化学习的具体应用场景

1 自适应学习系统

自适应学习系统是个性化学习的重要组成部分。AI 根据学生的学习速度和理解程度动态调整教学内容，确保每个学生都能以最适合自己的节奏学习。

动态调整教学内容

- 实时分析：AI 会实时分析学生在学习过程中的表现。例如，当学生在数学题目上反复出错时，系统会判断学生在某个知识点上存在理解问题。
- 个性化内容：根据分析结果，AI 会提供额外的练习和解释，帮助学生加强对该知识点的理解。如果学生表现优异，AI 会提前引入更高难度的内容，保持学习的挑战性和趣味性。
- 学习速度调整：AI 会根据学生的学习速度调整学习计划。例如，对于学习速度较慢的学生，AI 会放慢进度，确保他们有足够的时间理解和消化新知识；对于学习速度较快的学生，AI 会加快进度，防止他们因重复学习而感到厌烦。

2 智能导师

智能导师利用 AI 技术提供实时反馈和指导，帮助学生解决学习中的困难，提升学习效果。

1）实时反馈

- 实时纠错：当学生在作业或练习中出现错误时，AI 会立即指出错误并提供详细的解释，帮助学生理解正确的解题思路。这种即时反馈比传统课堂上等待老师批改作业的方式更高效。
- 学习建议：AI 不仅可以指出错误，还会根据学生的表现提供个性化的学习建议。例如，如果学生在某个数学概念上反复出错，AI 会建议他们复习相关章节，或者提供额外的练习题目。

2）个性化辅导

- 一对一辅导：AI 可以模拟一对一辅导，针对学生的弱点进行专项训练。例如，一个物理学习平台上，AI 可以根据学生的具体问题，提供详细的解答和个性化的辅导计划。

- 答疑解惑：学生在学习过程中遇到问题时，可以随时向AI导师提问，AI会根据学生的提问提供详细的解答，帮助学生解决学习中的困惑。

3 学习风格分析

AI通过分析学生的学习行为，了解他们的学习风格，推荐最适合的学习方法和资源，从而提高学习效果。

1）分析学习行为

- 学习数据收集：AI会记录学生的学习行为，包括阅读时间、视频观看时间、练习题完成情况等。这些数据帮助AI了解学生的学习习惯和偏好。
- 学习风格分类：根据收集到的数据，AI可以将学生的学习风格分类为视觉学习、听觉学习或动手实践。例如，喜欢看视频和图表的学生可能是视觉学习者；喜欢听讲解和讨论的学生可能是听觉学习者；喜欢做实验和操作的学生可能是动手实践者。

2）个性化推荐

- 资源推荐：AI根据学生的学习风格，推荐最适合他们的学习资源。例如，视觉学习者会收到更多的视频和图表资源；听觉学习者会收到更多的音频讲解和讨论资料；动手实践者会收到更多的实验和操作练习。
- 学习方法建议：AI还会根据学生不同的学习风格，给出最适合的学习方法。例如，视觉学习者可以使用思维导图来整理知识；听觉学习者可以通过录音复习课文；动手实践者可以通过实验和实践加深理解。

4 情感识别与互动

情感识别与互动是AI在个性化学习中的另一个重要应用。AI通过多模态情感识别技术，识别学生的情绪变化，提供适时的心理支持和激励，帮助学生保持积极的学习态度。

1）识别情绪变化

- 情感监测：AI可以通过摄像头、麦克风等设备，监测学生的面部表情、语音语调和行为变化，以识别他们的情绪状态。例如，学生在学习过程中表现出焦虑或疲惫，AI会检测到这些情绪变化。
- 情感分析：AI会分析情绪变化的原因，并根据分析结果采取相应的措施。例如，学生在连续几个小时的学习后表现出疲惫，那么AI会建议他们休息片刻。

2）心理支持和激励

- 提供支持：AI会根据学生的情绪变化，提供适当的心理支持和鼓励。例如，当学生感到挫败时，AI会提供鼓励的话语和放松的建议，帮助他们重拾信心和动力。
- 激励措施：AI还会通过设定小目标和奖励机制，激励学生保持积极的学习态度。例如，完成某个阶段的学习任务后，AI会给予积极的反馈和奖励，提高学生的学习积极性。

通过自适应学习系统、智能导师、学习风格分析和情感识别与互动，AI能够在个性化学习中提供全面的支持，帮助学生实现最佳学习效果。这不仅提高了学习效率，还提升了学生的学习体验，使他们在学习过程中始终保持积极和自信。

17.1.3 案例分析

个性化学习的理论在现实中得到了广泛的应用，图 17-4 通过列举小明的学习案例，展示了 AI 技术是如何帮助学生提升学习效果的。

图 17-4 小明的学习案例

1 实际应用案例：EduAI 学习平台（假设的平台）

1）平台简介

EduAI 是一个利用人工智能技术提供个性化学习支持的教育平台。该平台结合了自适应学习系统、智能导师、学习风格分析和情感识别与互动，为学生提供全方位的学习支持。

2）应用场景

（1）初中数学课程：小明是一名初中生，他在数学学习上遇到了困难，尤其是在代数部分。通过使用 EduAI 平台，他的学习情况得到了显著改善。

（2）自适应学习系统：

- 学习进度调整：EduAI 平台通过实时监控小明的学习进度，发现他在代数部分学习较慢，于是调整了学习计划，放慢了学习进度，并提供了更多的练习题和详细讲解。
- 个性化练习：根据小明做错练习题的类型，EduAI 平台生成了针对性的练习题，帮助他逐步掌握每个知识点。

（3）智能导师：

- 实时反馈：当小明在练习中出错时，智能导师立即指出错误并提供详细讲解，帮助他理解正确的解题思路。
- 个性化指导：智能导师还为小明提供了一对一的辅导建议，针对他的薄弱环节进行专项训练。

（4）学习风格分析：

- 视觉学习者：通过分析小明的学习行为，EduAI 平台发现他对图形和视频的反应更好，于是推荐了更多的数学视频讲解和图形化的练习题。
- 学习方法建议：EduAI 平台建议小明使用思维导图整理知识点，帮助他更好地理解和记忆数学概念。

（5）情感识别与互动：

- 情绪监测：平台通过摄像头和麦克风监测小明的情绪变化，发现他在长时间学习后表现出疲惫，于是建议他休息片刻。
- 心理支持：当小明感到挫败时，平台提供了鼓励的话语和放松建议，帮助他保持积极的学习态度。

2 数据和统计

1）成绩提升情况

（1）前后对比：使用 EduAI 平台三个月后，小明的数学成绩从原来的 70 分提高到了 85 分，尤其是在代数部分，进步非常明显。

（2）学习效率：小明在完成同样数量的数学题目上，所花费的时间减少了 20%，错误率降低了 15%。

2）学生反馈

（1）学习体验：小明表示，使用 EduAI 平台后，学习变得更加有趣和高效了，尤其是个性化的练习题和实时反馈，能帮助他快速找到并解决学习中的问题。

（2）心理支持：小明也提到，EduAI 平台提供的心理支持和鼓励，使他在学习过程中感到更加自信和积极，不再像以前那样容易产生挫败感。

通过这个案例分析，我们可以看到 AI 技术在个性化学习中的实际应用效果。EduAI 平台通过自适应学习系统、智能导师、学习风格分析和情感识别与互动，帮助学生提升学习效果，提供了一个生动的示范。这不仅证明了 AI 技术的潜力，也为未来教育的发展指明了方向。

17.1.4 个性化学习的未来展望

个性化学习在未来有着广阔的发展前景。随着技术的不断进步，AI 在教育中的应用将变得更加智能和精准。然而，个性化学习的发展也面临着一些挑战，需要通过有效的策略加以应对。

1 个性化学习的持续发展

1）更智能的个性化推荐

在未来，深度学习技术将使 AI 能够更好地理解和分析学生的学习行为、情感状态和知识掌握情况，从而提供更智能的个性化推荐。例如，AI 可以通过分析学生在不同时间段的学习表现，推荐最适合的学习时间和学习内容。

2）更加个性化的学习体验

在未来的个性化学习中将结合虚拟现实（VR）和增强现实（AR）技术，提供沉浸式学习体验。例如，学生可以通过 VR 技术进入历史场景，亲身体验历史事件，增强学习的趣味性和真实感。

2 可能遇到的挑战和应对策略

尽管个性化学习的发展前景广阔，但也面临着一些挑战，主要包括隐私保护和数据安全问题。

（1）隐私保护：在个性化学习中，AI 需要收集和分析大量的学生数据，这可能涉及学生的个人隐私。如果数据处理不当，可能会导致隐私泄露。

（2）数据安全：学生数据的存储和传输过程中，可能面临黑客攻击和数据泄露的风险，导致数据存在安全问题。

通过应对这些挑战，个性化学习可以在确保数据隐私和数据安全的前提下，继续发展和推广。在未来，随着技术的不断进步和政策的完善，个性化学习将为更多学生提供高效、智能和安全的学习体验，促进教育质量的全面提升。

17.2 智能课堂：未来的教育环境

智能课堂是指利用人工智能（AI）技术提升课堂教学的效率和效果的新型教育模式（见图 17-5）。通过 AI 技术，智能课堂能够提供个性化的教学内容、实时的学习反馈和高效的课堂管理，从而优化教学过程，提升学生的学习体验。

图 17-5 智能课堂：未来的教育环境

传统课堂面临诸多挑战。首先，课堂管理难度大，教师需要同时关注多个学生的表现，难以兼顾每个学生的个体需求；其次，学生参与度低，单一的教学方法容易导致学生注意力分散，学习兴趣降低等。此外，教学资源有限，教师难以为每个学生提供量身定制的学习材料和辅导。

智能课堂通过 AI 技术，可以实时分析学生的学习行为和情绪状态，提供个性化的学习建议和即时反馈。AI 还可以辅助教师进行课堂管理，自动生成教学资源，优化教学计划，从而提高教学效率和学生参与度，克服传统课堂的诸多局限性。这不仅提升了教学质量，也为未来的教育环境带来了无限可能。

17.2.1 智能课堂的核心技术

智能课堂通过多种核心技术，利用人工智能（AI）优化教学过程和学习体验。智能课堂的核心技术构成如图 17-6 所示。下面进行具体介绍。

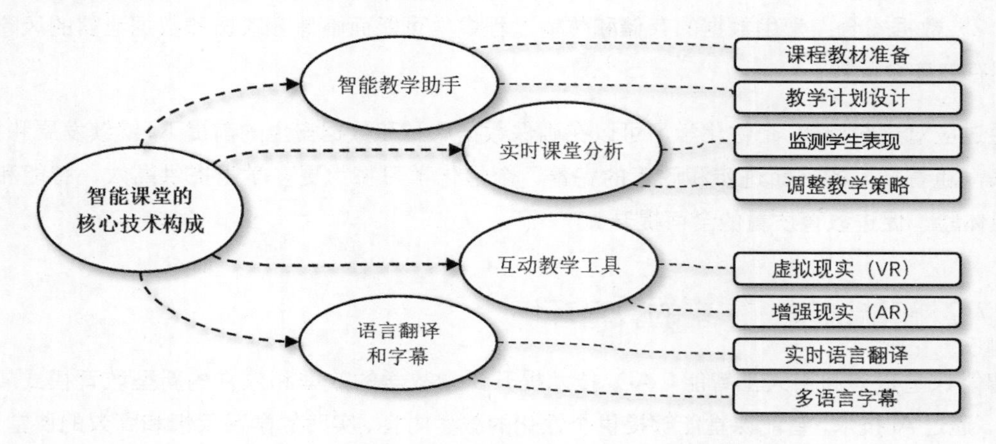

图 17-6 智能课堂的核心技术构成

1 智能教学助手

智能教学助手是 AI 在课堂中的重要应用，能够协助教师准备课程教材和设计教学计划，从而提高教学效率。

1）课程教材准备

- 自动生成：AI 可以根据教学大纲和教材内容，自动生成课件、练习题和考试题目。例如，AI 可以从数据库中提取相关的图表、视频和文章，制作成完整的课件供教师使用。
- 资源推荐：AI 根据教师的需求和学生的学习情况，推荐最适合的教学资源。例如，针对某个难点，AI 可以推荐相关的教学视频和互动练习。

2）教学计划设计

- 个性化计划：AI 通过分析学生的学习数据，帮助教师设计个性化的教学计划。例如，针对不同班级的学习进度和学生的理解情况，AI 可以制定适合的教学节奏和内容安排。
- 动态调整：在教学过程中，AI 会根据实时反馈，动态调整教学计划，确保教学内容和进度符合学生的实际需求。

2 实时课堂分析

实时课堂分析技术使教师能够实时监控课堂状况，分析学生的参与度和理解情况，及时调整教学策略，提高教学效果。

1）监测学生表现

- 参与度分析：AI通过摄像头和传感器，实时监测学生的行为和表情，分析他们的参与度。例如，AI可以检测学生的注意力集中情况，判断他们是否积极参与课堂讨论。
- 理解情况评估：AI通过分析学生的回答和互动，评估他们对教学内容的理解程度。例如，学生在答题过程中出现的错误和困惑，AI会及时记录并分析，以帮助教师了解学生的学习状况。

2）调整教学策略

- 实时反馈：AI将分析结果实时反馈给教师，提示需要调整的教学策略。例如，当发现多数学生在某个知识点上存在理解困难时，AI会建议教师进行补充讲解或提供额外的练习。
- 个性化辅导：根据实时分析，AI会推荐个性化的辅导方案，帮助学生更好地掌握知识点。例如，针对理解较慢的学生，AI会建议教师进行一对一辅导或提供额外练习。

3 互动教学工具

通过虚拟现实（VR）和增强现实（AR）技术，智能课堂提供沉浸式的学习体验，增加学生的参与感和学习兴趣。

1）虚拟现实（VR）

- 沉浸式学习：VR技术将学生带入虚拟的学习环境，让他们身临其境地学习。例如，历史课上，学生可以通过VR“参观”古代遗址，可以更直观地了解历史事件和文化背景。
- 模拟实验：VR还可以模拟各种实验和操作，帮助学生在虚拟环境中进行实践。例如，化学实验课上，学生可以在VR中进行实验操作，观察反应过程和结果。

2）增强现实（AR）

- 互动学习：AR技术将虚拟内容叠加在现实世界中，提供互动的学习体验。例如，生物课上，学生可以通过AR看到人体器官的3D模型，进行互动和操作，深入了解器官的结构和功能。
- 即时反馈：AR技术能够实时反馈学生的操作和表现，帮助他们及时纠正错误。例如，学生在数学课上使用AR进行几何图形的构建，系统会实时反馈构建是否正确，并提供指导。

4 语言翻译和字幕

智能课堂通过实时语言翻译和字幕技术，帮助多语言环境下的学生更好地理解教学内容，促进全球化教育。

1）实时语言翻译

- 自动翻译：AI可以实时翻译教师的讲解内容，生成学生母语的字幕或语音。例如，在多语言班级中，学生可以选择自己熟悉的语言，实时接收课堂内容的翻译。
- 双向互动：学生也可以使用AI翻译工具，实时将自己的问题和回答翻译成教师使用的语言，促进课堂互动和交流。

2）多语言字幕

- 同步字幕：AI 生成的同步字幕，可以帮助听力不佳或语言不熟练的学生更好地理解课堂内容。例如，听障学生可以通过阅读字幕，跟上课堂节奏，参与学习。
- 课后复习：学生可以保存课堂字幕记录，作为课后复习的参考资料。例如，学生在复习时可以回顾字幕内容，巩固课堂所学知识。

通过这些核心技术，智能课堂能够显著提升教学效率和效果，提供更加个性化和互动的学习体验，帮助学生更好地理解和掌握知识。

17.2.2 智能课堂的具体应用

在智能课堂中，AI 技术支持的互动教学、个性化辅导和资源共享显著提升了学生的参与度和学习效果。智能课堂的具体应用如图 17-7 所示。其详细说明如下。

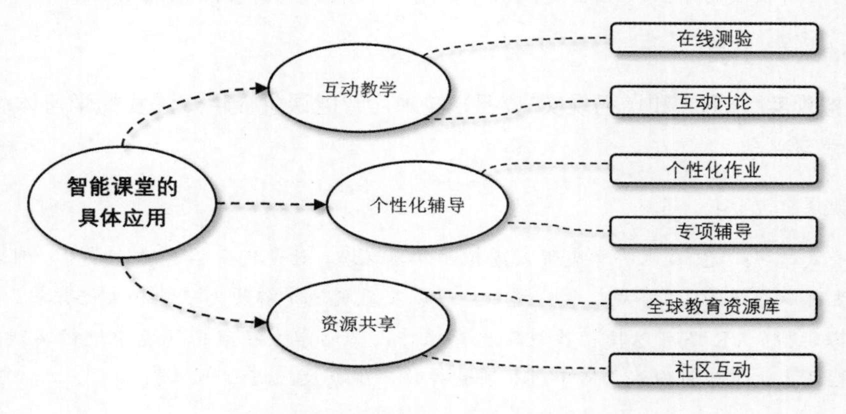

图 17-7 智能课堂的具体应用

1 互动教学

互动教学利用 AI 技术提供多种互动工具，如在线测验和互动讨论，以增强学生的参与度和学习效果。

1）在线测验

- 即时测验：AI 可以在课堂中嵌入即时测验，学生可以通过手机或计算机进行回答。即时测验可以帮助教师快速了解学生对所学内容的掌握情况，并根据测验结果调整教学计划。
- 自动评分：AI 可以对测验结果自动评分，并生成详细的分析报告。报告不仅显示学生的正确答案和错误答案，还会分析错误原因，帮助学生和教师了解知识盲点。

2）互动讨论

- 线上讨论平台：AI 支持的讨论平台允许学生在课后继续讨论课堂内容。当学生在平台上提出问题时，其他同学和 AI 导师可以及时回应，促进知识共享和深度理解。

- 分组讨论：AI可以根据学生的兴趣和学习水平，智能分组，组织线上或线下的讨论活动。分组讨论不仅提高了学生的参与度，还促进了团队合作和沟通能力。

2 个性化辅导

根据学生在课堂上的表现，AI会推荐个性化的作业以及专项辅导，帮助学生更好地理解和掌握知识。

1）个性化作业

- 量身定制：AI根据学生的学习情况和知识掌握程度，定制个性化的作业。例如，对于在某个知识点上较弱的学生，AI会提供更多的相关练习题，帮助他们巩固知识。
- 多样化题型：AI可以生成各种题型的作业，如选择题、填空题、主观题等，满足不同学生的学习需求。学生可以通过多种形式的练习，全面掌握所学的内容。

2）专项辅导

- 弱点强化：AI通过分析学生的成绩和表现，识别他们的薄弱环节，并提供专项辅导。例如，AI可以根据学生在数学考试中常常出错的知识点，提供具有针对性的辅导课程和练习题，以帮助他们提高数学知识。
- 兴趣导向：AI还可以根据学生的兴趣，推荐相关的学习资源和活动。例如，喜欢编程的学生，AI会推荐编程课程和实践项目，激发他们的学习兴趣和动力。

3 资源共享

AI平台汇集和整合了全球优质教育资源，学生可以随时随地访问，获取丰富的学习材料和支持。

1）全球教育资源库

- 多语言资源：AI平台整合了全球各地的优质教育资源，提供了多语言的学习材料和课程。例如，学生可以通过平台访问国外的教材、讲座视频和科研资料，拓宽视野，丰富知识。
- 权威资源：平台上的资源经过严格筛选和审核，确保学生获得的是权威、可靠的学习材料。例如，科学类资源来自知名大学和研究机构，保证内容的科学性和准确性。

2）社区互动

- 学习社区：AI平台提供了一个全球化的学习社区，学生可以在社区中与其他学生和教师互动，分享学习经验和资源。例如，学生可以在社区中发帖提问，获得来自全球各地同学的帮助和建议。
- 教师支持：平台上的教师和专家会定期在线答疑和辅导，学生可以直接向他们请教问题，获得专业的指导和支持。例如，平台组织的在线讲座和辅导课程，学生可以报名参加，与专家直接进行交流。

通过互动教学、个性化辅导和资源共享，智能课堂为学生提供了全方位的学习支持，显著提升了学习效果和体验。这不仅帮助学生更好地掌握知识，还培养了他们的自主学习能力和创新思维，以适应未来社会的需求。

17.2.3 智能课堂的实践案例分析

智能课堂的实践展示了AI技术在教育中的巨大潜力。以下是某学校如何利用AI技术打造智能课堂，提高教学质量和学生满意度的实际案例，以及数据和反馈分析，如图17-8所示。

图17-8 智能课堂实践案例

1 智能课堂的实践

1）学校背景

某中学决定引入AI技术，打造智能课堂，以提升教学质量和学生满意度。该校在数学和英语课程中试点应用AI技术，取得了显著成效。

2）实践过程

（1）引入智能教学助手：

- 课程教材准备：AI帮助教师自动生成课件和练习题。例如，数学老师通过AI平台制作了包含视频讲解、动画演示和练习题的综合课件，使课堂内容更加丰富和生动。
- 教学计划设计：AI分析学生的学习数据，为教师提供个性化的教学计划建议。根据学生的学习进度，AI帮助教师调整教学节奏，确保每个学生都能跟上课程。

（2）实施实时课堂分析：

- 参与度监测：在课堂上，AI通过摄像头监测学生的注意力和参与度。如果发现某些学生注意力不集中，AI会提醒教师采取措施，如提问或增加互动环节。
- 理解情况评估：AI实时分析学生的回答和互动，评估他们对课程内容的理解程度。当多数学生在某个知识点上表现出困惑时，AI则会建议教师进行补充讲解。

（3）应用互动教学工具：

- 在线测验：AI 平台在课堂中嵌入了即时测验，学生通过手机或计算机进行回答。测验结束后，AI 立即评分并生成报告，帮助教师了解学生对课堂内容的掌握情况。
- 互动讨论：在课后，学生可以在 AI 支持的讨论平台上继续讨论课堂内容，提出问题并相互解答。教师也参与其中，提供指导和支持。

（4）提供个性化辅导：

- 定制作业：根据学生的课堂表现，AI 定制个性化的作业和练习题，针对性地强化学生的薄弱环节。例如，英语老师利用 AI 平台为每个学生定制了不同难度的阅读和写作练习。
- 专项辅导：AI 通过分析学生的学习数据，了解了他们的薄弱环节，及时推荐相应的辅导课程和资源。学生可以根据 AI 的建议进行有针对性的练习和复习。

（5）实现资源共享：

- 全球资源访问：AI 平台整合了全球优质的教育资源，学生可以随时随地访问。例如，学生在课后通过平台观看知名大学的公开课视频，可以拓宽知识面。
- 社区互动：AI 平台提供了一个全球化的学习社区，学生在社区中与其他学校的学生和教师互动，分享学习经验和资源，形成良好的学习氛围。

2 数据和反馈

1）提高学生成绩

（1）数学成绩提升：

- 前后对比：在智能课堂实施后的一个学期，试点班级的数学平均成绩从 85 分提高到 92 分。特别是在几何和代数部分，学生做题的正确率明显提高，其掌握程度也提高了。
- 成绩分布：低分段学生的比例从 20% 下降到 5%，高分段学生的比例从 30% 上升到 55%，整体成绩分布更加均衡，学生的学习差距明显缩小。

（2）英语成绩提升：

- 前后对比：试点班级的英语平均成绩从 78 分提高到 88 分，尤其是在阅读和写作部分，学生的表现大幅改善。通过个性化练习和辅导，学生的语法和词汇掌握水平显著提高。
- 成绩分布：低分段学生的比例从 25% 下降到 10%，高分段学生的比例从 25% 上升到 45%，整体成绩分布更加合理。

2）提高学生参与度

（1）课堂参与度：

- 注意力集中：AI 监测数据显示，学生在课堂上的注意力集中度提高了 15%，课堂上的提问和互动次数增加了 20%。学生在课堂上更积极参与讨论和活动，学习兴趣显著提升。
- 反馈积极：学生对课堂内容的反馈更加积极，超过 80% 的学生表示智能课堂让他们更容易理解和掌握知识，学习变得更有趣和有意义。

（2）课后参与度：

- 在线讨论：AI 平台的讨论区活跃度明显提高，学生在课后继续讨论课堂内容的频率增加了 30%。通过在线讨论，学生不仅能巩固所学知识，还能从其他同学的视角中获得新的见解。
- 自主学习：超过 70% 的学生表示，他们更愿意利用 AI 平台进行自主学习和复习。个性化的辅导和资源共享激发了学生的学习主动性，使他们在课后也能高效学习。

通过以上实践案例和数据反馈，可以看到智能课堂在提高教学质量和学生满意度方面的显著效果。AI 技术在课堂中的应用，不仅提升了学生的成绩，还激发了他们的学习兴趣和主动性，为未来的教育发展提供了宝贵的经验和参考。

17.3 思考练习

17.3.1 问题与解答

问题 1：什么是个性化学习？它如何利用 AI 技术来提高学习效率？

个性化学习是根据每个学生的独特需求、兴趣和能力量身定制的教育方式。通过数据分析和人工智能（AI）技术，个性化学习可以调整教学内容、学习速度和方法。AI 通过记录和分析学生的学习行为、成绩和反馈，了解每个学生的学习需求，并利用机器学习模型预测学生的学习曲线，提供个性化的学习路径。这种方式不仅提高了学习效率，还能更好地激发学生的学习兴趣。

问题 2：智能课堂中的实时课堂分析技术如何帮助教师提高教学效果？

实时课堂分析技术使教师能够实时监控课堂状况，分析学生的参与度和理解情况。AI 通过摄像头和传感器监测学生的行为和表情，分析他们的注意力集中情况和参与度，并评估学生对教学内容的理解程度。当发现某些学生分心或理解有困难时，AI 会立即提醒教师调整教学策略，如改变教学方式或增加互动环节。这种即时反馈和动态调整，提高了教学效果，使每个学生都能跟上教学进度。

问题 3：智能课堂如何通过个性化辅导和资源共享提升学生的学习体验？

智能课堂通过 AI 技术提供个性化辅导和资源共享，显著提升学生的学习体验。在个性化辅导方面，AI 根据学生的课堂表现定制作业和练习题，并提供针对性的辅导课程和资源，帮助学生克服薄弱环节。在资源共享方面，AI 平台整合全球优质教育资源，学生可以随时随地访问学习材料，参与全球化的学习社区，与其他学生和教师互动，分享经验和资源。这些措施不仅帮助学生更好地掌握知识，还培养了他们的自主学习能力和创新思维。

17.3.2 实操练习

练习 1：设计个性化学习方案。

题目：假设你是一名学生，根据自己在数学、英语和物理三门课程中的学习情况，设计一个个性化学习方案。请考虑以下方面：

（1）数据收集和分析：如何记录和分析你的学习行为和成绩。

（2）自适应学习系统：根据你的学习速度和理解程度，如何动态调整教学内容。

（3）智能导师：如何利用 AI 提供实时反馈和指导，帮助你解决学习中的困难。

练习 2：创建智能课堂互动活动。

题目：设计一个智能课堂的互动教学活动，主题可以是你感兴趣的任何学科。请详细描述活动的设计和实施步骤，包括以下内容：

（1）活动主题和目标：明确互动教学活动的主题和目标。

（2）活动流程：描述活动的具体流程，包括如何利用 AI 技术进行互动和实时反馈。

（3）评估方法：设计评估学生参与度和学习效果的方法。

第18章 Chapter AI 在财经领域的变革

学习目标

掌握 AI 如何通过大数据分析和机器学习优化金融、保险和投资决策；掌握 AI 在保险理赔、精准定价和欺诈检测中的具体应用及其带来的效率提升；了解 AI 在风险控制中的基础知识，包括数据收集与分析和风险评估模型；了解 AI 在智能风控中的实际应用案例，通过这些案例了解 AI 技术如何实际提高金融和保险行业的风险管理能力（本章 2 课时）。

学习重点

- 智能理财顾问如何通过大数据分析为用户制订个性化理财计划。
- AI 在高频交易中的作用，能够快速分析市场数据并进行交易决策。
- AI 在自动化理赔中的应用，利用图像识别和自然语言处理技术提高理赔效率。
- 认识 AI 在欺诈检测中的作用，能够识别和预防保险欺诈行为。
- 智能投顾如何为投资者提供专业的投资建议，优化投资决策。

18.1 金融、保险投资：AI 的新角色

金融、保险和投资行业是现代经济的支柱，负责资源配置、风险管理和财富增值。银行通过贷款和存款服务支持个人和企业的财务需求；保险公司提供风险保障，减少意外事件带来的经济损失；投资公司则帮助客户通过股票、债券等金融工具实现财富增值。近年来，人工智能（AI）在这些领域崭露头角，提供了智能理财顾问、高频交易、风险管理、自动化理赔、精准定价、智能投顾和市场预测等新支撑，极大提升了效率和精准度。AI 时代的金融财经如图 18-1 所示。

图 18-1 AI 时代的金融财经

18.1.1 AI 在金融领域中的应用

AI 在金融领域中的应用如图 18-2 所示。

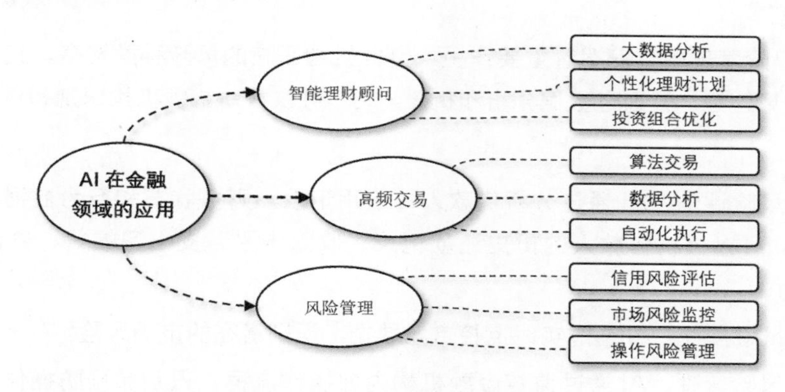

图 18-2 AI 在金融领域的应用

1 智能理财顾问

AI 技术的一个重要应用是智能理财顾问。传统的理财顾问需要花费大量时间了解客户的财务状况、投资目标和风险承受能力等，并据此制订理财计划。而 AI 智能理财顾问通过大数据分析，可以迅速、准确地为用户制订个性化的理财计划，优化投资组合。

（1）大数据分析：AI 智能理财顾问利用海量的财务数据，对用户的收入、支出、投资习惯等信息进行分析，然后建立用户的财务画像。

（2）个性化理财计划：基于用户的财务画像，AI 能够推荐适合的投资产品，如股票、基金、债券等，制订个性化的理财计划。例如，对于风险承受能力较强的用户，AI 可能推荐更多高风险、高回报的投资产品；反之对于风险承受能力较弱的用户，则推荐更稳健的投资产品。

（3）投资组合优化：AI 还可以通过持续监控市场变化，实时调整用户的投资组合，以实现收益最大化和风险最小化。例如，AI 会在市场波动时，自动调整投资比例，以避免投资者的损失。

2 高频交易

高频交易是AI在金融领域的另一个重要应用。高频交易利用复杂的算法，在极短的时间内进行大量交易，以获取微小的价格差异所带来的利润。AI通过快速分析市场数据，进行高速交易决策，从而在竞争激烈的金融市场中占据优势。

（1）算法交易：AI高频交易系统使用高级算法，能够在毫秒级的时间内处理大量交易数据，并做出买卖决策。例如，某只股票价格出现细微波动，AI则立即下达交易指令，快速完成买入或卖出操作。

（2）数据分析：AI高频交易系统利用市场数据，包括历史交易数据、实时价格波动、市场情绪等进行综合分析。AI可以预测价格走势，抓住交易机会。

（3）自动化执行：AI高频交易系统可以全天候自动运行，无须人为干预。这种自动化执行能够提高交易效率，减少人为错误。

3 风险管理

AI在金融风险管理中也发挥着重要作用。金融机构面临的风险种类繁多，包括信用风险、市场风险、操作风险等。AI通过数据分析和机器学习，可以帮助金融机构识别和管理这些风险，保障资金安全。

（1）信用风险评估：AI通过分析借款人的信用记录、财务状况和行为数据，评估其信用风险。例如，AI可以分析借款人的历史还款记录、收入水平、支出习惯等，判断其是否具有按时还款的能力。

（2）市场风险监控：AI通过实时监控市场数据，识别潜在的市场风险。

（3）操作风险管理：AI通过监控金融机构内部操作流程，识别和预防操作风险。例如，AI可以监控交易操作、系统运行、员工行为等，一旦发现异常情况便会及时报警，防止操作失误带来的风险。

18.1.2 AI在保险领域中的应用

AI在保险领域中的应用如图18-3所示。

1 自动化理赔

AI技术在保险领域的一大应用是自动化理赔。传统的保险理赔流程复杂且耗时，需要人工审核大量文档和证据。而AI通过图像识别和自然语言处理技术，能够快速处理保险理赔，提高效率，减少人为错误。

1）图像识别

- 事故现场处理：在交通事故或财产损失等保险理赔中，AI可以通过图像识别技术，自动分析事故现场照片。例如，车险理赔时，用户只需上传受损车辆的照片，AI系统会自动识别损伤部位和程度，并估算修理费用。

- 医疗保险：在医疗保险理赔中，AI可以分析病历和医疗影像，确定医疗服务的真实性和合理性。例如，AI可以通过识别病历中的手写或打印文本，快速提取关键信息，判断理赔申请是否符合规定。

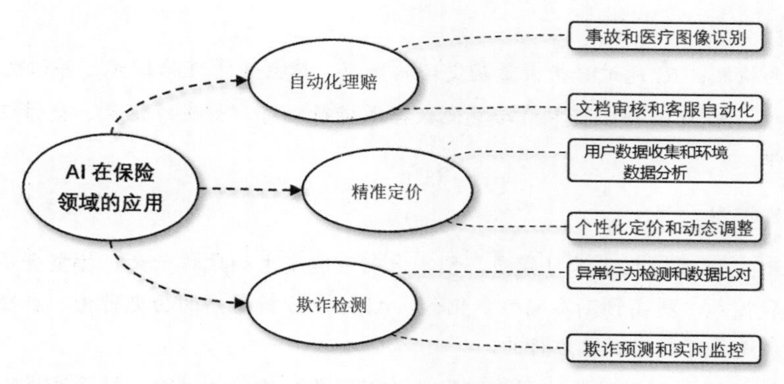

图 18-3 AI在保险领域的应用

2）自然语言处理

- 文档审核：AI通过自然语言处理技术，可以快速审核理赔申请文档。AI能够识别和理解文本中的关键信息，并进行自动比对和验证。
- 客服自动化：AI还可以通过聊天机器人处理用户的理赔咨询，提供实时帮助。

2 精准定价

AI在保险定价中，可以通过大数据分析，精准地评估保险风险，并制订合理的保险定价，提高了定价的公平性和科学性。

1）大数据分析

- 用户数据收集：AI通过收集和分析大量用户数据，如年龄、职业、健康状况、驾驶记录等，建立全面的用户风险画像。
- 环境数据分析：AI还可以分析外部的环境数据，如天气状况、交通流量、区域犯罪率等，进一步细化风险评估。例如，在某个高频降雨地区，房屋保险的定价可能会考虑到洪水风险，AI会根据历史数据进行预测和调整。

2）精准风险评估

- 个性化定价：基于大数据分析结果，AI可以为每个用户提供个性化的保险定价。高风险用户的保费较高，低风险用户的保费较低，体现了定价的公平性。例如，健康保险中，生活方式健康的用户可以获得较低的保费，而有不良健康习惯的用户则需要支付较高的保费。
- 动态调整：AI可以根据用户行为和环境变化，实时调整车辆保险定价。例如，用户在使用车辆保险过程中表现出良好的驾驶行为，AI会降低其下一年度的车辆保险费用，激励用户保持良好的行为。

3 欺诈检测

保险欺诈是保险公司面临的重大挑战，AI 通过先进的分析技术，能够有效地识别和预防保险欺诈行为，保护保险公司的利益。

1）模式识别

- 异常行为检测：AI 通过分析大量历史理赔数据，建立正常理赔模式，并识别异常行为。
- 数据比对：AI 可以将理赔申请与其他数据源进行比对，如医疗记录、交通记录等，验证申请的真实性。

2）机器学习模型

- 欺诈预测：AI 通过机器学习模型，预测未来可能发生的欺诈行为。模型会不断地学习新的欺诈手法和模式，提高预测准确性。例如，AI 可以分析用户的历史行为、社交网络信息等，预测其未来是否可能存在欺诈行为。
- 实时监控：AI 能够实时监控理赔过程，并识别潜在的欺诈风险。对于高风险的理赔申请，AI 会自动发出警报，同时要求进行进一步的人工审核。例如，在汽车保险理赔中，AI 发现某些事故现场照片疑似伪造，则会立即提醒审核人员进行深入调查。

18.1.3 AI 在投资领域中的应用

AI 在投资领域中的应用如图 18-4 所示。

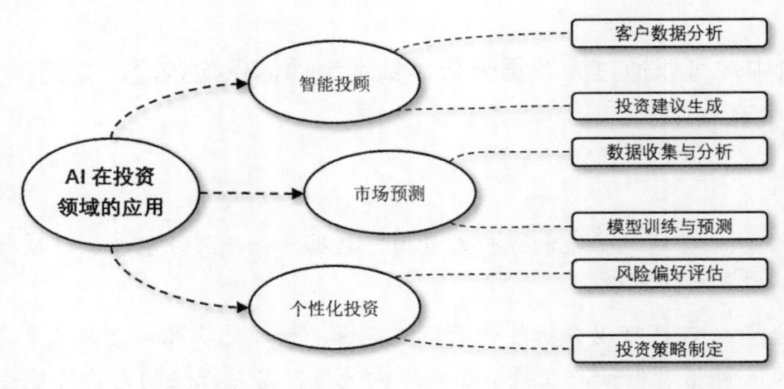

图 18-4 AI 在投资领域的应用

1 智能投顾

智能投顾是 AI 在投资领域的一项重要应用。传统的投资顾问需要花费大量的时间和精力了解客户的财务状况和投资目标，并据此提供投资建议。而 AI 智能投顾则通过大数据分析和机器学习技术，能够快速为投资者提供专业的投资建议，从而优化投资决策。

1）客户数据分析

- 财务状况评估：AI 通过分析客户的收入、支出、资产和负债情况，全面评估其财务状况。例如，AI 可以通过连接银行账户和投资账户，自动获取客户的财务数据，进行分析和评估。

- 投资目标识别：AI通过问卷调查和行为分析，了解客户的投资目标和偏好。客户可以在平台上填写问卷，AI根据回答确定其投资目标，如退休储蓄、子女教育基金等。

2）投资建议生成

- 资产配置优化：基于客户的财务状况和投资目标，AI会推荐最优的资产配置方案。例如，对于风险承受能力较强的客户，AI会建议增加股票等高风险、高回报资产的比例；对于风险承受能力较弱的客户，AI则会建议增加债券等低风险资产的比例。
- 实时调整建议：AI会根据市场变化和客户财务状况的变化，实时调整投资建议。例如，当市场出现波动时，AI会建议客户进行资产再平衡，以降低投资组合的风险。

2 市场预测

市场预测是AI在投资中的另一个重要应用。AI通过分析历史数据和市场因素，预测未来的市场走势，帮助投资者做出更准确的投资决策。

1）数据收集与分析

- 历史数据分析：AI通过分析大量的历史市场数据，识别市场规律和趋势。例如，AI可以分析过去十年间的股票价格、交易量、经济指标等数据，以发现市场周期和模式。
- 实时数据处理：AI不仅分析历史数据，还能处理实时市场数据，如新闻、社交媒体情绪、宏观经济数据等。例如，当某家公司发布季度财务报表时，AI会立即分析其内容，并对股票价格的潜在影响进行预测。

2）模型训练与预测

- 机器学习模型：AI通过机器学习模型训练，进行市场预测。模型会不断学习和优化，提高预测的准确性。例如，AI可以使用回归分析、时间序列分析等方法，预测未来一段时间内的市场发展。
- 多因素分析：AI综合考虑多个因素进行预测，如市场情绪、经济政策、国际形势等。例如，在进行股票市场预测时，AI不仅分析公司财报，还考虑宏观经济政策的变化对市场的影响。

3 个性化投资

个性化投资是AI在投资领域的又一个重要应用。AI根据投资者的风险偏好和财务目标，制订个性化的投资策略，使每个投资者都能获得量身定制的投资方案。

1）风险偏好评估

- 问卷调查：AI通过问卷调查，了解客户的风险偏好。问卷内容包括客户的投资经验、风险承受能力、对市场波动的态度等。例如，AI会询问客户在市场下跌时的反应，以判断其风险承受能力。
- 行为分析：AI还可以通过分析客户的历史投资行为，进一步了解其风险偏好。例如，AI会分析客户过去的投资选择和交易记录，判断其在不同市场环境下的行为模式。

2）投资策略制定

- 个性化投资组合：根据客户的风险偏好和财务目标，AI会制订个性化的投资策略。

- 动态调整策略：AI会根据市场变化和客户需求的变化，动态地调整投资策略。例如，当客户的财务目标发生变化（如提前退休、购买房产）时，AI会及时调整投资组合，确保策略符合客户的新目标。

18.2 智能风控：保护每个人的利益

风险控制在金融和保险行业中至关重要，它是保护资金安全和确保市场稳定的基石。无论是银行管理贷款风险，还是保险公司防范欺诈行为，风险控制的有效性直接影响到整个经济体系的健康运行。传统的风险控制方法往往依赖于人工审核和经验判断，不仅效率低而且容易出错。而人工智能（AI）的引入，则为风险控制带来了革命性的变化。AI通过大数据分析和机器学习技术，能够快速识别和评估风险，并提供实时预警和应对策略。它不仅提高了风险控制的准确性和效率，还为金融机构和个人提供了更加安全的保障。

18.2.1 智能风控的基础

智能风控的基础构成包括数据收集与分析、风险评估模型，如图18-5所示。

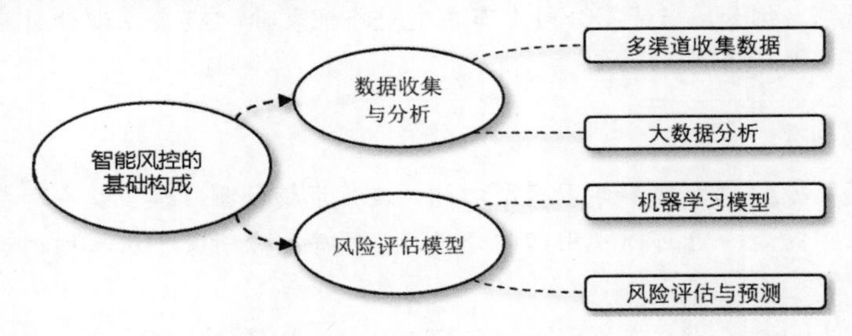

图18-5 智能风控的基础构成

1 数据收集与分析

数据收集与分析是智能风控的核心。AI通过大数据技术，能够高效地收集和分析各种风险数据，为风险评估提供坚实的基础。

1）多渠道数据收集

- 多渠道数据来源：AI可以从多种渠道收集数据，包括金融交易记录、社交媒体、新闻报道、信用报告、经济指标等。例如，银行可以通过AI收集客户的信用记录、消费行为、账户交易等数据，全面了解客户的信用状况。
- 实时数据获取：AI能够实时获取最新的数据，为风险评估提供及时的信息支持。例如，在股票交易中，AI可以实时收集市场价格、交易量、公司公告等数据，以快速响应市场变化。

2）大数据技术

- 大数据技术：AI利用大数据技术，对海量数据进行存储、处理和分析。例如，保险公司通过AI分析历史理赔数据、客户行为数据和环境数据，识别潜在风险。

- 模式识别：AI通过分析数据中的模式和趋势，识别风险信号。例如，AI可以通过分析交易数据，发现异常交易行为，如突然的大额交易、频繁的小额交易等，提示可能存在的风险。

2 风险评估模型

AI 利用机器学习模型进行精准的风险评估和预测。这些模型通过学习历史数据，能够识别复杂的风险因素，并进行准确的风险预测。

1）机器学习模型

- 监督学习：监督学习是一种常见的机器学习方法，利用标注好的训练数据训练模型，前面章节有详细讲解。例如，银行可以使用历史贷款数据（包括贷款是否违约的标签）训练模型，预测新贷款的违约风险。
- 无监督学习：无监督学习不需要标注数据，通过数据中的内在结构进行分类和聚类。例如，AI 可以通过无监督学习，识别客户群体中的异常行为，发现潜在的欺诈风险。

2）风险评估与预测

- 信用风险评估：AI通过分析借款人的信用记录、收入情况、负债水平等数据，评估其信用风险。例如，某借款人过去有多次逾期还款记录，AI则会将其评估为高风险客户，建议银行谨慎放贷。
- 市场风险预测：AI 通过分析市场数据，预测未来的市场风险。例如，AI 可以通过时间序列分析，预测股票市场的波动趋势，帮助投资者制定风险管理策略。
- 操作风险管理：AI 通过监控金融机构的操作流程，评估操作风险。例如，AI 可以分析员工的操作日志，发现潜在的操作失误和违规行为，及时提出预警。

18.2.2 智能风控的具体应用

智能风控的应用包括金融机构和保险公司。

1 金融机构

AI 在银行和其他金融机构中的应用，显著提升了风险控制能力，防止金融犯罪和不良贷款。

1）防止金融犯罪

- 异常交易监控：AI 通过分析大量交易数据，识别异常交易行为。例如，当 AI 检测到某账户频繁进行大额转账或跨境交易时，则会立即发出警报，提示此交易可能存在洗钱行为。
- 身份验证：AI 利用生物识别技术（如人脸识别、指纹识别）进行身份验证，防止身份盗用和欺诈行为。例如，银行在开户或贷款申请时，通过 AI 验证客户身份，确保交易安全。

2）防止不良贷款

- 信用评分：AI通过分析借款人的信用记录、收入情况和负债水平，生成精准的信用评分。例如，某人过去有多次逾期还款记录，AI则会将其信用评分降低，银行也会根据评分决定是否批准贷款。
- 风险预测：AI 利用机器学习模型预测贷款违约风险。例如，AI 可以根据借款人的历史还款行为、经济状况和市场趋势，预测其未来的违约概率，并建议银行采取相应的风险管理措施。

2 保险公司

AI 在保险公司中的应用，显著提高了风险评估的精准度，防止欺诈行为，并提升理赔效率。

1）风险预测

- 精准定价：AI 通过大数据分析，精准评估保险风险，制定合理的保险定价。例如，AI 可以分析车主的驾驶记录、车辆状况和事故频率，制定个性化的车险保费。
- 风险预测：AI 利用机器学习模型预测未来的保险风险。例如，AI 可以根据气象数据和历史理赔记录，预测某地区的洪水风险，建议保险公司调整保单条款。

2）防止欺诈行为

- 模式识别：AI 通过分析大量历史理赔数据，识别欺诈模式。例如，AI 发现某客户频繁申请理赔，且理赔金额较高，可能存在欺诈行为，建议进行深入调查。
- 实时监控：AI 实时监控理赔过程，识别潜在的欺诈风险。例如，AI 可以分析医疗保险理赔申请的文本和图像，发现不合理的医疗费用或伪造的医疗记录，防止欺诈。

3）提高理赔效率

- 自动化理赔：AI 通过图像识别和自然语言处理技术，快速处理理赔申请。例如，车主在发生事故后上传照片，AI 自动识别车辆损伤部位和程度，迅速估算出修理费用并处理理赔。
- 客户服务：AI 通过聊天机器人提供理赔咨询和服务，提高客户满意度。例如，用户可以通过与 AI 聊天机器人对话，了解理赔流程和所需材料，AI 实时回答客户问题，提供便捷服务。

18.2.3 智能风控中的案例分析

1 金融案例

某银行利用 AI 进行智能风控，显著减少了不良贷款和金融犯罪。

背景：该银行面临贷款违约率较高和金融犯罪频发的问题，传统的风控手段已无法满足需求。

应用：

1）不良贷款管理

- 信用评分：AI 通过分析借款人的信用记录、收入和支出情况，生成精准的信用评分。高风险客户的贷款申请会被自动拒绝，降低了不良贷款率。
- 风险预测：AI 利用机器学习模型，预测借款人的违约概率，帮助银行提前采取措施。例如，对高风险客户，银行可能要求更高的抵押或提供更严格的贷款条件。

2）金融犯罪防范

- 异常交易监控：AI 实时分析交易数据，识别异常交易行为。例如，某账户频繁进行大额转账，AI 则会立即发出警报，银行将快速冻结该账户并展开调查。
- 身份验证：AI 使用人脸识别技术，确保每笔交易的发起人是账户持有人，防止身份盗用和欺诈行为。

- 结果：通过 AI 智能风控，银行的不良贷款率下降了 30%，金融犯罪案件减少了 20%，大大提高了风险管理效率。

2 保险案例

某保险公司通过 AI 技术，提高了理赔效率，并有效防止了欺诈行为。

背景：该保险公司理赔流程复杂，处理时间长，且存在一定的欺诈风险。

应用：

1）理赔效率提升

- 自动化理赔：AI 通过图像识别技术，快速分析事故现场照片，自动评估损失。例如，车主上传受损车辆照片，AI 立即识别损伤部位和程度，快速估算出修理费用并处理理赔。
- 自然语言处理：AI 分析理赔申请表和相关文档，提取关键信息，快速完成审核。AI 识别病历中的关键数据，判断医疗保险理赔的合理性，加快了理赔速度。

2）防止欺诈行为

- 模式识别：AI 分析大量历史理赔数据，识别欺诈模式。例如，某客户频繁申请高额理赔，AI 则会将其标记为高风险案例，并建议深入调查。
- 实时监控：AI 实时监控理赔过程，识别潜在的欺诈行为。例如，AI 分析医疗保险申请中的不合理费用或伪造的医疗记录，及时发现并预防欺诈。
- 结果：通过 AI 技术，保险公司的理赔时间缩短了 50%，欺诈行为减少了 25%，提高了客户满意度和公司利润。

18.2.4 智能风控的未来展望

随着技术的不断进步，AI 在智能风控领域中的应用将变得更加广泛和深入。在未来，AI 技术将继续优化风险评估模型，提高风险预测的准确性和实时性，如图 18-6 所示。结合区块链技术，AI 可以在金融交易中实现更高的透明度和安全性。区块链记录的不可篡改特性与 AI 的实时分析能力相结合，能够有效防范欺诈和操作风险。未来的 AI 系统将不仅依赖于财务数据，还会综合考虑人类情感和行为因素。通过情感分析，AI 可以更准确地预测市场情绪波动，帮助金融机构提前采取应对措施。

图 18-6 智能金融的未来

什么是区块链技术

区块链技术是一种新型的记录和存储数据的方法，它让数据更安全、更透明。简单来说，区块链就像一本公开的账本，每个人都可以查看，但谁也不能随便修改。

1. 区块链的关键点

（1）分布式账本：区块链上的数据不止存储在一个地方，而是存储在很多地方。每个地方都有一份完整的记录。当有新的数据时，所有地方都会同时更新。

（2）不可篡改：一旦数据被写入区块链中，就不能轻易修改。如果有人试图更改某个数据，所有记录都会发生变化，很容易被发现。

（3）透明和可追溯：区块链上的所有数据都是公开的，任何人都可以查看。这让每一笔记录都可以追溯到源头，增强了信任。

（4）共识机制：为了确保所有地方的数据一致，区块链使用了一种叫作共识机制的技术，保证大家对数据的真实性达成一致。

（5）智能合约：区块链可以存储和执行“智能合约”，这些合约是在满足特定条件时自动执行的程序，比如自动付款或转移资产。

2. 区块链的应用

（1）加密货币：最早的应用是比特币，它用区块链来记录和管理交易。

（2）金融服务：区块链用于快速、低成本的跨国支付和清算。

（3）供应链管理：可以追踪产品的整个生产和运输过程，确保产品的真实性。

（4）数字身份：用区块链管理个人身份信息，保护隐私。

（5）投票系统：用于电子投票，保证投票结果公正且不能被篡改。

通过这些特点和应用，区块链技术正在改变许多行业，让数据管理变得更加高效和安全。

AI 在金融、保险和投资领域的前景非常广阔，将持续推动这些行业的变革和创新。AI 将进一步推动金融服务的自动化，从贷款审批到客户服务，所有流程都将变得更加高效和便捷。AI 将为金融机构提供全景式的风险管理解决方案，通过综合分析市场、客户和操作风险，提供全面的风险预警和管理策略。

AI 将根据个体的具体风险情况，定制更加精准的保险产品。未来，保险定价将更加个性化，客户将享受到更公平的保费和更贴心的服务。AI 将进一步优化理赔流程，实现更高效的自动化处理。通过实时数据分析和智能合约，理赔过程将变得更加快速和透明，提升客户体验。

AI 将推动智能投资平台的发展，为投资者提供实时的市场分析和投资建议。未来，个人投资者将能够轻松使用 AI 工具进行科学投资，优化投资组合，实现财富增值。AI 技术将帮助投资者打破地域限制，获取全球投资机会。通过分析全球市场数据和经济趋势，AI 可以为投资者提供多元化的投资选择，降低投资风险。

通过这些前景展望，我们可以看出，AI 在智能风控和金融、保险、投资领域的应用将继续深化和扩展，为各行各业带来更高效、更安全的服务，推动整个经济体系的稳定和健康发展。

18.3 思考练习

18.3.1 问题与答案

问题 1：什么是智能理财顾问，AI 如何帮助用户制订个性化的理财计划？

智能理财顾问是 AI 在金融领域的一个重要应用，通过大数据分析帮助用户制订个性化的理财计划。AI 能够分析用户的收入、支出、投资习惯等信息，提供适合的投资产品建议，并实时调整投资组合，以实现收益最大化和风险最小化。例如，AI 会根据用户的财务状况和风险承受能力，推荐不同的投资产品，如股票、基金或债券。

问题 2：AI 在保险理赔中是如何提高效率和防止欺诈的？

AI 通过图像识别和自然语言处理技术，提高了保险理赔的效率并防止欺诈。AI 可以自动分析事故现场照片和医疗记录，快速评估损失并处理理赔申请。此外，AI 通过分析大量历史理赔数据，识别异常模式和潜在的欺诈行为。例如，如果某客户频繁申请高额理赔，AI 会标记该案例为高风险，建议深入调查。

问题 3：区块链技术的主要特点是什么，它如何提高数据的安全性和透明性？

区块链技术的主要特点包括分布式账本、数据不可篡改、透明和可追溯、共识机制以及智能合约。分布式账本意味着数据存储在多个节点上，所有节点同时更新，防止单点故障。数据不可篡改保证了记录一旦写入就无法轻易更改，任何篡改都会被发现。透明和可追溯，让所有交易公开，任何人都可以查看和追溯记录。共识机制确保所有节点对数据的一致性达成共识。智能合约是在满足特定条件时自动执行的程序，提高了效率和安全性。通过这些特点，区块链技术显著提高了数据的安全性和透明性。

18.3.2 讨论题

1. AI 技术在金融风险管理有哪些优势和可能的挑战？

讨论重点：AI 在金融风险管理中的优势包括提高效率、准确性和实时性。AI 能够处理大量数据，快速识别风险，并提供实时预警。通过机器学习，AI 可以不断优化风险评估模型，提高风险预测的准确性。然而，AI 技术也面临挑战，如数据隐私问题、算法偏见以及技术依赖。讨论应围绕如何平衡技术应用与风险管理，确保 AI 系统的公正性和透明性。

2. AI 在保险业的自动化理赔和欺诈检测中有哪些实际应用效果和潜在问题？

讨论重点：AI 在保险业的自动化理赔中，通过图像识别和自然语言处理技术，可以快速评估损失并处理理赔申请，提高效率和客户满意度。在欺诈检测中，AI 通过模式识别和实时监控，能够识别异常行为，防止欺诈，保护保险公司的利益。讨论应包括实际应用效果，如理赔速度和准确性提高，欺诈行为减少等，同时探讨潜在问题，如技术成本、数据隐私以及对人工岗位的影响。

第19章 旅游与文化——AI的新视角

Chapter

学习目标

了解智慧旅游和文化遗产保护中的人工智能应用，掌握相关技术的基本原理及其实际应用，通过具体实例加深对 AI 在旅游和文化遗产保护中重要性的认识（本章 2 课时）。

学习重点

- AI 技术在智慧旅游中的应用（智能推荐系统、虚拟导游、智能行程规划、智能客服机器人）。
- AI 和 3D 扫描技术在文化遗产数字化中的应用。
- AI 在文物智能监测与文物修复中的作用及其具体实例。

19.1 智慧旅游：个性化旅行体验

在旅行的世界中，每一次出行都是一次新的发现。随着人工智能技术的发展，智慧旅游已经成为可能（见图 19-1），为我们带来前所未有的个性化旅行体验。通过 AI，我们可以得到完全定制的旅行建议，从选择最佳目的地到规划每一步行程，都能精确到个人的喜好和需求。想象一下，一个智能系统能在你喜欢的时间推荐避开人群的隐藏景点，或者在你感兴趣的历史文化中寻找最具代表性的体验。智慧旅游不仅仅是关于地点和活动的智能推荐，它更是一种全新的旅行方式，让每次旅行都成为一次与众不同的探索之旅。

图 19-1 智慧旅游

19.1.1 智慧旅游介绍

智慧旅游是指利用现代科技手段，如人工智能、大数据、物联网等，为游客提供更加便捷、智能和个性化的旅行服务。随着技术的发展，智慧旅游正逐渐改变我们的旅行方式。当你计划一场旅行时，不再需要费心查找各种信息，而是由智能系统为你量身定制一份完美的行程。通过分析你的兴趣爱好、旅行偏好和历史数据，AI 可以推荐最适合你的旅游景点、酒店和活动，甚至能实时调整行程，确保你拥有最佳的旅行体验。

个性化旅行体验的重要性在于，它不仅能提升游客的满意度，还能节省游客的时间和精力，让旅行更加轻松愉快。例如，喜欢美食的游客可以通过智慧旅游平台找到最地道的餐厅；热爱历史的游客则能得到详细的文化景点推荐。智慧旅游不仅带来了便利，更让每一次旅行都变得独特而难忘。随着科技的不断进步，智慧旅游将成为未来旅游业的主流趋势，带给我们无限的可能性和惊喜。智慧旅游的应用场景如图 19-2 所示。

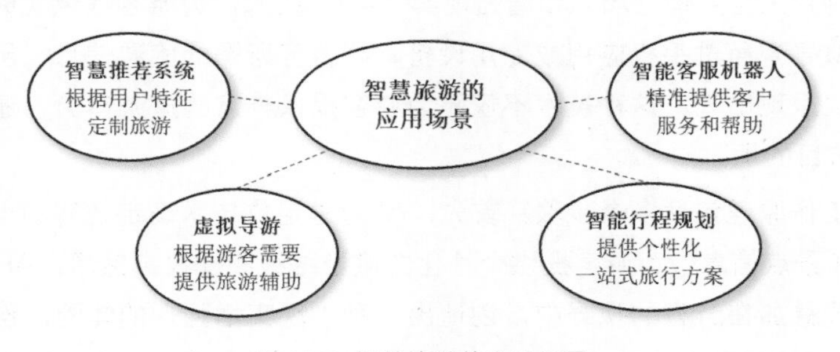

图 19-2 智慧旅游的应用场景

19.1.2 智能推荐系统

1 智能推荐系统如何工作

智能推荐系统是一种利用人工智能技术，根据用户的兴趣和历史数据，为用户推荐旅行目的地、酒店和活动的系统。它的核心是数据分析和机器学习，通过收集和分析用户在网上的搜索记录、浏览历史、预订信息等数据，智能推荐系统能够了解用户的偏好。

智能推荐系统首先会对用户的数据进行整理和分析，找到其中的规律。然后，系统会将这些数据与大量的旅游信息进行匹配，筛选出最符合用户需求的选项。这一过程涉及复杂的算法和模型，但对于用户来说，结果是直观的、简单的，只需打开旅游应用或网站，就能看到专为你定制的旅行推荐。

2 实例：家庭出游的景点推荐

假设你是一位家长，计划带着家人一起度假。你希望找到适合孩子们玩的景点，同时也希望有一些成人能放松和享受的地方。你在旅游网站上输入了一些基本信息，如家庭成员的年龄、兴趣爱好等。智能推荐系统会分析这些信息，并结合你过去的旅游记录，推荐一系列适合家庭出游的景点。

例如，如果系统发现你和家人喜欢自然景观，它可能会推荐一个有丰富动、植物资源的国家公园，同时提供附近适合家庭住宿的度假村。如果分析你们喜欢文化活动，系统可能会推荐一个有趣的博物馆和历史景点的城市，并且建议一些家庭友好的餐馆和活动。

这些推荐不仅仅是基于单一的因素，而是综合考虑了多方面的信息，确保每个家庭成员都能找到感兴趣的活动，让整个旅行过程更加愉快和难忘。通过智能推荐系统，家庭出游的计划变得更加简单、高效，同时也更能满足每个家庭成员的需求和喜好。

19.1.3 虚拟导游

1 虚拟导游的作用与技术

虚拟导游是利用人工智能（AI）和增强现实（AR）技术，为游客提供实时讲解和导航服务的智能助手。虚拟导游通过手机应用或专用设备，将游客所需的旅游信息、历史背景、文化故事等以互动的方式呈现出来。这种技术不仅能为游客提供丰富的旅游体验，还能帮助他们更好地了解和欣赏旅游目的地。

虚拟导游的工作原理包括多个步骤。首先，AI 通过定位技术确定游客的当前位置，并结合预先加载的地图和景点信息，为游客提供个性化的旅游路线和建议；然后，AR 技术将这些信息以虚拟图像的形式叠加在游客的视野中，创造出一种“现实增强”的体验。例如，当游客走到某个历史遗址时，虚拟导游会在手机屏幕或 AR 眼镜上显示历史遗迹的相关讲解信息和 3D 模型，让游客身临其境地感受历史的魅力。

虚拟导游的场景如图 19-3 所示。

图 19-3 虚拟导游

2 实例：AR 技术在虚拟导游中的应用

假设你在参观一座古老的城堡。下载了虚拟导游应用后，你只需打开手机摄像头对准城堡，虚拟导游就会自动识别出你所在的位置，并开始讲解城堡的历史和建筑特点。你不仅能听到详细的讲解，还能看到城堡昔日辉煌时期的虚拟重建图像，仿佛穿越时空回到了中世纪。

在参观博物馆时，当你走近一件展品，屏幕上会自动弹出关于该展品的详细介绍，包括其历史背景、制作工艺和文化意义。你还可以通过互动功能，选择查看更多相关信息，甚至观看 3D 动画，展示该展品的制作过程或在历史事件中的使用情景。

在户外旅游中，虚拟导游还能充当导航助手。当你在一个陌生的城市漫步时，虚拟导游会在屏幕上标出你的当前位置，并为你指引最佳的行走路线，同时推荐沿途的景点、餐馆和购物中心等。如果你对某个建筑感兴趣，只需点击屏幕上的标记，虚拟导游就会立即提供详细的介绍和背景信息。

AI 虚拟导游通过实时讲解和导航服务，为游客提供了一种全新的、沉浸式的旅游体验。利用 AR 技术，虚拟导游不仅能让游客在旅行中获取丰富的知识，还能增强他们的互动感和参与感。

19.1.4 智能行程规划

1 智能行程规划的功能与技术

智能行程规划是利用人工智能技术，根据用户的兴趣和需求，设计个性化的旅行行程。这类系统通过分析用户的偏好、历史数据以及实时信息，为用户提供一站式的旅行方案，包括交通、住宿和景点安排。智能行程规划不仅节省了用户的时间和精力，还能提升旅行体验的质量。

智能行程规划的核心在于数据的整合和智能分析。系统首先会收集用户的基本信息，如旅行目的地、出行时间、预算以及兴趣爱好。然后，系统利用大数据和机器学习算法，分析海量的旅游信息和用户数据，生成符合用户需求的旅行计划。这包括推荐最合适的交通工具、选择最优质的酒店，以及安排最具吸引力的景点和活动。

2 实例：携程旅行的应用

携程旅行是中国最著名的旅行平台之一，能够为用户提供全面的智能行程规划服务。用户只需输入目的地和旅行日期，携程旅行会根据用户的历史搜索记录和预订信息，生成详细的行程计划。系统会推荐航班、酒店、餐厅和景点，甚至提供每日的行程安排，让用户轻松享受旅行。

例如，你计划去北京旅行，打开携程旅行后，它会自动导入你在平台上的机票和酒店预订信息，并推荐一份详尽的行程计划。系统会建议你参观天安门广场、故宫博物院、颐和园等著名景点，并根据你的兴趣推荐一些小众但值得一看的地方，如 798 艺术区或南锣鼓巷。每天的行程安排会考虑到最佳的交通路线和时间管理，确保你能高效地游览各个景点。

3 智能行程规划的优势

智能行程规划的最大优势在于其个性化和便捷性。传统的行程规划需要用户花费大量时间和精力查找信息，而智能行程规划系统能够在短时间内完成这一复杂的任务。通过整合交通、住宿和景点信息，系统能为用户提供一站式服务，使旅行变得更加轻松愉快。

此外，智能行程规划还能根据实时数据进行动态调整。例如，如果某个景点因天气原因关闭，系统会自动推荐其他替代方案，确保用户的旅行不受影响。这种灵活性和智能化的服务，使得智能行程规划在现代旅游中具有广阔的应用前景。

19.1.5 智能客服机器人

1 客服机器人的应用与技术

在旅游行业中，人工智能（AI）正在改变传统的客户服务方式，客服机器人便是其中一个重要的应用。这些机器人通常配备了语音识别、自然语言处理和机器学习技术，能够为游客提供 24 小时不间断的服务，解决他们在旅行中遇到的各种问题。从酒店的入住到景点的导航，智能客服机器人为游客提供了高效、便捷的服务体验。

2 酒店智能客服机器人

在酒店中，智能客服机器人已经成为一种流行趋势。这些机器人可以在前台迎接客人，帮助他们办理入住手续，还能提供各种信息咨询服务。例如，如果你在深夜抵达酒店，前台没有工作人员，智能客服机器人会友好地迎接你，帮你快速完成入住流程，并引导你到房间。

智能客服机器人不仅能处理简单的任务，还能回答游客的各种问题。无论是推荐附近的餐厅，还是提供交通信息，客服机器人都能准确地提供帮助。例如，你可以询问机器人“请推荐一家附近的中餐馆”，它会迅速搜索并提供几家评分较高的中餐馆，甚至还可以帮你预订座位。

幽默的小例子：机器人帮你解决旅行中的小麻烦

想象一下，你在酒店的房间里发现自己忘带牙刷了。于是你拨打酒店前台的电话，结果接电话的是一个客服机器人。你有点怀疑地说：“呃，我好像忘记带牙刷了。”机器人立刻用甜美的声音回答：“别担心，已经为您准备好了牙刷，我会马上送到您的房间。”

几分钟后，门铃响了，你打开门发现机器人正用机械手臂递给你一支牙刷，同时还友好地说：“希望您有一个愉快的夜晚，记得每天刷牙哦！”这个小插曲不仅让你解决了问题，还让你对酒店的智能服务印象深刻。

再比如，当你在酒店里迷路，找不到泳池的位置时，你遇到了一个智能机器人。你问道：“泳池怎么走？”机器人立刻展开了一张虚拟地图，用激光指示路线，并幽默地说：“跟着我，不会游泳我也可以帮忙教你哦！”

3 智能客服机器人的优势

智能客服机器人的最大优势在于其高效性和全天候服务功能。相较于人工客服，客服机器人能够处理大量的咨询和服务请求，减少了游客的等待时间。其次，智能客服机器人能够学习和适应用户的需求，提供更加个性化的服务体验。通过分析用户的反馈和行为数据，机器人能不断优化其服务质量，提升用户满意度。

此外，智能客服机器人还能在高峰期有效分担人力压力，确保每位游客都能及时得到帮助。例如，在大型活动或节假日期间，机器人可以迅速响应游客的需求，提供各种服务，避免了排队等候的烦恼。

智能机器人导游场景如图 19-4 所示。

图 19-4 智能机器人导游

未来，智慧旅游将朝着更加智能和人性化的方向发展。AI 技术的进步将使旅行服务变得更加贴心、全面，例如更智能的语音助手、实时翻译服务以及更加个性化的推荐系统。随着技术的不断革新，智慧旅游将不仅仅是科技的应用，更是对旅行方式的深刻变革，为游客带来全新的、无缝连接的旅行体验，让每一次旅程都成为难忘的美好记忆。

19.2 文化遗产保护：AI 的新使命

文化遗产是人类文明的宝贵财富，承载着历史的记忆、文化的传承。然而，随着时间的推移和现代化进程的加速，文化遗产保护正面临着前所未有的挑战。自然灾害、环境污染、城市化扩展以及人为破坏等因素，都在威胁着这些珍贵遗产的保存与传承。例如，古建筑可能因为风雨侵蚀而逐渐损毁，历史文物可能因环境变化而加速老化，甚至一些历史遗址因开发和建设而面临着消失的风险。传统的保护方法虽然在一定程度上起到了作用，但面对日益复杂和多样化的威胁，显得力不从心。

在这一背景下，人工智能（AI）作为一项前沿科技，展现出了巨大的潜力，正在逐步成为文化遗产保护的新力量。AI 技术可以通过多种方式参与文化遗产的保护工作，例如利用高精度的图像识别技术进行文物的数字化建档，利用无人机和传感器进行遗址的实时监测，甚至通过虚拟现实技术还原和展示已经消失或难以接近的历史场景（见图 19-5）。这不仅提高了保护工作的效率和精确度，也为公众参与和了解文化遗产提供了新的途径。

图 19-5 AI 与文化遗产

AI 在文化遗产保护中的新使命，不仅是利用先进的技术手段提升保护效果，更重要的是为文化遗产的可持续发展注入新的活力。通过 AI 技术，我们可以更好地记录和保存历史，为后代传递这些珍贵的文化记忆。同时，AI 还可以帮助构建一个更加开放和互动的平台，让更多人参与到文化遗产的保护和传承中来，共同守护人类的文明瑰宝。

AI 在文化遗产保护上的应用如图 19-6 所示。

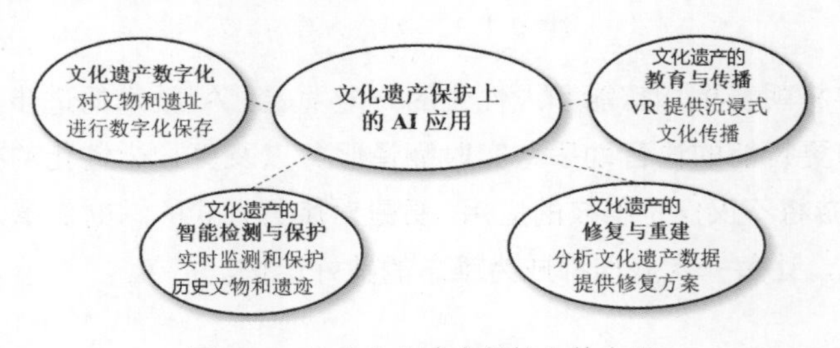

图 19-6 AI 在文化遗产保护上的应用

19.2.1 文化遗产数字化

1 文化遗产数字化的技术与应用

文化遗产数字化是指利用现代科技手段，将历史文物和遗址的详细信息进行数字化保存。通过人工智能（AI）和3D扫描技术，我们能够以高精度和高保真度记录文化遗产的各种细节，从而实现永久保存和广泛传播。这不仅有助于文化遗产的保护和修复，也为教育和研究提供了丰富的资料。

2 AI和3D扫描技术的工作原理

3D扫描技术是文化遗产数字化的核心工具之一。它通过激光扫描或结构光扫描，将文物和遗址的形状、纹理和颜色进行精确捕捉，生成三维模型。这些模型不仅能显示物体的外部形态，还能反映其内部结构，提供全面的数字化记录。AI技术则在数据处理和分析方面发挥了重要作用。通过AI算法，扫描数据可以被快速处理和优化，生成高质量的三维模型。此外，AI还能帮助分析文物的材质、年代等信息，为研究和保护工作提供了科学依据。

实例：利用3D扫描和建模技术保存古建筑

以中国著名的敦煌莫高窟为例，利用3D扫描和建模技术，可以将这个世界遗产进行全面的数字化保存。莫高窟内有大量精美的壁画和雕塑，这些文化瑰宝因年代久远和环境影响，面临着损毁的风险。通过3D扫描技术，科研人员能够详细记录每一处壁画和雕塑的细节，包括色彩、纹理和形状。这些数据被传输到计算机中，生成逼真的三维模型，保存在数字档案库中。

这些三维模型不仅为文物的修复提供了精确的参考，还能用于虚拟展示和教育。例如，通过虚拟现实（VR）技术，游客可以在全球任何地方"参观"莫高窟，欣赏其美丽的壁画和雕塑。这种数字化保护方式，不仅延长了历史遗产的生命，也让更多人有机会了解和欣赏这些珍贵的历史遗产。

3 文化遗产数字化的意义

文化遗产的数字化具有重要意义。首先，它能够有效防止历史文物的丢失和损毁。无论是自然灾害还是人为破坏，通过数字化技术保存的历史文物信息都可以永久保留，便于后续修复和研究。其次，数字化技术使文化遗产更加易于传播和共享。传统的文物保护需要专门的展览场所，而数字化的文物可以通过互联网展示，吸引全球范围内的观众。

AI和3D扫描技术在文化遗产数字化中发挥了重要作用，通过高精度的数字化记录和保存，实现了文化遗产的长期保护和广泛传播。无论是敦煌莫高窟的三维建模，还是其他古建筑和文物的数字化保存，这些技术都为文化遗产的保护和研究带来了新的可能性。

实例：利用 AI 进行甲骨文的识别与翻译

甲骨文作为中国古代文字的代表，承载了丰富的历史信息。然而，由于其形状复杂且种类繁多，传统的甲骨文研究需要大量的人力和时间。近年来，人工智能（AI）的迅猛发展为甲骨文的识别和研究带来了新的契机。AI 技术，尤其是深度学习，能够通过训练模型自动识别甲骨文字符。研究人员利用卷积神经网络（CNN）和循环神经网络（RNN）等技术，开发出能够识别甲骨文的算法。这些算法通过学习大量标注好的甲骨文图像，逐渐掌握了识别甲骨文的能力。随着训练数据的增加和模型的优化，识别的准确率不断提升。不仅如此，AI 还能帮助研究人员对甲骨文进行分类和翻译。通过自然语言处理（NLP）技术，AI 可以将甲骨文转换为现代汉字，并进行初步的语义分析。这一技术的应用，使得甲骨文研究从烦琐的手工辨认转向高效的智能处理。

19.2.2 文化遗产的智能监测与保护

1 AI 在文化遗产监测与保护中的应用

AI 技术在文化遗产保护中具有广泛的应用前景，尤其是在实时监测和预测潜在风险方面。通过传感器网络和 AI 算法的结合，我们能够对文物和遗址的状态进行 24 小时不间断的监测，并在发现问题时及时采取保护措施。

2 智能监测系统的工作原理

智能监测系统主要依靠各种传感器来采集环境数据，例如温度、湿度、光照、震动等。传感器布置在文物或遗址的关键位置，实时采集和传输数据到中央控制系统。AI 算法对这些数据进行分析，识别出可能存在的异常情况。

实例：博物馆中的智能监测

以北京故宫博物院为例，这座古老的宫殿拥有无数珍贵的文物，保护工作极为重要。博物馆内部安装了大量的温湿度传感器，这些传感器能够实时监测展厅内的环境变化。AI 系统对采集到的数据进行分析，确保环境条件始终处于文物保存的最佳范围内。

例如，如果某个展厅的湿度突然升高，AI 系统会立即发出警报，并自动启动除湿设备，调整湿度水平。类似地，如果检测到光照强度超过安全值，系统会自动调暗灯光，保护文物不受光损伤。此外，AI 还能够结合历史数据，预测未来可能出现的环境变化，提前做出相应的调整，确保文物的长期保存。

3 AI 监测系统的优势

AI 监测系统的最大优势在于其高效性和准确性。相比于传统的人工监测，AI 系统能够全天候、全方位地监测文物和遗址的状况，极大地提高了监测的覆盖面和精度。通过实时数据分析和预测，AI 系统能够迅速发现和处理潜在问题，防患于未然，减少了文物受损的风险。

此外，AI 监测系统还能够不断学习和优化。通过对历史数据的积累和分析，AI 算法可以不断提升其预测和应对能力，适应不同环境和条件下的保护需求。这种自适应性和智能化的特性，使得 AI 监测系统在文化遗产保护中具有广阔的应用前景。

19.2.3 文化遗产的修复与重建

1 AI 在文物修复中的应用

在文化遗产保护中，文物的修复与重建是一项极其复杂和精细的工作。传统的修复方法依赖于专家的经验和手工操作，既耗时又容易出错。随着人工智能（AI）技术的发展，文物修复领域迎来了全新的变革。AI 通过图像识别、机器学习和深度学习等技术，可以帮助专家更高效、更精准地修复和重建破损的文物，如图 19-7 所示。

图 19-7 AI 与文物

2 AI 在文物修复中的工作原理

AI 在文物修复中的主要应用之一是图像识别技术。首先，通过高精度的扫描设备获取文物的数字图像，包括其表面的纹理、颜色和细节；接着，AI 算法对这些图像进行分析，识别出破损部分和缺失的细节。利用机器学习技术，AI 可以通过学习大量完好文物的图像，推测出破损部分的原貌，并生成修复方案。这些修复方案不仅考虑到文物的历史和艺术风格，还能最大程度地保留其原始特征。

实例：利用 AI 技术修复古画

以故宫博物院的古画修复为例，AI 技术在这一领域展现了巨大的潜力。故宫博物院拥有大量珍贵的古代绘画作品，其中许多因为时间的侵蚀而出现了破损和褪色。传统的修复方法往往需要专家进行细致的观察和手工修补，这不仅费时费力，而且在处理细节时容易产生误差。

AI 技术的引入改变了这一现状。首先，通过高分辨率扫描设备，将古画的数字图像录入系统。然后，利用图像识别和深度学习技术，AI 系统能够分析这些图像，识别出画作中受损的区域。例如，一幅古画中如果有部分画面因水渍而模糊不清，AI 系统可以通过分析画作的整体风格和周围图案，推测出模糊部分的原貌，并生成修复方案。

在实际操作中，AI 系统会根据生成的修复方案，自动调整色彩和线条，精细地重绘破损部分。这个过程不仅极大地提高了修复的效率，还确保了修复工作的准确性和一致性。例如，某次修复中，一幅明代的山水画因年代久远，部分树木和山峰的轮廓已经模糊不清。AI 系统通过分析画面的整体构图和色彩，成功地重绘了这些模糊部分，使整幅画作焕发出新的光彩。

3 AI 技术的优势

AI 技术在文物修复中的优势主要体现在以下几个方面：

（1）高效性：相比于传统的手工修复，AI 技术能够大幅缩短修复时间。复杂的分析和修补工作可以在短时间内完成，提高了整体效率。

（2）精准性：AI 系统通过大量数据的学习和分析，能够精准识别和重建破损部分，确保修复效果的高度一致性和准确性。

（3）保护性：AI 技术的使用减少了对文物的物理接触，降低了二次损伤的风险，有助于更好地保护文物的原始状态。

AI 技术在文物修复与重建中的应用，为文化遗产保护带来了新的希望。通过图像识别和机器学习技术，AI 能够高效、精准地修复破损的艺术品，使其重新焕发光彩，如图 19-8 所示。

图 19-8 AI 与古画修复

19.2.4 文化遗产的教育与传播

1 AI 在文化遗产知识教育与传播中的作用

文化遗产是人类文明的瑰宝，它不仅承载着历史的记忆，还体现了不同文化的丰富多样性。然而，由于地理、经济和时间等限制，很多人无法亲自前往这些文化遗址参观和学习。人工智能（AI）和虚拟现实（VR）技术的结合，为文化遗产的教育与传播提供了全新的解决方案，使人们能够跨越时间和空间的限制，“亲身”体验世界各地的历史文化遗产。

2 AI 和 VR 技术在文化遗产传播中的应用

AI 和 VR 技术在文化遗产传播中的应用主要体现在虚拟博物馆和在线展览方面。通过这些技术，人们可以在家中或学校，身临其境地“参观”各地的文化遗产，了解其历史和背景。例如，利用 VR 技术，虚拟博物馆可以创建一个逼真的三维环境，用户佩戴 VR 设备后，就可以“走进”博物馆的展厅，观看展品，听取讲解，就像亲自到现场一样。

实例：虚拟博物馆和在线展览

以中国国家博物馆为例，这座博物馆拥有丰富的馆藏和历史展览。通过 VR 技术，国家博物馆创建了一个虚拟博物馆平台，用户只需登录网站或应用程序，便可以进入虚拟展厅，浏览各种展品。例如，在古代瓷器展区，用户可以通过虚拟现实设备，360 度无死角地观赏精美的瓷器，甚至可以放大查看细节，了解每件展品的历史背景和工艺特点。

此外，AI 技术在虚拟博物馆中扮演了重要角色。AI 讲解员可以根据用户的兴趣和提问，提供个性化的讲解服务。比如，当用户在观看某件文物时，AI 讲解员会自动识别这件文物，并提供详细的背景介绍和相关知识。如果用户有任何疑问，可以随时提问，AI 讲解员会即时解答，提供互动式的学习体验。

3 AI 和 VR 技术的优势

AI 和 VR 技术的优势有如下几个方面：

（1）跨越时空的教育：AI 和 VR 技术打破了地理和时间的限制，使人们能够随时随地参观世界各地的文化遗产，享受高质量的文化教育资源。

（2）沉浸式体验：VR 技术提供了身临其境的体验，使文化学习更加生动有趣。用户不仅可以视觉上看到文物，还可以通过听觉、触觉等多种感官全面感受文化的魅力。

（3）个性化学习：AI 技术能够根据用户的兴趣和需求，提供定制化的学习内容和讲解服务，提高学习效果和用户满意度。

未来，随着技术的不断进步，AI 和 VR 将继续推动文化知识的广泛传播，让更多人了解和珍惜人类的文化瑰宝。

人工智能（AI）在文化遗产保护中发挥了至关重要的作用。通过数字化、智能监测、修复重建和教育传播，AI 不仅提高了文物保护的效率和精准度，还使文化遗产得以更好地保存和传播。

19.3 思考练习

19.3.1 问题与答案

问题 1：什么是智慧旅游，如何通过 AI 技术提升个性化旅行体验？

智慧旅游是指利用现代科技手段，如人工智能、大数据和物联网，为游客提供更加便捷、智能和个性化的旅行服务。通过 AI 技术，智慧旅游能够分析用户的兴趣爱好和历史数据，推荐最适合的旅游目的地、酒店和活动。例如，智能推荐系统可以根据用户的搜索记录和预订信息，定制个性化的旅行行程，使每次旅行都更加轻松愉快和独特难忘。

问题 2：虚拟导游是如何利用 AI 和 AR 技术为游客提供服务的？

虚拟导游利用 AI 和增强现实（AR）技术，为游客提供实时讲解和导航服务。AI 通过定位技术确定游客位置，并结合预先加载的地图和景点信息，为游客提供个性化的旅游路线和建议。AR 技术则将这些信息以虚拟图像的形式叠加在游客的视野中。例如，游客在参观古城堡时，通过虚拟导游应用，可以看到相关的历史讲解和 3D 模型，身临其境地感受历史的魅力。

问题 3：AI 技术在文化遗产修复中的应用有哪些，举一个具体的例子说明？

AI 技术在文化遗产修复中主要应用于图像识别和机器学习，通过高精度扫描和数据分析，帮助修复和重建破损的艺术品。例如，在故宫博物院的古画修复中，利用 AI 技术可以识别受损区域，并通过学习大量完好画作的数据，推测出破损部分的原貌。AI 系统能够自动调整色彩和线条，精细地重绘破损部分，大幅提高修复工作的效率和准确性。

19.3.2 讨论题

1. 智慧旅游中的 AI 技术会如何改变我们的旅行方式？

讨论重点：智慧旅游中的 AI 技术正在彻底改变我们的旅行方式。通过智能推荐系统，AI 根据用户兴趣和历史数据提供个性化的旅行建议，使行程更符合个人偏好。智能行程规划工具如高德地图等，帮助用户设计高效的旅行路线，涵盖交通、住宿和景点安排。此外，智能客服机器人在旅行中的各个环节提供即时帮助，提高服务质量的同时减少了困扰。然而，随着这些技术的广泛应用，如何保护用户隐私成为一个重要议题。

2. AI 在文化遗产保护中的应用对传统保护方法带来了哪些挑战和机遇？

讨论重点：AI 在文化遗产保护中的应用为传统方法带来了显著的挑战和机遇。AI 技术通过数字化、智能监测和修复重建，提高了文物保护的效率和精准度。相比传统手工修复，AI 更快速精确，如利用图像识别技术修复破损古画。此外，AI 通过传感器实时监测文物环境参数，预测潜在风险并及时采取措施。未来的跨学科合作和技术创新将进一步提升 AI 在文物保护中的应用水平。

通识AI 人工智能基础概念与应用
第/四/部/分
人工智能与社会
——共创美好未来

第20章 智慧中国的未来

Chapter

学习目标

理解绿色生活的定义及其对个人、社会和环境的重要性。学习智能电网、绿色建筑和共享经济模式等绿色技术的应用；了解智能交通系统和绿色出行方式的具体措施及其优势；学习智能温控系统、智能照明和智能家电等技术在绿色生活中的应用（本章 1 课时）。

学习重点

- 未来城市的定义、特点以及愿景。
- 绿色生活的基本概念及其重要性。
- 智能电网、绿色建筑和共享经济模式的基本原理和应用。
- 智能交通系统和绿色出行方式的具体措施及其优势。
- 智能温控系统、智能照明和智能家电的功能及其环保效益。
- 智慧社区的概念及其推动绿色生活的具体措施。

20.1 未来城市：智慧中国的愿景

未来城市的概念不再局限于科幻小说，而是正在逐步成为现实。设想一下，一个智慧城市能够通过智能系统自动调节街道照明，垃圾桶会在需要清理时自动通知环卫工人，交通信号灯则能根据实时数据优化车流。这些智能化的城市管理手段不仅使我们的生活更加便捷，还能显著提高资源利用效率，减少环境污染。目前，中国在智慧城市建设方面已经取得了显著进展，从北京到深圳，各大城市纷纷利用高科技手段，致力于打造更加智慧和可持续的城市生活环境。

未来智慧城市的愿景如图 20-1 所示。

图 20-1 未来智慧城市

20.1.1 未来智慧城市的定义与特点

智慧城市是利用现代信息技术和智能系统来提高城市管理水平和居民生活质量的城市。这意味着智慧城市不仅是一个有高科技技术的地方，还通过这些技术来解决城市中的各种问题，从而实现更高效、更环保、更便捷的城市生活。

智慧城市的关键特点如下。

1 智能基础设施

智能基础设施是智慧城市的基石，包括智能电网、智慧供水系统、智能照明等。智能电网可以根据用电需求动态调整电力供应，减少浪费；智慧供水系统能监测水质和用水量，确保安全供水；智能照明系统则会根据人流和光照情况自动调节亮度，既节能又方便。

2 数据驱动的城市管理

在智慧城市中，数据是非常重要的资源。通过传感器、摄像头和其他设备收集的大量数据，可以帮助城市管理者实时监控和分析城市运行情况。

3 智能交通

智能交通系统利用数据和技术来提升交通效率和安全性。例如，智能公交系统可以通过 GPS 定位和实时数据分析，优化公交线路和发车时间，减少乘客的等待时间；自动驾驶汽车通过传感器和 AI 技术，可以提高驾驶安全性，并减少交通事故。

通过这些关键特点，智慧城市不仅提升了城市管理的水平和居民生活的便利性，还为我们创造了一个更加安全、环保和可持续发展的城市环境。这些智慧技术的应用，使未来城市成为一个更加智能和人性化的地方。

20.1.2 智慧城市技术

智慧城市的实现离不开一系列先进技术的支撑。这些技术不仅能让城市变得更智能、更高效，还提升了居民的生活水平。图 20-2 所示是智慧城市中几项关键技术的详细介绍，接下来结合实际案例，展示它们在城市管理中的应用，相关内容在前面章节中均有提及，这里简单概述一下。

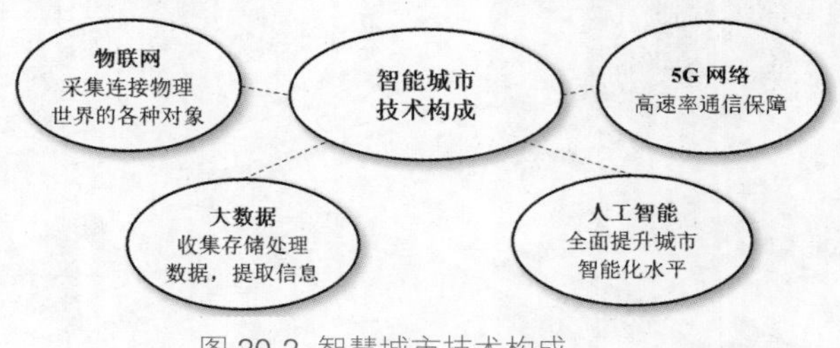

图 20-2 智慧城市技术构成

1 物联网

物联网（IoT）是通过传感器、设备和网络，将物理世界中的各种对象连接起来，实现信息的采集和交换。在智慧城市中，物联网技术广泛应用于城市的各个角落。

2 大数据

大数据技术是通过对大量数据进行收集、存储、分析和处理，从中提取有价值的信息。在智慧城市中，大数据技术可以帮助城市管理者做出更加科学和高效的决策。

3 人工智能

人工智能（AI）是通过计算机程序模拟人类智能的技术。在智慧城市中，AI 技术广泛应用于各种场景，提高了城市管理的智能化水平。

4 5G 网络

5G 网络是第五代移动通信技术，具有高速率、低延迟、大容量等特点。在智慧城市中，5G 网络为各种智能应用提供了可靠的通信保障。

智慧城市的实现依赖于物联网、大数据、人工智能和 5G 网络等先进技术的支持。这些技术不仅让城市管理变得更加智能和高效，还提升了居民的生活水平。

20.1.3 智慧城市的愿景

未来的智慧城市不仅是一个科技高度发达的城市，更是一个让居民生活更加便利和幸福的城市。通过高效的城市管理，提升居民生活水平和减少环境污染，智慧城市将为我们描绘出一幅美好的未来图景，如图 20-3 所示。

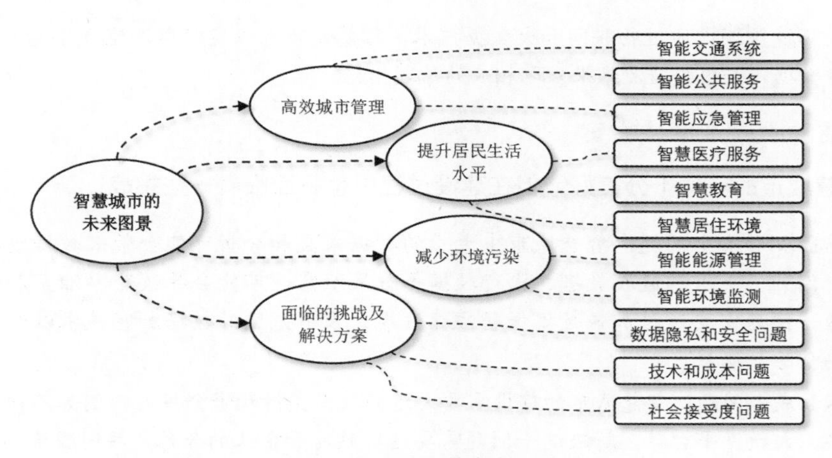

图 20-3 智慧城市的未来图景

1 高效的城市管理

智慧城市利用先进技术实现了城市管理的高效化。以下是几个具体的方面：

- 智能交通系统：通过实时数据分析和人工智能技术，智慧交通系统可以优化交通信号灯的设置，减少交通拥堵。
- 智能公共服务：智慧城市中的公共服务也将更加智能化。例如，通过智能设备和大数据分析，环卫系统可以实时监测垃圾桶的填满程度，自动安排垃圾清理，提高清洁效率。此外，智慧城市中的智能政务服务平台可以让市民在线办理各种手续，减少了不必要的排队和等待时间。
- 智能应急管理：智慧城市的应急管理系统可以通过传感器和大数据分析，实时监测城市中的各种风险，如自然灾害、火灾等，并快速做出响应。

2 提升居民生活水平

智慧城市不仅关注城市管理的高效化，更关注居民生活水平的提升：

- 智慧医疗服务：智慧医疗技术如远程医疗、智能健康监测设备等，可以让居民在家中就能享受到优质的医疗服务。电子健康档案系统可以记录每个人的健康状态，医生可以通过这些数据提供更加精准的治疗方案。
- 智慧教育：智慧城市中的教育系统也将更加智能化。例如，通过在线教育平台，学生可以随时随地学习课程内容，智能学习系统可以根据学生的学习情况提供个性化的学习方案，以提高学习水平。
- 智慧居住环境：智能家居设备如智能温控系统、智能照明、智能安防等，可以为居民提供更加舒适和安全的居住环境。

3 减少环境污染

智慧城市还致力于实现可持续发展，减少环境污染：

- 智能能源管理：智慧城市通过智能电网技术，实现了能源的高效管理。例如，通过实时监测电力需求和供给情况，智能电网可以动态调整电力分配，减少能源浪费。此外，智慧城市还鼓励使用清洁能源，如太阳能、风能等，减少对化石燃料的依赖，降低碳排放。

- 智能环境监测：通过物联网和大数据技术，智慧城市可以实时监测空气质量、水质、噪音等环境数据，并根据监测结果采取相应的治理措施。

4 面临的挑战及解决方案

尽管智慧城市的前景十分美好，但在建设过程中也将面临着一些挑战：

- 数据隐私和安全问题：智慧城市中大量的数据采集和分析可能会带来数据隐私以及安全问题。例如，个人的健康数据、出行数据等如果泄露，可能会导致隐私泄露和安全风险。解决这一问题需要通过加强数据保护法律法规、采用先进的数据加密技术以及建立完善的网络安全防护体系。
- 技术和成本问题：智慧城市的建设需要大量的技术支持和资金投入。例如，物联网设备、5G网络、大数据平台等。解决这一问题需要通过政府和企业的合作，共同投资和研发，降低建设成本；同时，推动智慧城市的标准化建设，减少重复投入和资源浪费。
- 社会接受度问题：智慧城市的建设和推广需要市民的广泛接受和参与。例如，智能垃圾分类系统需要市民的配合和使用，否则难以发挥应有的效果。解决这一问题需要通过加强市民的宣传教育，提高市民的智慧城市意识和参与度；同时，优化智能系统的设计和使用体验，让市民更加愿意接受和使用这些技术。

智慧城市的愿景是实现更加高效的城市管理、提高居民生活水平以及减少环境污染。尽管在建设过程中面临着数据隐私、安全、技术和社会接受度等挑战，但通过科学技术的不断进步和社会各界的共同努力，这些问题都可以逐步得到解决。

20.1.4 案例研究：具体城市的智慧化实践

为了让读者更直观地了解智慧城市的实际应用，我们选择了杭州作为案例，详细介绍杭州在智慧城市建设中的实践和成果。通过具体的数据和实例分析，我们可以看到智慧技术在这个城市中的具体应用和取得的成效。

杭州：互联网之都的智慧化探索

杭州作为中国的“互联网之都”，在智慧城市建设方面一直走在前列，得益于阿里巴巴等科技企业的支持。杭州的智慧城市建设涵盖了智慧交通、智慧政务和城市大脑等多个领域。

- 智慧交通：杭州的“智慧交通”系统利用人工智能和大数据技术，对全市交通进行实时管理和优化。通过对交通信号灯的智能调控，杭州的交通延误时间减少了15%。这套系统不仅能优化车流，还能提前预警交通事故和拥堵，提升了出行效率。
- 智慧政务：杭州大力推进“最多跑一次”改革，利用智慧政务平台，市民可以在线办理各种行政事务，减少了线下排队和等待时间。通过政务数据的整合和共享，政府服务的效率和透明度得到了显著提升。
- 城市大脑：杭州的“城市大脑”项目是其智慧城市建设的核心。这个系统通过整合全市的实时数据，实现对交通、安防、环境等多个领域的智能管理。例如，城市大脑可以实时监控空气质量、自动调度环卫车辆等，以提高城市环境管理效率。

智慧城市的未来愿景不仅是科技进步的象征，更是实现可持续发展和提升居民生活水平的重要途径。通过智能交通、智慧政务、智慧社区等多方面的创新应用，智慧城市不仅能大幅提高城市管理效率、减少资源浪费，还能提升公共服务水平，实现人们的美好生活。杭州的成功案例展示了智慧城市在中国发展的巨大潜力和实际成效，为其他城市提供了宝贵的经验和参考价值。

让我们共同关注和参与智慧城市的建设，为实现智慧中国的伟大愿景而努力奋斗。

20.2 绿色生活：智慧城市的日常

绿色生活不仅是一个时尚的理念，更是未来城市发展的核心。绿色生活倡导资源节约、环境友好和健康舒适的生活方式，而智慧城市则通过高科技手段实现这一目标。在智慧城市中，智能技术与绿色理念相结合，不仅可以优化能源使用、减少污染，还能提升居民的生活质量。智慧城市中的绿色生活，如同一部环保交响曲，利用智能技术的“指挥棒”，谱写出人与自然和谐共处的美丽篇章。这不仅是时代的需求，更是我们每个人对未来生活的美好期待。绿色生活的图景如图 20-4 所示。

图 20-4 绿色生活

20.2.1 绿色生活的定义与意义

1 绿色生活的定义

绿色生活，顾名思义，是一种追求资源节约、环境友好、健康舒适的生活方式。它倡导在日常生活中尽量减少资源消耗和环境污染，从而实现人与自然的和谐共处。具体来说，绿色生活包括节能减排、减少废弃物、使用可再生资源、推广环保产品等方面。比如，选择公共交通出行、减少一次性塑料制品的使用、注重垃圾分类和垃圾回收再利用等方式，都是绿色生活的体现。

2 绿色生活的意义

绿色生活不仅对个人有积极影响，对社会和环境也有深远意义。

- 对个人的意义：绿色生活能够提升个人的健康和生活质量。比如，选择步行或骑自行车不仅能减少碳排放，还能增强体质。使用环保产品、食用有机食品，有助于减少对有害化学物质的摄入，从而保护健康。
- 对社会的意义：绿色生活方式的推广可以引导社会形成环保意识，推动环保文化的普及。当越来越多的人践行绿色生活，环保理念将逐渐渗透到社会的各个角落，形成人人参与的环保氛围。这有助于推动相关政策的制定和实施，促进社会的可持续发展。
- 对环境的意义：绿色生活能够显著减少对自然资源的消耗和环境的污染。减少能源和水资源的浪费，降低二氧化碳等温室气体的排放，有助于缓解气候变化，保护生态环境。垃圾分类和循环利用可以减少垃圾填埋和焚烧带来的环境负担，促进资源的高效利用。

绿色生活不仅是一种个人选择，更是一种社会责任。它在智慧城市中得到了更好的实践，通过智能技术的支持，绿色生活方式得以更广泛和深入的推广。

20.2.2 智慧城市中的绿色技术

在当今全球化和城市化快速发展的时代，智慧城市成为了一个热门话题。智慧城市不仅是科技的集大成者，更是绿色环保生活的先锋。在智慧城市中，绿色技术的应用日益广泛，包括智能电网、绿色建筑和共享经济模式等（见图 20-5）。这些技术不仅提升了城市的运行效率，还为实现可持续发展提供了强有力的支持。下面，我们将通过一些实际案例，深入解读这些绿色技术如何帮助实现绿色生活。

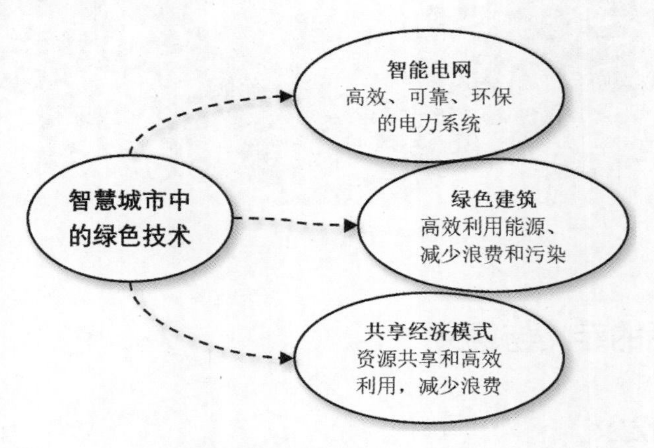

图 20-5 智慧城市中的绿色技术

1 智能电网：节能减排的电力革命

智能电网（Smart Grid）是指利用先进的传感技术、信息通信技术和控制技术，对传统电网进行改造和升级，形成一个更加高效、可靠和环保的电力系统。

实例：德国的智能电网计划

德国作为全球能源转型的先锋国家，其智能电网计划（Energiewende）备受瞩目。该计划旨在通过引入智能电网技术，提高能源利用效率，并大力发展可再生能源。在德国的一些城市中，已经安装了大量的智能电表和传感器，这些设备能够实时监测和管理电力的供应和需求。

智能电网的优势在于其高效和环保。通过实时监测和优化电力分配，智能电网能够大幅减少电力浪费。通过接入可再生能源（如风能和太阳能），智能电网有助于实现清洁能源的大规模应用，从而进一步减少温室气体排放。

2 绿色建筑：环保与舒适并存

绿色建筑（Green Building）是指在建筑的全生命周期内，最大限度地节约资源、保护环境、减少污染，为人们提供健康、适用和高效使用空间的建筑物。绿色建筑强调能源效率、水资源利用、材料选择和室内环境质量等方面的优化。

实例：新加坡的滨海湾金沙酒店

新加坡的滨海湾金沙酒店是绿色建筑的典范（见图 20-6）。酒店采用了先进的节能技术，如高效的空调系统和照明系统，利用太阳能发电，同时建筑外墙使用了隔热材料，减少了空调的使用量。屋顶花园不仅美观，还能够吸收二氧化碳，改善城市的空气质量。

图 20-6 新加坡的滨海湾金沙酒店

绿色建筑不仅能够显著降低能源消耗和碳排放，还能够为居民提供更健康、舒适的居住环境。随着人们环保意识的增强，绿色建筑将成为未来城市建设的主流。

3 共享经济模式：资源高效利用的新途径

共享经济模式是指通过互联网平台，促进资源的共享和资源的高效利用，以减少浪费和环境污染。例如共享单车（Bike-sharing）是共享经济模式的一种典型应用。

实例：中国的共享单车系统

中国的共享单车系统如美团共享单车和青桔单车，已经成为城市居民日常出行的重要交通工具。通过智能手机应用程序，用户可以方便地找到并使用附近的共享单车。共享单车不仅减少了私家车的使用，还缓解了城市交通拥堵，减少了汽车尾气排放，改善了空气质量。

共享经济模式有效地促进了资源的高效利用和环境保护。共享单车的普及不仅带来了便捷的出行方式，还推动了绿色出行的理念，为智慧城市的绿色发展提供了强有力的支持。

20.2.3 绿色出行与智慧交通

智慧城市中的绿色出行和智慧交通系统不仅提升了居民出行的便利性，还显著减少了对环境的负面影响。通过智能交通信号、自动驾驶汽车和公共交通优化等技术，智慧交通系统为城市带来了诸多便利。此外，绿色出行方式如电动汽车、共享单车和步行等，也在减少碳排放和缓解交通拥堵方面发挥了重要作用。

绿色出行与智慧交通如图 20-7 所示。

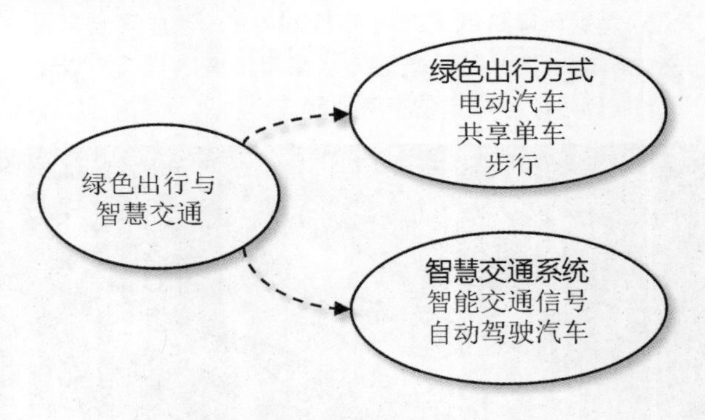

图 20-7 绿色出行与智慧交通

1 绿色出行方式

绿色出行方式在智慧城市中也得到了广泛应用，以下是几种主要的绿色出行方式及其优势：

- 电动汽车：电动汽车以电力为驱动能源，不会产生尾气污染，零排放。随着电动汽车充电基础设施的完善，越来越多的城市居民选择电动汽车作为日常出行的交通工具。电动汽车不仅环保，还能降低出行成本。
- 共享单车：共享单车通过智能手机 App 进行租借，方便快捷，适合短途出行。共享单车不仅减少了对私家车的依赖，还缓解了城市交通压力，降低了碳排放。例如，北京的共享单车系统自推出以来，极大地改善了市民的短途出行方式，每年减少了大量的碳排放。
- 步行：步行是最环保的出行方式，不产生任何污染。智慧城市通过建设步行友好的城市环境，如步行街、城市绿道等，鼓励市民选择步行出行。步行不仅有助于减少交通拥堵，还能改善市民的身体健康。

2 智慧交通系统

智慧交通系统是智慧城市的核心组成部分，通过信息和通信技术实现交通管理的智能化。以下是智慧交通系统中的几项关键技术：

- 智能交通信号：智能交通信号系统通过实时监测交通流量，自动调整信号灯的时长，以优化交通流量，减少交通拥堵。例如，北京的智能交通信号系统利用大数据分析和人工智能技术，根据实时交通状况调整信号灯的时长，减少了高峰时段的拥堵情况。
- 自动驾驶汽车：自动驾驶汽车利用传感器、摄像头和 AI 技术，实现了车辆的自动驾驶功能。自动驾驶汽车不仅提高了行驶安全性，还能通过优化行驶路线，减少燃油消耗和尾气排放。例如，深圳的一些自动驾驶试点项目已经在特定区域内实现了无人驾驶出租车的运营，大大减少了人为驾驶带来的交通事故。
- 公共交通优化：通过大数据和智能调度系统，公共交通优化技术可以提高公交车、地铁等公共交通工具的运行效率。例如，杭州的智能公交系统可以根据乘客数量和交通状况，实时调整公交线路和发车时间，提高了公交车的利用率和乘客的出行体验。

20.2.4 绿色生活中的智能家居

智能家居技术通过先进的物联网和自动化系统，为家庭生活带来了便利和舒适。智能温控系统、智能照明和智能家电等技术不仅提高了居民的生活水平，还帮助家庭节能减排，促进绿色生活方式的实现。下面将详细介绍这些技术及其应用实例，展示智能家居如何为绿色生活作出贡献。

绿色生活中的智能家居如图 20-8 所示。

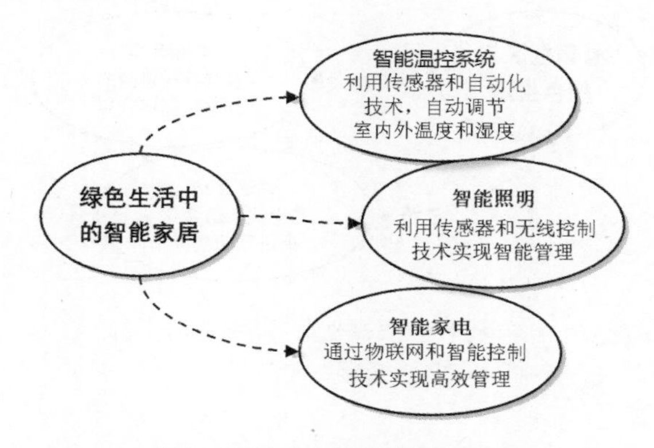

图 20-8 绿色生活中的智能家居

1 智能温控系统

智能温控系统利用传感器和自动化技术，根据室内外温度、湿度及用户的作息时间，自动调节室内温度，达到节能和舒适的双重效果。

2 智能照明

智能照明系统通过传感器和无线控制技术，实现对家庭照明的智能管理。智能灯泡和照明控制器可以根据自然光照和房间使用情况自动调节灯光亮度，达到节能效果。

3 智能家电

智能家电如智能冰箱、洗衣机和空调等，通过物联网和智能控制技术，实现高效运行和节能管理。智能冰箱可以监测食品的存储情况，提醒用户补充食物，减少浪费；智能洗衣机能够根据衣物的重量和污渍程度，自动调整洗涤程序，节约用水和用电。

智能家居技术通过智能温控系统、智能照明和智能家电等，显著提升了家庭生活的舒适度和便利性，同时也在节能减排方面发挥了重要作用。这些技术的应用，不仅有助于实现绿色生活，还能激发学生对科技的兴趣，鼓励他们关注并参与智慧城市和绿色技术的推广与应用。通过学习和实践，他们将为建设更加绿色、智慧的未来贡献出自己的力量。

20.2.5 智慧社区与绿色生活

智慧社区是智慧城市的重要组成部分，通过现代科学技术实现社区管理的高效化、资源共享的最大化以及邻里互动的便利化（见图 20-9）。智慧社区不仅提升了居民的生活水平，还在推动绿色生活方面发挥了重要作用。本小节将详细介绍智慧社区的概念，并探讨智慧社区中推动绿色生活的具体措施，如社区花园和垃圾分类等。

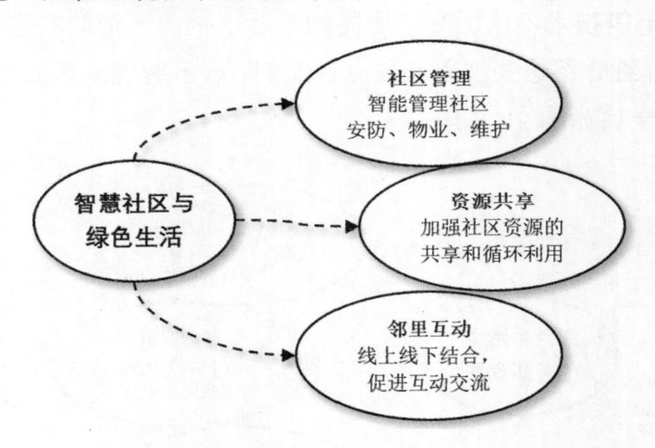

图 20-9 智慧社区与绿色生活

1 智慧社区的概念

智慧社区是指利用物联网（IoT）、云计算、大数据和人工智能（AI）等技术，构建智能化的社区管理系统，以提升社区服务水平和居民生活质量（见图 20-10）。智慧社区的核心要素包括：

- 社区管理：通过智能设备和系统，实现社区安防、物业管理、能耗监测等方面的智能化管理。例如，智能安防系统可以通过摄像头和传感器实时监控社区安全状况，及时发现和处理异常情况；智能物业管理系统则能让居民在线报修、缴费，提高管理效率和居民满意度。
- 资源共享：智慧社区鼓励资源的共享和循环利用，如共享单车、共享汽车、共享图书馆等，既方便了居民生活，也节约了资源。例如，共享单车的普及，不仅方便了居民短途出行，还减少了对私家车的依赖，降低了碳排放。

- 邻里互动：智慧社区通过线上线下结合的方式，促进邻里之间的互动和交流。例如，社区App可以发布社区活动信息、邻里互助需求等，增强居民的社区归属感和参与感。

图 20-10 智慧社区

2 智慧社区中的绿色生活措施

智慧社区在推动绿色生活方面采取了多种措施，以下是其中几项重要的措施：

- 社区花园：社区花园是智慧社区中推广绿色生活的重要方式之一。社区花园不仅美化了居住环境，还为居民提供了种植蔬菜、花卉的场所，促进了居民与自然的亲密接触。例如，北京的一些智慧社区开设了社区花园，居民可以认领花坛种植植物，不仅改善了社区环境，还促进了居民之间的互动。
- 垃圾分类：智慧社区通过智能垃圾分类系统，实现垃圾分类的高效管理。智能垃圾桶配备传感器，可以自动识别和分类不同类型的垃圾，并通过物联网技术实时监控垃圾桶的填满情况，优化垃圾清运路线和时间。例如，上海的一些智慧社区使用智能垃圾桶，居民通过扫描二维码开盖投放垃圾，系统会根据垃圾类型进行分类，并给予相应的环保积分奖励，激励居民参与垃圾分类。
- 绿色建筑：智慧社区中的建筑物采用绿色建筑标准，使用环保材料和节能技术，减少建筑对环境的影响。例如，深圳的智慧社区中，一些住宅楼采用了太阳能光伏系统、雨水收集系统和高效节能的空调系统，显著降低了能耗和碳排放。
- 智能家居：智慧社区推广智能家居技术，如智能温控系统、智能照明和智能家电等，帮助居民实现节能减排，提高生活舒适度。例如，杭州的智慧社区中，居民可以通过手机App远程控制家中的温度、照明和电器使用情况，既方便又节能。

智慧社区通过智能化的社区管理、资源共享和邻里互动，提升了居民的生活质量，并在推动绿色生活方面取得了显著成效。社区花园、垃圾分类、绿色建筑和智能家居等措施，不仅美化了社区环境，还促进了资源的可持续利用和碳排放的减少。

通过倡导绿色生活，智慧城市不仅为居民创造了一个更清洁、更健康的生活环境，还推动了社会的可持续发展，为子孙后代留下了宝贵的生态财富。

20.3 思考练习

20.3.1 问题与答案

问题 1：什么是绿色生活，它对个人、社会和环境有哪些重要意义？

绿色生活是一种追求资源节约、环境友好和健康舒适的生活方式。对个人而言，绿色生活提升了健康和生活质量，如通过步行和骑自行车增强体质，选择有机食品减少有害化学物质的摄入。对社会而言，绿色生活推广环保意识，形成环保文化，推动相关政策的制定和实施，促进社会可持续发展。对环境而言，绿色生活减少资源消耗和环境污染，如节能减排和垃圾分类，缓解气候变化，保护生态环境。

问题 2：智慧城市中常见的绿色技术有哪些，这些技术如何帮助实现绿色生活？

智慧城市中的绿色技术包括智能电网、绿色建筑和共享经济模式等。智能电网通过实时监测电力需求和供应，优化电力资源分配，提高能源利用率。绿色建筑采用环保材料和节能技术，减少对环境的影响，提供舒适的居住环境。共享经济模式，如共享单车，通过便捷的低碳出行方式，减少交通拥堵和碳排放，促进资源的可持续利用。

问题 3：智慧社区如何推动绿色生活，有哪些具体措施？

智慧社区通过智能化管理和资源共享，提升居民生活水平并推动绿色生活。具体措施包括社区花园和垃圾分类等。社区花园美化环境，提供居民种植蔬菜和花卉的场所，促进与自然的亲密接触。垃圾分类通过智能垃圾桶实现自动分类，优化垃圾清运，提高资源回收率，减少环境污染。这些措施不仅改善了社区环境，还促进了资源的可持续利用和居民的环保意识。

20.3.2 讨论题

1. 绿色生活在智慧城市中的推广面临哪些挑战，如何解决这些挑战？

讨论重点：在推广绿色生活的过程中，技术障碍、经济成本、公众意识和政策支持是主要挑战。技术上，智能电网和智能家居设备的部署可能会遇到技术难题，需要加强研发和标准化。经济上，绿色技术和设施的高成本可能成为推广的障碍，可以通过政府补贴和市场机制来降低成本。在公众意识方面，居民对绿色生活和智慧城市技术的接受度需要提升，可以通过教育和宣传活动来增加公众参与。政策支持上，政府需要制定和实施有效的政策和法规，推动智慧城市和绿色生活的全面发展。

2. 智慧社区如何通过资源共享和邻里互动提升居民的绿色生活意识和参与度？

讨论重点：智慧社区通过资源共享和邻里互动，可以有效提升居民的绿色生活意识和参与度。共享单车、共享汽车等资源共享模式，促进了绿色出行和资源节约。智慧社区通过线上平台和线下活动，增强居民互动和协作，提高社区凝聚力。社区花园和垃圾分类等项目，可以激励居民积极参与绿色生活实践，通过推广这些项目，智慧社区能够进一步推动绿色生活的实现。

第 21 章 Chapter

AI 与社会主义核心价值观

学习目标

本章学习人工智能在思想政治教育中的重要作用；掌握利用 AI 多模态大模型进行个性化学习的方法，并通过 AI 技术体验和理解社会主义核心价值观；学习如何在资源管理和互动学习中应用 AI 多模态大模型；探讨 AI 技术在智慧校园中的实际应用及其未来前景（本章 1 课时）。

学习重点

- 使用 AI 多模态大模型平台进行个性化的社会主义核心价值观学习。
- 通过 VR 技术在历史和现实场景中体验和理解核心价值观。
- 利用 AI 分析学习数据，获得个性化的学习反馈。
- 通过 AI 平台实现不同学段之间的思政课题协作和教学观摩。
- 参与讨论智慧校园的建设，提出 AI 在思政教育中的创新应用方案。

21.1 机器智能与人类智慧的共存

机器智能（也称为数字智能）是指通过计算机技术模拟人类思维的智能系统，其核心在于快速处理大量数据并做出精准的决策。人类智慧（也称为生物智能）则涵盖了创造力、情感、伦理判断和复杂问题的解决能力，体现了人类在思维和情感上的独特优势。尽管机器智能在效率和精确度方面具有显著优势，但其缺乏人类的情感理解和创造力（见图 21-1）。因此，机器智能与人类智慧的共存不仅是技术发展的必然趋势，更是推动社会进步和解决复杂问题的重要途径。通过协同发展，机器智能可以弥补人类智慧的不足，而人类智慧则能引导和完善机器智能的应用，实现真正的智能化社会。

图 21-1 机器智能

21.1.1 技术与人文的对话

随着科技的不断进步，机器智能在各个领域展现出了卓越的效率和精准度。机器智能能够处理海量数据，进行复杂的计算和分析。例如，在金融领域，AI 可以在几秒内分析数百万笔交易，识别出潜在的市场趋势和风险，这种高效的处理能力是人类难以匹敌的。此外，在制造业中，AI 驱动的机器人可以 24 小时不间断地进行精密的组装和检测，极大地提升了生产效率和产品质量。

然而，尽管机器智能在效率和精准度方面有着显著的优势，人类智慧在创造力、情感和伦理决策方面的不可替代性同样重要。创造力是人类智慧的核心，只有人类能够通过直觉和想象力，提出前所未有的创新构想。比如，艺术创作、文学写作和科学发现等领域，依赖于人类独特的创造力。此外，情感理解和表达也是机器智能所无法完全复制的。医生在给病人诊断时，不仅需要专业的医学知识，还需要共情能力，安慰和鼓励病人，使其心理状态得到改善。伦理决策则涉及对复杂道德问题的判断，这需要人类根据价值观和道德原则做出权衡和选择，而这些都不是用简单的算法能够解决的。

在实际应用中，机器智能与人类智慧的互补效应日益显著。以智能助理在教育和医疗中的辅助作用为例，智能助理可以帮助老师对学生成绩进行分析，并提供个性化的学习方案，从而提升教学效果。在医疗领域，AI 可以辅助医生进行病历分析，预测病情发展，为医生提供诊断建议。但最终的治疗决策仍需医生根据患者的具体情况、家庭背景和个人意愿综合考量，这种人性化的决策过程是 AI 无法独立完成的。

综上所述，机器智能与人类智慧各具优势，共同推动了社会的进步。在效率和精准度方面，机器智能发挥了其强大的能力，而在人性化、创造力和伦理决策方面，人类智慧则展现了其独特的价值。通过两者的有机结合，我们能够实现更高效、更人性化的社会发展。

21.1.2 机器智能和人类智慧协同发展的案例

机器智能和人类智慧协同工作的成功案例在各个领域不断涌现，这些案例展示了两者结合所带来的巨大效益和面临的挑战。机器智能与人类智慧场景如图 21-2 所示。

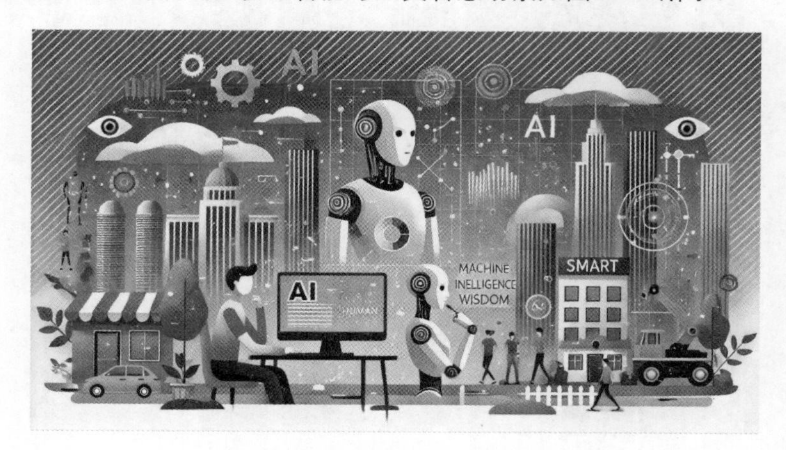

图 21-2 机器智能与人类智慧

1 智能制造中的人机协作

在智能制造领域，人机协作是机器智能与人类智慧协同工作的典范。智能制造通过将 AI 技术应用于生产线，极大地提升了生产效率和产品质量。例如，德国的西门子公司在其阿姆贝格工厂实施了全自动化生产线，机器人和人类工人密切合作，生产出复杂的工业控制器。机器人负责高精度的组装和检测工作，而人类工人则进行监控、维护和质量控制等任务。

2 协同工作的效益

这种人机协作模式带来了显著的效益。根据西门子公司的数据显示，该工厂的生产效率提高了 75%，产品不良率降低至不足 0.001%。机器人能够 24 小时不间断工作，处理重复性高、精度要求高的任务，而人类工人则专注于需要判断力和创造力的工作，如解决生产中的意外问题和优化生产流程。

3 研究数据支持

相关研究数据也支持这种协同模式的优势。麻省理工学院的一项研究表明，在制造业中引入人机协作后，生产效率平均提高了 85%。研究还发现，通过机器人的精准度和人类工人的灵活性相结合，可以显著提升产品质量和生产速度。

4 协同发展的挑战

尽管协同发展带来了诸多效益，但也面临着一些挑战。

首先是技术挑战，如何实现机器人与人类的无缝协作，确保安全性和可靠性，是一大难题。例如，机器人在工作时需要识别和避让人类工人，避免发生碰撞，这对传感器技术和算法提出了高要求。

其次是社会挑战，随着机器人逐渐承担更多工作任务，人们担心可能会导致失业问题。虽然目前数据显示，机器人往往是替代高强度、重复性高的工作，但如何在新技术普及过程中，确保劳动力市场的平衡，仍需政策和社会的共同努力。

5 协同发展的未来

展望未来，随着技术的不断进步，机器智能与人类智慧的协同将更加紧密。机器人将具备更强的感知能力和学习能力，与人类工人的互动将更加自然和高效。在医疗、教育、服务等领域，人机协作的潜力也将进一步释放，为社会创造更多价值。

总之，机器智能和人类智慧的协同发展，将引领我们迈向一个更高效、更智能、更人性化的未来。通过克服技术和社会挑战，我们能够充分发挥两者的优势，实现社会的可持续发展。

21.1.3 人机协同未来展望

1 机器智能和人类智慧共存的发展趋势

随着科技的飞速发展，机器智能和人类智慧的共存将越来越普遍并深入各个领域。在未来，我们可以预见以下几个发展趋势：

1）深度融合

机器智能将更加深度地融入到人们日常生活和工作中。例如，智能家居系统将变得更加智能化，可以自动调节室温、控制家电、监测安全等。而在工作场所，AI 助手则将协助员工进行数据分析、任务管理和决策支持，提升整体工作效率。

2）个性化服务

在未来，AI 技术将能够根据个人的需求和偏好，提供高度个性化的服务。例如，在医疗领域，AI 可以根据每个患者的健康数据，制订个性化的治疗方案和健康管理计划。在教育领域，智能学习平台将根据学生的学习进度和兴趣，推荐最适合的学习资料和课程，帮助学生更有效地学习。

3）创新与创造力

机器智能将与人类智慧共同推动创新和创造力的增强。例如，在艺术领域，AI 可以辅助艺术家进行创作，提供灵感和技术支持；在科研领域，AI 可以协助科学家进行复杂的数据分析和模拟实验，推动科学发现和技术创新。

2 伦理和社会问题及解决方案

在机器智能和人类智慧共存的过程中，机器智能未来面临着许多问题，我们需要认真对待这些问题并寻求解决方案，如图 21-3 所示。

1）隐私与安全

随着机器智能处理和分析大量数据，个人隐私和数据安全成为一个重要问题。未来，需要制定更加严格的数据保护法规，确保用户数据的安全和隐私不被侵犯。此外，开发安全可靠的 AI 系统，防止数据泄露和滥用，也是至关重要的。

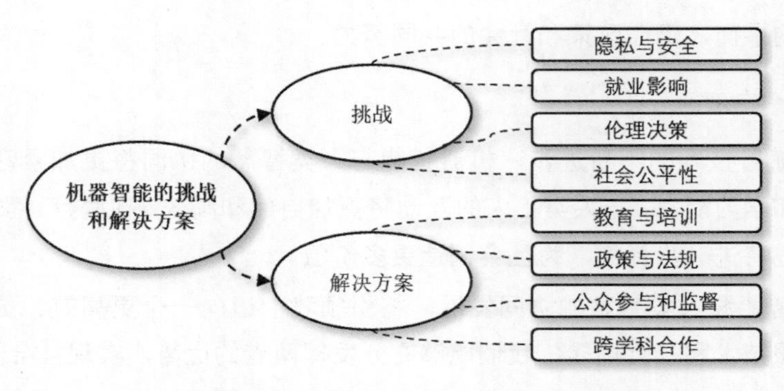

图 21-3 机器智能未来面临的挑战和解决方案

2）就业影响

机器智能在提高生产效率的同时，也可能导致部分工作岗位的消失。为应对这一挑战，需要通过教育和培训，提升劳动者的技能和竞争力，使其能够适应新技术带来的变化。此外，政府和企业应共同努力，创造更多高质量的就业机会，促进经济的可持续发展。

3）伦理决策

机器智能在执行任务时可能面临复杂的伦理决策问题，例如在自动驾驶汽车中，如何在紧急情况下做出最佳选择。为此，需要建立一套完善的伦理准则和决策机制，确保 AI 系统在执行任务时遵循人类社会的价值观和道德规范。

4）社会公平性

机器智能的发展可能加剧社会不平等，例如技术资源的集中可能导致贫富差距扩大。为实现社会公平，需要推动技术的普及和共享，使更多人能够享受科技带来的便利和福利。此外，政府应加强监管，防止技术垄断和不公平竞争。

3 解决方案

（1）教育与培训：推动教育体系改革，将 AI 和技术素养教育纳入基础教育和职业培训中，培养学生和劳动者的创新能力和技术技能，使其能够适应和利用新技术。

（2）政策与法规：制定和完善相关法律法规，保护个人隐私和数据安全，确保 AI 技术的公平应用和可持续发展。政府应加强监管，防止技术滥用和不公平竞争。

（3）公众参与和监督：增强公众对 AI 技术的理解和参与，建立公开透明的监督机制，确保 AI 技术的开发和应用符合社会利益和道德规范。

（4）跨学科合作：推动人工智能领域与人文、社会科学的跨学科合作，共同探讨和解决技术发展带来的伦理和社会问题，确保技术进步与社会发展相协调。

总之，机器智能和人类智慧的共存将引领我们迈向一个更加智能化和高效的未来。在这一过程中，我们需要通过教育、政策、公众参与和跨学科合作，共同应对挑战，确保技术进步惠及全社会，实现可持续发展的美好愿景。

21.2 AI 在中国文化中的角色：传统与现代的融合

中国文化以其深厚的历史底蕴和独特的价值观念著称。这些传统价值观塑造了中国人的生活方式和社会结构，并在全球文化中占据重要地位，部分内容在前面章节中已经有详细介绍。

AI 技术的迅猛发展，正在深刻改变着中国社会的各个方面。在这样的文化背景下，AI 在中国扮演着独特而重要的角色，不仅推动了传统文化的传承与创新，还促进了现代科技与文化的深度融合。未来，AI 将在促进中国传统文化与现代科技的协同发展中发挥越来越重要的作用。AI 与中国传统文化的融合如图 21-4 所示。

图 21-4 AI 与中国传统文化

21.2.1 传统文化中的 AI

人工智能（AI）技术不仅在科技和商业领域中展现了巨大潜力，还对传统文化的保护和传承带来了全新的机遇。通过 AI 技术，传统文化得以更好地保存、传播和创新，焕发出新的生机。

AI 在传统文化中的应用如图 21-5 所示。

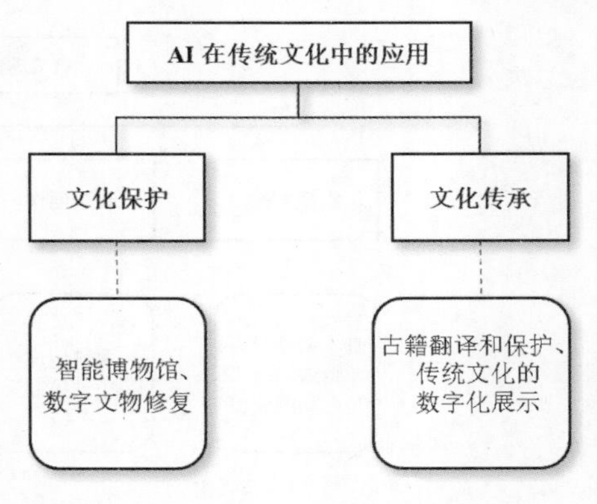

图 21-5 AI 在传统文化中的应用

1 AI 技术在传统文化保护中的应用

1）智能博物馆

智能博物馆利用 AI 技术提升了观众的参观体验和文物保护水平。在智能博物馆中，AI 技术可以通过虚拟现实（VR）和增强现实（AR）技术，为观众提供沉浸式的参观体验。

2）数字文物修复

传统文物的修复往往需要大量的人力和时间，而 AI 技术可以显著提升这一过程的效率和准确性。例如，利用图像识别和深度学习技术，AI 可以分析破损文物的图像，自动生成修复方案，甚至在某些情况下直接进行数字修复。此外，AI 还可以通过对大量历史数据的分析，推测出文物的原貌，帮助修复师更准确地进行文物修复工作。

2 AI 技术在传统文化传承中的应用

1）古籍翻译和保护

古籍承载着中华文化的精髓，但由于语言差异和文本的古旧等原因，大量古籍难以阅读和理解。AI 技术，特别是语音识别和自然语言处理技术，在古籍翻译和保护方面发挥了重要作用。通过扫描和文字识别，AI 可以将其转换为数字化文本，接着利用机器翻译技术将古文翻译成现代汉语甚至其他语言，方便更多人阅读和研究。

2）传统文化的数字化展示

AI 技术还可以用于传统文化的数字化展示，通过多媒体手段弘扬中华优秀传统文化。例如，利用图像识别和生成技术，AI 可以将传统绘画和书法作品制作成高清数字版，便于传播和展示。观众可以通过手机或计算机欣赏这些作品，甚至参与互动体验，如在线临摹和创作。此外，AI 还可以通过语音合成技术，复原古代音乐和戏剧表演，使观众可以一睹古代文化的风采。

21.2.2 现代文化中的 AI

人工智能（AI）在现代文化产业中的应用越来越广泛，正在深刻改变影视、音乐等文化领域的创作和生产方式。通过 AI 技术，文化产业得以实现创新和发展，提升了文化软实力。AI 在现代文化中的应用如图 21-6 所示。

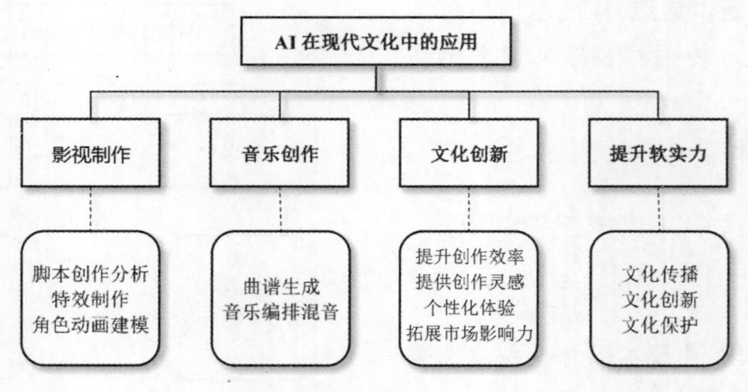

图 21-6 AI 在现代文化中的应用

1 AI 在影视制作中的应用

AI 技术可以辅助编剧进行脚本创作和分析。例如，利用自然语言处理（NLP）技术，AI 可以对大量的影视剧本进行分析，总结出成功剧本的结构和特点，为编剧提供创作灵感和建议。此外，AI 还可以自动生成故事大纲，甚至撰写剧本的部分内容。例如，中央电视台（CCTV）作为中国的主要广播电视媒体，也在积极采用 AI 技术，以提升节目制作质量和观众体验。

在特效制作中，AI 技术同样发挥了重要作用。通过深度学习和图像处理技术，AI 可以快速生成逼真的特效场景，减少了人工制作的时间和成本。例如，中央电视台《国家宝藏》这档节目运用了大数据分析和 AI 技术，精准地捕捉了观众的兴趣点，进而优化节目内容，提高观众的观看体验。

2 AI 在音乐创作中的应用

AI 技术在音乐创作中的应用同样引人注目。利用生成对抗网络（GANs）和循环神经网络（RNNs）等算法，AI 可以自动生成曲谱，为音乐创作提供新的思路和素材。例如，中央电视台的音乐节目《民歌·中国》通过 AI 技术分析大量民歌数据，发掘和创新传统民歌的现代表达方式。AI 可以生成新的旋律，甚至帮助作曲家进行编曲，从而创造出既有传统韵味又符合现代审美的音乐作品。

AI 技术还可以辅助音乐的编排与混音。通过分析大量音乐数据，AI 可以识别不同乐器的特点和最佳组合方式，为音乐作品提供编排建议。此外，AI 还可以自动进行音频处理和混音，使音乐作品达到专业水准。

3 AI 促进文化产业创新和发展的方式

AI 技术显著提升了文化产业的创作效率。通过自动化的脚本生成、特效制作和音乐创作，创作者可以更快地完成高质量的作品，从而缩短制作周期，降低成本。例如，AI 可以在几分钟内生成一首曲子或设计一个复杂的特效场景，而这些工作如果由人工完成，可能需要数天甚至数周的时间。

AI 技术可以为创作者提供丰富的灵感和素材。通过对大量作品的分析，AI 可以总结出成功作品的特点，并生成新的创意方案。例如，AI 可以根据流行趋势和观众喜好，推荐适合的剧本题材或音乐风格，为创作者提供参考。

AI 技术帮助文化产业拓展了市场和影响力。通过多语言翻译和文化适应，AI 可以将优秀的文化作品传播到全球各地，打破语言和文化的障碍。例如，AI 翻译技术可以将影视作品和音乐翻译成多种语言，使其更容易被国际观众接受和喜爱。

4 提升文化软实力

AI 技术在文化传播中的应用，使中国优秀的现代文化作品能够更广泛地传播到世界各地，提升了国家的文化软实力。通过 AI 翻译和推荐技术，更多的国际观众可以了解和欣赏中国的影视作品、音乐和其他文化产品，增强了中国文化的国际影响力。

AI 技术促进了文化产业的创新发展，使中国在全球文化产业中占据重要地位。通过不断引入和应用先进的 AI 技术，中国的影视、音乐等文化产业在质量和创意上不断提升，吸引了越来越多的国际观众和听众。

在现代文化产业中，AI 技术不仅推动了新作品的创作，还在文化保护和传承中发挥了重要作用。例如，通过数字化和智能化手段，AI 可以帮助保存和修复珍贵的文化遗产，使其在现代社会中得到更好的保护和传播。

总之，AI 技术在现代文化产业中的应用，为影视制作、音乐创作等领域带来了巨大的变革和发展机遇。通过提升创作效率、提供创作灵感、个性化体验和拓展市场，AI 促进了文化产业的创新和发展，提升了国家的文化软实力。未来，随着 AI 技术的不断进步，中国的文化产业将继续蓬勃发展，创造出更多优秀的文化作品，进一步增强中国的文化影响力，如图 21-7 所示。

图 21-7 AI 技术与文化产业

21.2.3 AI 在文化融合中的应用

随着人工智能（AI）技术的迅猛发展，传统文化与现代文化在 AI 的推动下实现了深度融合。AI 不仅为传统艺术的保护和创新提供了新手段，还在文化交流和多样性方面发挥了重要作用。

AI 在文化融合中的应用如图 21-8 所示。

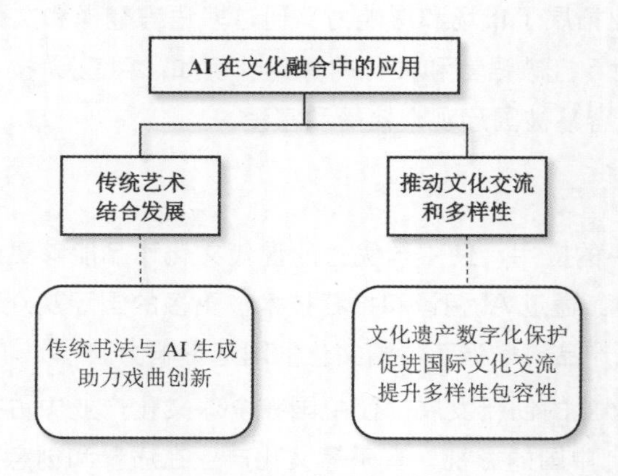

图 21-8 AI 在文化融合中的应用

1）传统书法与AI生成艺术

在中央电视台的节目中展示了AI与传统书法的结合。通过深度学习，AI可以分析大量书法作品，学习不同书法家的风格，然后生成新的书法作品。这些AI生成的书法不仅保持了传统艺术的精髓，还通过现代技术实现了新的艺术表达。例如，AI生成的书法作品可以应用在现代设计中，如广告、包装和数字媒体，使传统艺术焕发出新的生命力。

2）AI助力戏曲创新

在戏曲领域，AI技术也得到了应用。在中央电视台的戏曲节目中，AI技术用于分析和合成传统戏曲唱腔，帮助年轻演员更好地学习和掌握传统艺术。通过AI模拟，不同流派的唱腔得以保存和传播，推动了传统戏曲的传承和创新。例如，利用语音合成技术，AI可以模拟老一辈艺术家的声音，使其表演艺术得以传承。

AI与传统文化的结合如图21-9所示。

图21-9 AI与传统文化

人工智能技术正在推动传统文化与现代文化的深度融合，通过数字化保护、创作创新和文化交流，AI使传统文化焕发出新的生命力，并促进了文化的多样性和包容性。随着AI技术的不断进步，我们可以期待更多的文化创意和创新形式出现，推动全球文化的繁荣和发展。

21.3 AI教学与思想政治教育的结合

思想政治教育在培养社会主义核心价值观中起着至关重要的作用，是我们树立正确价值观、人生观和世界观的重要手段。社会主义核心价值观包括24个字，具体分为三个层面：

国家层面的价值目标——富强、民主、文明、和谐。

社会层面的价值取向——自由、平等、公正、法治。

个人层面的价值准则——爱国、敬业、诚信、友善。

这些价值观不仅是社会主义国家的基本理念，也是个人道德修养和社会行为规范的基石。通过思想政治教育，我们可以更好地理解和践行这些价值观，成为对社会有贡献的公民。

然而，传统的思想政治教育方式存在一定的局限性，面对快速变化的社会环境和学生个性化发展的需求，如何提高教育的针对性和有效性成为了急需解决的问题。随着人工智能（AI）技术的迅速发展，AI 在教学中的创新应用为思想政治教育提供了新的路径。

通过 AI 技术，思想政治教育可以更加生动、互动和高效，帮助学生更深入地理解社会主义核心价值观，并将其内化为个人行为规范和社会责任感。

AI 与思想政治教育场景如图 21-10 所示。

图 21-10 AI 与思想政治教育

21.3.1 AI 在思想政治教育中的作用

本小节我们将探讨 AI 在思想政治教育中的具体应用，以及如何通过技术手段实现教育目标的创新和提升。

1 AI 助力思想政治课内容个性化

AI 技术在教育中的应用，特别是在思想政治课上，为学生提供了个性化的学习体验。这不仅提高了学习效率，还能激发学生的学习兴趣和主动性。

> **实操示例**
>
> 学生使用 AI 驱动的大模型学习平台，根据个人兴趣和理解水平，自主选择与社会主义核心价值观相关的学习模块，如“爱国”“诚信”“友善”等。系统会根据学生的选择，自动推送适合的学习资料和测试题。举例来说，如果一名学生对“诚信”特别感兴趣，他可以在平台上选择相关模块，系统会为他推荐关于诚信的文章、视频、案例分析等学习资源，并提供相应的测试题，以帮助他更好地理解和践行诚信这一核心价值观。

通过这种方式，学生能够自主掌握学习进度和内容，避免了一刀切的教学模式。同时，AI系统还能根据学生的学习表现，不断调整和优化推荐的学习资源，使得每位学生都能获得最适合自己的学习内容。

2 智能化教学工具的应用

智能化教学工具，如虚拟现实（VR）和增强现实（AR），在思想政治课中的应用，可以让抽象的理论知识变得生动直观，增强学生的学习体验。

> **实操示例**
>
> 学生在VR教室中，通过佩戴VR眼镜，沉浸在社会主义核心价值观相关的历史和现实场景中，进行角色扮演和互动，直观感受和理解这些价值观的内涵。例如，学生可以进入一个虚拟的抗战时期场景，扮演革命先烈，亲身体验他们的艰苦奋斗和坚定信仰，从而深刻理解“爱国”这一核心价值观。又比如，学生可以进入一个虚拟的现代社会场景，参与一场模拟的诚信交易，通过互动体验，感受诚信的重要性和现实意义。

这种沉浸式的学习体验，不仅能让学生更好地理解和记住所学内容，还能激发他们对思想政治课的兴趣，增强他们对社会主义核心价值观的认同感。

21.3.2 AI推动思想政治课程一体化建设

1 跨学段协作与共建

AI技术在跨学段协作与共建中的应用，能够有效促进不同年级学生之间的交流与合作，共同探讨和研究社会主义核心价值观。

> **实操示例**
>
> 学生参与校内外思想政治课题协作，通过AI平台与不同学段的学生和教师一起讨论社会主义核心价值观课题，分享学习心得和研究成果。具体来说，不同学段的学生组成学习小组，通过AI平台上的虚拟会议室进行讨论。例如，他们可以选择一个关于“敬业”主题的课题，有些学生负责搜集相关案例，有些学生进行分析并提出观点，另外一些则用语言表达自己的理解。大家在平台上分享各自的学习心得，并进行互动交流。

通过这种跨学段的协作，学生不仅能深入理解社会主义核心价值观，还能培养团队合作和沟通能力。

2 AI助力课程创新与开发

AI技术在课程创新与开发中的应用，可以帮助学生参与到课程设计和开发的全过程，培养他们的创新能力和问题解决能力。

实操示例

学生通过 AI 分析工具，参与学校社会主义核心价值观课题的研究与开发，利用数据分析发现课程中的问题并提出改进建议，体验课程开发的全过程。具体来说，学生可以使用 AI 分析工具，对现有的思想政治课程进行数据分析，找出学生普遍存在的理解薄弱点和课程中的不足。例如，在学习“平等”主题时，AI 分析工具可能发现学生在理解法律和政策中的平等概念时存在困难。学生可以根据这些分析结果，提出改进建议，如增加相关案例讨论，或设计新的互动环节。然后，学生可以参与到课程的重新设计和开发过程中，体验从数据分析到课程创新的全过程。这不仅能提高学生对思想政治课程的理解和兴趣，还能培养他们的创新思维和实际操作能力。

通过这些详细的实操示例，学生不仅能在理论学习中加深对社会主义核心价值观的理解，还能在实践中培养合作、创新和问题解决的能力。这样的学习方式，不仅提升了思想政治课程的实际效果，也为学生的全面发展提供了广阔的空间。

21.3.3 AI 助推思想政治教师专业发展

1 沉浸式教学体验

沉浸式教学体验是 AI 技术在教师培训中的重要应用，能够帮助教师在虚拟环境中进行教学实践，学生参与其中，不仅能为教师提供反馈和建议，还能加深自己对社会主义核心价值观的理解。

实操示例

学生作为教学体验者，参与教师在虚拟环境中的教学实践，提出反馈和建议，帮助教师改进教学方法，同时加深对社会主义核心价值观的理解。具体来说，学生可以通过佩戴 VR 设备，进入教师在虚拟现实中的教学场景。例如，教师设计了一堂关于“爱国”主题的课程，学生在虚拟环境中作为教学体验者，参与到课程的互动中，如观看虚拟的历史纪录片，参加虚拟的革命场景重现等。学生在体验过程中，可以根据自己的感受和理解，向教师提出反馈和建议，如课程的互动性是否足够，内容是否生动有趣等。这不仅能帮助教师改进教学方法，还能让学生参与其中，更加深刻地理解和体会社会主义核心价值观的内涵。

2 教师协作与交流平台

AI 驱动的教师协作与交流平台，为教师提供了一个分享经验和讨论教学方法的场所。学生作为旁听者参与其中，可以观察并记录教师的经验分享和讨论内容，从中学习到先进的教学理念和方法。

实操示例

学生作为旁听者，参与教师之间的 AI 驱动在线交流会，观察并记录教师的经验分享和讨论内容，从中学习到先进的教学理念和方法。例如，学生可以通过学校的在线协作平台，加入教师的在线交流会，观察教师们如何讨论和分享关于“社会主义核心价值观”的教学经验。比如，某位教师分享了他在讲授“法治”时采用的案例教学法，通过生动的法律案例来解释法律的平等性和公正性。学生在旁听过程中，可以记录下这些经验分享，并从中学到如何应用案例教学法提高理解和记忆。同时，学生也可以参与到讨论中，提出自己的疑问和见解，进一步促进教师和学生之间的交流与互动。

通过这些详细的实操示例，学生不仅能更好地理解和应用所学的社会主义核心价值观，还能通过观摩和参与教师的专业发展过程，学习到先进的教学方法和理念。这种学习方式，不仅提高了学生的理论水平和实践能力，也为他们未来的发展提供了宝贵的经验和指导。

21.3.4 AI与思想政治教育融合的未来展望

1 AI与红色文化教育结合

AI技术与红色文化教育的结合，可以通过数字化手段，让历史更加生动和真实，帮助学生更好地理解和传承红色文化。学生利用AI应用，设计并制作一个与社会主义核心价值观相关的数字故事或虚拟展览，通过数字化手段再现历史，向学生展示和讲解。

实操示例

学生利用AI应用，设计并制作一个与社会主义核心价值观相关的数字故事或虚拟展览。具体来说，学生可以使用AI图像识别和虚拟现实技术，制作一个关于“爱国”主题的数字故事。这个数字故事可以通过图像和声音，再现重要的历史事件，如抗日战争时期的英雄事迹。学生还可以设计一个虚拟展览，展示与“诚信”相关的历史人物和事件，通过3D模型和虚拟导览，让参观者沉浸在历史场景中，感受诚信的重要性。在制作过程中，学生需要查找资料、撰写脚本、设计互动环节等，不仅能提高他们的动手能力和创意思想，还能通过数字化手段，更深入地理解和传承红色文化。

2 跨界融合与多元发展

AI技术与思想政治教育的跨界融合，能够推动教育理念的多元发展。学生参与AI与思想政治教育跨界融合的实践活动，如社会实践、社区服务项目，通过实际行动体验和推动教育理念的多元发展。

实操示例

学生参与AI与思想政治教育跨界融合的实践活动，如社会实践、社区服务项目。具体来说，学生可以参与一个社区服务项目，利用AI技术解决问题。例如，学生可以使用AI数据分析工具，对社区的环境卫生问题进行调查和分析，找出主要问题并提出解决方案。学生可以组织一次社区环保宣传活动，设计AI驱动的互动游戏和讲座，向社区居民宣传环保知识和社会主义核心价值观中的“和谐”理念。在整个过程中，学生不仅能将AI技术应用于解决实际问题，还能通过社会实践，体验和推动教育理念的多元发展。

这种跨界融合的实践活动，不仅能提高学生的实际操作能力和社会责任感，还能让他们更全面地理解和践行社会主义核心价值观。

通过这些详细的实操示例，学生不仅能在理论学习中加深对AI与思想政治教育融合的理解，还能在实践中体验智慧校园建设、红色文化教育和跨界融合的具体应用。

21.4 思考练习

21.4.1 问题与答案

问题 1：如何利用 AI 多模态大模型的学习平台，根据个人兴趣和理解水平，自主选择学习社会主义核心价值观相关的内容？请描述具体步骤。

可以利用 AI 多模态大模型的学习平台，根据自己的兴趣和理解水平，自主选择学习内容。具体步骤如下：

（1）登录 AI 多模态大模型的学习平台。

（2）在平台上浏览可用的学习模块，选择感兴趣的社会主义核心价值观主题，如“爱国”或“诚信”。

（3）开始学习模块内容，包括文本、视频、互动练习等。

（4）完成学习模块后，系统会自动生成相关的测试题。

（5）完成测试后，查看 AI 系统生成的反馈报告，了解自己的学习进度和需要改进的地方。

问题 2：描述你如何利用 AI 多模态大模型分析工具，参与学校社会主义核心价值观课题的研究与开发，发现课程中的问题并提出改进建议。

可以通过以下步骤参与课题研究与开发：

（1）使用 AI 多模态大模型分析工具，导入现有思想政治课程的相关数据，如学生的考试成绩和课堂表现。

（2）AI 多模态大模型会对数据进行分析，生成报告，指出课程中的问题和学生普遍存在的理解薄弱点。

（3）根据 AI 生成的报告，学生可以在平台上提出具体的改进建议，如增加更多的案例分析或互动环节，并提交给教师审核。

（4）参与课程重新设计和开发的过程，通过 AI 平台与教师和其他同学讨论和修改课程方案。

（5）完成改进后的课程设计，进行试运行，AI 系统会收集反馈并进一步优化课程。

21.4.2 讨论题

1. 如何利用 AI 多模态大模型更有效地学习和理解社会主义核心价值观？

讨论重点：利用 AI 多模态大模型，可以通过个性化学习模块，根据学生的兴趣和理解水平推荐适合的学习内容和测试题，确保每个学生都能高效地掌握社会主义核心价值观。此外，AI 多模态大模型可以提供虚拟现实体验，让学生沉浸在历史和现实场景中，通过角色扮演和互动深刻理解核心价值观的内涵。数据分析和反馈机制则帮助学生及时发现和改进学习中的薄弱点，提升整体学习效果。

2. AI 多模态大模型在思想政治教育中的应用有哪些优势和挑战？

讨论重点：优势包括个性化学习、沉浸式体验、即时反馈和资源共享等，有助于提高学生的学习效果和兴趣。个性化学习可以根据学生的兴趣和理解水平进行定制；沉浸式体验通过 VR 和互动让学习更加生动；即时反馈帮助学生及时发现和改进问题；资源共享促进学生之间的互动和交流。挑战主要在于技术的普及和应用成本、学生对新技术的适应能力以及如何确保学习内容的准确性和科学性。

第22章 Chapter AI伦理——构建正义的机器人

学习目标

深入理解 AI 伦理的基本概念，认识 AI 在不同领域所面临的伦理挑战，掌握确保 AI 系统实现公平、公正、透明和问责的方法。培养批判性思维和道德判断能力，能够在 AI 技术的设计和应用过程中，运用这些技能有效解决伦理问题。通过探讨具体案例和应用场景，学会在司法、政府治理、社会福利与健康等领域中应用 AI 技术时，如何遵循和落实伦理原则（本章 1 课时）。

学习重点

- 学习和理解 AI 伦理的核心价值观，确保在设计和使用 AI 系统时遵循公平、公正、透明和问责的原则。
- 探讨 AI 在法院系统中如何帮助法官做出公正的判决，确保司法过程没有偏见。
- 研究 AI 如何在政府治理中提高透明度和问责性，减少腐败现象，确保公共资源公平分配。
- 了解 AI 在社会福利和健康领域的应用，以及这些应用可能带来的伦理问题，寻找解决方法。
- 学习在设计和使用 AI 系统时，如何避免算法偏见和数据隐私问题，确保 AI 的决策过程符合伦理标准。

22.1 AI 伦理的挑战：善恶的界限

在某个繁忙的十字路口，一辆自动驾驶汽车突然遇到刹车失灵的状况，前方有两条路线可选：一条路线会撞上一个小孩，另一条路线则会撞上一位老人，汽车必须在瞬间做出决定。这种两难决策引出了 AI 在伦理上的重大挑战——如何在善恶之间做出选择？这个问题不仅仅是技术上的，更是道德上的，它迫使我们重新审视人类价值观在机器决策中的地位。

想象一下，你的智能助手突然开始播放你最不喜欢的歌单，你会不会怀疑它是不是在“恶意”

对待你？虽然这是一个玩笑，但它揭示了我们对AI意图和行为的关注。AI的行为虽然是根据算法和数据驱动的，但我们仍然不免赋予它们人类的意图和动机。这种思考方式揭示了我们在面对AI伦理问题时的复杂心态：我们既希望AI能完美地遵循道德规范，又担心它们在决策时会偏离我们所期望的“善”。

在接下来的内容中，我们将探讨AI伦理面临的主要挑战，特别是在善恶界限模糊的情况下，AI是如何决策的。这不仅有助于我们理解AI在实际应用中的道德困境，也让我们思考如何在技术设计中融入伦理考量，以构建一个更美好、更公正的社会。AI的公平与正义示意图如图22-1所示。

图22-1 AI的公平与正义

22.1.1 定义善恶

在哲学中，善与恶的定义是一个古老而复杂的问题。善通常指的是那些能带来幸福和福祉的行为，而恶则指的是那些有害的行为。这个定义虽然简单，但在实际生活中，我们常常会遇到很多难以判断的情况。当我们把这些概念应用到AI（人工智能）的决策中时，情况变得更加复杂。

1 善与恶的基本理解

在我们的日常生活中，我们通常把帮助别人、带来幸福的行为看作是善；而那些伤害别人、带来痛苦的行为则被看作是恶。然而，当AI做出决定时，它们并不像我们一样有情感和直觉，它们只能根据程序设定的规则和数据来进行判断。这使得AI在善恶的判断上变得模糊和复杂。

> **AI决策中的善恶问题**
>
> 例1：可以设想一下，在一家医院里，只有一台呼吸机，但有两个病人都需要使用。一个是年轻人，一个是老年人。年轻人可能会有更高的存活机率和更长的未来生活，但老年人同样需要关爱和照顾。AI在这种情况下会怎么做决定呢？它可能会根据谁更有可能存活来做决定，但这样做是否公平呢？这是一个我们需要思考的伦理问题。
>
> 例2：自动驾驶汽车在紧急情况下需要决定是避开行人还是撞上障碍物。这种决定会影响到人类的生命安全。AI会根据数据和概率来做出这种决定，但我们能接受这样的结果吗？这又是一个复杂的伦理问题。

2 AI 伦理的复杂性

AI 在做决策时，需要考虑很多方面。例如，AI 在分配医疗资源时，是应该优先考虑谁能活得更久，还是考虑谁更需要帮助？这些问题没有简单的答案，需要我们仔细思考和讨论。

3 如何让 AI 做出更好的决策

为了让 AI 系统能够符合人类的道德标准，我们需要在设计阶段就考虑到这些伦理问题。首先，AI 设计者需要明确什么是“善”，什么是“恶”，并根据这些定义来设定 AI 的决策规则。比如，可以设定 AI 在分配资源时要公平，不能有任何偏见。

其次，我们还需要建立监督和审查机制，确保 AI 的决策过程透明、可解释。这样不仅能增加公众对 AI 系统的信任，也能在出现问题时及时纠正。

在 AI 决策中定义善和恶并不是一件简单的事情。我们需要结合实际情况，认真思考什么样的行为是善，什么样的行为是恶。通过合理设定 AI 的决策规则，并加强对其决策过程的监督和审查，我们可以确保AI在实际应用中符合人类的道德标准，从而构建一个更美好、更公正的社会。

22.1.2 AI 伦理的专业术语解释

1 算法偏见

当 AI 在做决定时带有的偏见，就像我们有时会偏心一样。算法偏见是指 AI 系统在处理数据和做出决策时，可能会无意中表现出对某些群体的不公平待遇。例如，如果一个 AI 招聘系统根据历史招聘数据来筛选简历，而这些历史数据中存在性别或种族偏见，AI 系统可能会继续这种偏见，导致某些群体在获得工作机会时受到不公平的对待。算法偏见不仅影响个人的生活，也可能加剧社会的不公。

2 数据隐私

数据隐私是指保护个人数据不被未经授权的访问和使用。在 AI 系统中，数据隐私变得尤为重要，因为 AI 需要处理大量的个人数据来进行训练和决策。如果这些数据被不当使用或泄露，可能会对个人的隐私和安全造成严重影响。例如，如果一个健康 AI 系统的医疗数据泄露，患者的病史和个人信息可能会被滥用，造成隐私泄露和安全威胁。因此，保护数据隐私是 AI 伦理中的一个关键问题。

3 透明度

透明度是指 AI 决策过程的透明和可解释性。透明度有助于公众信任 AI 系统，并确保其决策的公正性。如果 AI 系统的决策过程不透明，公众可能无法理解和信任这些决策。例如，一个自动驾驶汽车的决策系统如果不透明，用户可能无法理解它在紧急情况下的反应逻辑，导致不信任甚至恐惧。通过提高透明度，我们可以增加公众对 AI 系统的信任，确保其决策过程是公正和可靠的。

如何让 AI 做出符合伦理的决策，示意图如图 22-2 所示。

图 22-2 如何让 AI 做出符合伦理的决策

22.1.3 AI 决策的案例分析

1 社交媒体平台的算法

社交媒体平台上的算法是一个很典型的例子。这些算法的设计初衷是通过推送用户感兴趣的内容，来增加用户在平台上的停留时间。这看起来是一个不错的策略，因为用户可以看到他们喜欢的内容，从而增加他们的使用体验。然而，这种策略也带来了很多问题。为了吸引用户的注意力，算法往往会优先推送那些吸引眼球但不一定准确的信息。比如，有些新闻标题虽然夸张，但却缺乏事实依据。这种信息传播方式会影响公众舆论，有时甚至可能导致社会分裂。用户在不同的社交圈子里，看到的信息可能完全不同，这会让人们对同一事件有着截然不同的看法，从而加剧社会的对立和分裂。

2 面部识别技术

面部识别技术可以用于增强安全性，比如在机场进行身份验证，或者在公共场所检测犯罪嫌疑人。然而，如果数据和算法中存在偏见，这些技术就可能导致对特定群体的不公正对待。例如，某些面部识别系统在识别有色人种或女性时的准确率较低，这可能会导致更多的误报和不公平的待遇。

3 AI 决策与人类决策对比分析

在人类的决策过程中，道德教育和情感起着重要作用。例如，当一个医生面对多个病人时，他可能会根据病情的严重程度、病人的家庭背景、病人的经济状况等因素来做出决策。医生的决策不仅依赖于医学知识，还受到道德和情感的影响。比如，一个医生可能会优先救治重病患者，因为他知道这些患者的生存机会更低，需要更紧急的治疗。而对于一个经济困难的病人，医生可能会考虑到病人的家庭负担，而尽量选择费用较低的治疗方案。这种决策过程充分体现了人类的情感和道德判断。

然而，AI 的决策过程则完全不同。AI 依赖于数据和算法，缺乏人类的情感和道德判断。比如，在分配医疗资源时，AI 可能会根据病人的年龄、病情、治疗效果等数据来做出决策，但它不会考虑病人的家庭背景或经济状况。这种冷冰冰的决策方式在某些情境下可能显得冷酷无情，缺乏人性化。

AI 决策与人类决策

通过对比人类和 AI 的决策过程，我们可以更好地理解 AI 面临的伦理挑战。

人类的决策过程往往充满了复杂的道德和情感因素，而 AI 则依赖于数据和算法，缺乏这种复杂性。这种差异使得我们在设计和应用 AI 系统时，需要特别注意其伦理问题，确保 AI 在决策过程中能够尽量考虑到人类的道德标准和情感需求。

22.1.4 AI 伦理的复杂性

1 AI 的社会不公平问题

AI 在处理数据时，可能会无意中加剧社会不公平问题。例如，一个 AI 招聘系统如果依赖于历史数据来做出决策，可能会延续过去的数据偏见，导致某些群体在求职过程中受到不公平的待遇。这种情况在其他领域也可能发生，比如在贷款审批、法律判决和医疗资源分配中。为了避免这种情况，我们需要在设计 AI 系统时，充分考虑伦理问题，确保 AI 在决策时不会无意中歧视特定群体。

2 AI 系统的黑箱性质

AI 系统的黑箱性质使得其决策过程难以理解和监督。所谓“黑箱”，是指 AI 系统内部的决策机制复杂且不透明，外部观察者难以理解其具体的运作方式。例如，一个复杂的深度学习模型可能涉及数百万个参数和计算步骤，其决策逻辑难以解释和追踪。这种黑箱性质带来了伦理挑战，因为如果我们无法理解 AI 的决策过程，就难以判断这些决策是否公正和合理。

3 确保 AI 决策的公平性和透明度

为了确保 AI 系统的设计和应用不会无意中歧视特定群体，我们需要采取多方面的措施。首先，在开发 AI 系统时，应该使用多样化和公平的数据集，避免产生数据偏见。其次，开发者需要建立透明的算法审查机制，确保 AI 的决策过程可以被理解和解释。最后，监管机构应制定相关法规，要求 AI 系统在关键决策领域中具备透明性和公平性。例如，在医疗、教育和就业等领域，AI 系统应当公开其决策标准和过程，接受公众和专家的监督。

22.2 利用 AI 建设更美好的社会

设想一个未来，我们生活在一个由 AI 伦理指导下构建的美好正义社会。假如教育体系无论贫富，都能让每个学生享有同等的教育资源和机会；政府治理变得透明高效，所有决策过程都公开透明。这样的社会，不仅高效运行，更是充满了人文关怀与正义。

未来的 AI 法官，不仅能够快速、准确地做出公正判决，还会在宣判结束后对你说一句："希望你以后走上正道，加油！"这是不是比传统法庭更加温馨亲切呢？或者，未来的 AI 老师，能根据每个学生的学习习惯和兴趣定制个性化的学习方案，甚至在你表现出色时给你一个电子版的"赞"或者在你低落时给你一个贴心的鼓励。这些看似遥远的场景，其实正在通过 AI 伦理的指导一步一步走进我们的生活。

这样一个未来令人期待，但我们也必须认识到，实现这些美好愿景的前提是建立在对 AI 伦理的深刻理解和实践基础上的。只有通过科学严谨的伦理框架，我们才能确保 AI 技术为人类社会带来真正的福祉，而不是新的问题和挑战。在接下来的内容中，我们将深入探讨如何通过 AI 伦理来构建这样一个美好而正义的社会，如图 22-3 所示。

图 22-3 AI 建设美好社会

22.2.1 AI 伦理的概念

AI 伦理是指在开发和应用人工智能技术时，遵循一套道德和价值原则，确保 AI 的行为和决策符合人类的核心价值观。AI 伦理的目标是通过技术手段促进社会公平、公正、透明和问责，从而构建一个更美好和正义的社会。

1 公平与公正

在一个理想的社会中，公平与公正是核心价值。公平意味着在 AI 决策过程中，所有人都应受到平等对待，不应因种族、性别、年龄或其他特征而受到歧视。例如，在招聘过程中，AI 系统应该根据应聘者的能力和经验来做出决定，而不是因为应聘者的性别或种族。

公正意味着 AI 在做出决策时，应该遵循公正的原则，确保每个人都能得到应有的待遇。例如，在司法系统中，AI 可以通过数据分析和模式识别，辅助法官做出无偏见的判决。传统的司法系统中，人类法官可能会因为自身的偏见或认知盲点，做出不公正的裁决。AI 则可以通过分析大量的历史案件数据，提供客观的参考，减少人为错误和偏见，确保每一个案件都能得到公平的审理。

设想一下，当 AI 辅助法官进行审判时，可以迅速查阅和分析大量案例，确保每个判决都是基于客观事实和法律条文的，而不是基于个人情感和主观偏见的。这种无偏见的审判过程，不仅提高了司法效率，还增强了公众对司法系统的信任。

2 透明度与问责性

在政府治理中，透明度和问责性是防止腐败和不公平的重要手段。透明度意味着 AI 系统的决策过程应该是可以理解和解释的。通过大数据分析和智能系统的监督，政府可以实时监控公共资源的分配和使用情况，减少腐败现象，确保资源分配的公平合理。例如，一个智能化的政府系统，可以通过 AI 技术实时分析财政支出，监控项目进展，并及时发现和纠正不合理的开支或潜在的腐败行为。这样，公众可以更清楚地了解政府的管理过程，增强对政府的信任和支持。

问责性意味着 AI 系统的开发者和运营者应该对 AI 的行为和决策负责。如果 AI 做出了错误的决定，相关人员应该承担责任，并采取措施进行纠正。例如，如果一个自动驾驶汽车发生了事故，制造商和开发者应该对事故原因进行调查，并改进系统。

22.2.2 AI 与人类价值观的对齐

为了确保 AI 伦理在实际应用中得到遵守，我们需要在 AI 系统的开发和使用过程中采取一系列措施，目前 AI 的对齐已经深深嵌入诸如 AI 大模型的开发过程中，是不可或缺的环节。AI 正确伦理价值观的训练方式如图 22-4 所示。

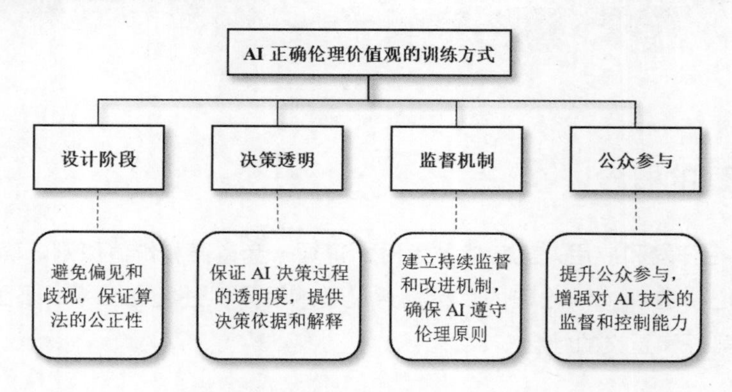

图 22-4 AI 正确伦理价值观的训练方式

- 设计阶段：在设计 AI 系统时，开发者需要考虑伦理问题，确保算法的公正性，避免任何形式的偏见和歧视。例如，在训练 AI 模型时，使用多样化的数据集，确保模型不会因为数据偏差而产生偏见。
- 决策透明：AI 系统的决策过程应该是透明的，确保公众能够理解和监督 AI 的行为。这可以通过提供决策的解释和依据来实现。例如，在医疗领域，AI 做出的诊断和治疗建议应该有详细的解释，医生和患者能够理解和信任这些建议。
- 监督机制：建立持续的监督和改进机制，确保 AI 系统在实际应用中始终遵循伦理原则。通过定期审查和评估 AI 系统的表现，可以及时发现和纠正任何偏差和问题，确保 AI 系统始终与人类价值观保持一致。
- 公众参与：公众的参与和教育也是确保 AI 伦理的重要环节。通过提高公众对 AI 伦理问题的认识和理解，增强社会对 AI 技术的监督和控制能力，确保 AI 技术在促进社会发展的同时，始终服务于人类的整体福祉。

AI 伦理是确保人工智能技术在开发和应用过程中，遵循道德和价值原则的重要保障。通过强调公平、公正、透明度和问责，我们可以利用 AI 技术来构建一个更加美好和正义的社会。理解和应用 AI 伦理，不仅有助于解决技术带来的伦理难题，更能让我们在享受技术进步带来的便利时，维护和弘扬人类的核心价值观。通过这些努力，我们可以确保 AI 技术真正服务于全社会的利益，推动社会朝着更加公正、透明和人性化的方向发展。

22.3 思考练习：伦理议题讨论

1. 自动驾驶汽车的伦理决策。

想象一下，你是一辆自动驾驶汽车的设计师。在突发紧急情况下，汽车必须在撞上一个行人和撞上路边障碍物之间做出选择。如果撞上行人可能会导致人死亡，而撞上障碍物则会导致车内乘客受伤。你会如何设计这辆汽车的决策算法？你认为这个决定应该基于哪些伦理原则？

2. AI 招聘系统的公平性。

一家公司使用 AI 系统来筛选求职者的简历。结果发现，AI 系统倾向于选择男性候选人，而女性候选人的录取率较低。这可能是因为 AI 系统学习了过去招聘数据中的性别偏见。你认为公司应该如何改进这个 AI 系统，以确保招聘过程的公平性？如何避免类似的偏见在其他 AI 应用中出现？

3. AI 在司法系统中的应用。

法院开始使用 AI 系统来辅助法官做出判决。虽然 AI 系统可以提供无偏见的参考，但有时它的建议与法官的判断相矛盾。你认为在这种情况下，法官应该如何处理 AI 的建议？AI 系统是否应该完全替代人类法官，还是仅作为辅助工具？为什么？

4. 社交媒体平台的算法伦理。

社交媒体平台使用算法来推送用户感兴趣的内容，以增加用户的使用时长。然而，这种策略可能会优先推送吸引眼球但不一定准确的信息，导致信息传播不公正，甚至可能引发社会分裂。你认为社交媒体平台应该如何改进其算法，以平衡用户体验和信息公正性？在设计这些算法时，应该遵循哪些伦理原则？

附录

综合习题

选择题（每题 2 分）

1. 人工智能的定义是什么？（ ）

A. 提高计算速度的技术
B. 模仿人类智能行为的计算机科学
C. 仅用于娱乐的技术
D. 只能在实验室使用的技术

2. 图灵测试的核心思想是什么？（ ）

A. 机器能快速计算复杂问题
B. 机器能在对话中让人类相信它是另一个人类
C. 机器能存储大量数据
D. 机器能自动修复自身错误

3. 机器学习的主要优势是什么？（ ）

A. 机器能自动修复硬件
B. 机器能通过分析和学习大量的数据，自己找出解决问题的方法
C. 机器能节约电力
D. 机器能自我复制

4. 计算机视觉的主要功能是什么？（ ）

A. 让机器理解和处理视觉信息
B. 提高图像的分辨率
C. 生成艺术作品
D. 存储大容量的图像数据

5. 自然语言处理（NLP）的主要应用是什么？（ ）

A. 数据压缩
B. 让机器理解并回应人类语言
C. 提高计算速度
D. 生成 3D 图像

6. 哪个国家在人工智能研究与产业中处于领先地位？（ ）

A. 日本　B. 美国　C. 德国　D. 印度

7. 中国的人工智能产业主要集中在哪些地区？（ ）

A. 长三角、京津冀、珠三角　B. 西南、西北、东北
C. 华南、华东、华中　D. 东北、华北、华南

8. 哪个国家在智能制造和工业自动化领域取得了显著进展？（ ）

A. 英国　B. 日本　C. 韩国　D. 中国

9. 欧洲在人工智能方面的主要政策侧重于什么？（ ）

A. 提高计算速度　B. 确保技术发展符合伦理标准
C. 提供免费技术　D. 推动军事应用

10. 哪个亚洲国家特别依赖 AI 技术来提高生产力和解决社会照顾需求？（ ）

A. 韩国　B. 日本　C. 印度　D. 中国

11. AI 如何塑造你的职业未来？（ ）

A. 提高娱乐水平　B. 提供职业培训和自动化工作流程
C. 增加工作量　D. 减少职业选择

12. 终身学习在 AI 时代的重要性是什么？（ ）

A. 保持竞争力　B. 减少学习时间
C. 避免工作压力　D. 提高娱乐体验

13. 大数据的力量主要体现在什么方面？（ ）

A. 存储大量信息
B. 通过分析和处理大量数据来发现新的模式和关系
C. 提高计算速度
D. 减少数据量

14. 大数据与人工智能的关系是什么？（ ）

A. 大数据依赖人工智能处理
B. 大数据与人工智能相辅相成，二者相互促进
C. 大数据无法应用于人工智能
D. 人工智能完全独立于大数据

15. 计算机视觉的一个主要应用是什么？（ ）

A. 生成音乐　B. 图像识别和分析　C. 编写文章　D. 数据存储

16. 语音识别技术的关键作用是什么？（ ）

A. 识别和理解人类语言　B. 增强图像分辨率

C. 生成文本数据　D. 存储语音文件

17. 深度学习与传统机器学习的主要区别是什么？（ ）

A. 深度学习需要更少的数据　B. 深度学习使用多层神经网络进行数据处理

C. 传统机器学习比深度学习更复杂　D. 深度学习不需要算法支持

18. AIGC 技术的一个主要应用是什么？（ ）

A. 数据存储　B. 自动内容生成，如文字和图片

C. 提高计算速度　D. 压缩文件

19. 人工智能在医疗领域的一个主要应用是什么？（ ）

A. 自动驾驶　B. 疾病诊断和治疗规划

C. 制造业自动化　D. 语音识别

20. 自动驾驶技术的关键是利用哪种技术？（ ）

A. 语音识别　B. 计算机视觉和传感器数据

C. 文本生成　D. 数据压缩

21. 人工智能在工业 4.0 中的主要作用是什么？（ ）

A. 提高娱乐水平　B. 实现智能制造和自动化生产

C. 生成文本数据　D. 存储数据

22. 人工智能如何帮助绿色能源的发展？（ ）

A. 提高数据存储能力　B. 通过优化能源消耗和管理

C. 生成娱乐内容　D. 提高计算速度

23. 智慧医疗中的 AI 主要应用于哪方面？（ ）

A. 提高图像分辨率　B. 辅助诊断和个性化治疗

C. 生成文本数据　D. 数据存储

24. AI 在教育领域的一个主要应用是什么？（ ）

A. 自动驾驶　B. 个性化学习系统　C. 图像识别　D. 提高娱乐体验

25. 金融行业如何利用人工智能？（ ）

A. 自动生成娱乐内容　　B. 风险管理和客户服务优化
C. 数据存储　　D. 提高计算速度

26. 智慧旅游中 AI 的一个主要作用是什么？（ ）

A. 提高图像分辨率　　B. 提供个性化旅行体验
C. 生成文本数据　　D. 数据存储

27. 人工智能在文化遗产保护中的应用是什么？（ ）

A. 提高计算速度　　B. 数字化和修复文化遗产
C. 生成娱乐内容　　D. 提高数据存储能力

28. 哪个国家在发展大语言模型（LLMs）方面显示出强烈的决心？（ ）

A. 日本　　B. 中国　　C. 韩国　　D. 印度

29. AlphaGo 击败世界围棋冠军的年份是？（ ）

A. 2015 年　　B. 2016 年　　C. 2017 年　　D. 2018 年

30. 人工智能的第一次寒冬主要发生在哪个时期？（ ）

A. 20 世纪 50 年代末　　B. 20 世纪 60 年代末
C. 20 世纪 70 年代末至 80 年代初　　D. 20 世纪 90 年代初

31. 哪个国家在推动 AI 伦理和透明度方面走在前列？（ ）

A. 美国　　B. 中国　　C. 英国　　D. 欧盟

32. 人工智能在交通领域的革命性应用是什么？（ ）

A. 语音识别　　B. 自动驾驶　　C. 数据存储　　D. 提高计算速度

33. 生成对抗网络（GANs）用于什么？（ ）

A. 数据存储　　B. 生成新的图像和视频
C. 提高计算速度　　D. 分析文本数据

34. 哪个亚洲国家正在通过“全民人工智能日常化执行计划”提升其数字化竞争力？（ ）

A. 日本　　B. 韩国　　C. 印度　　D. 中国

35. AI 在智慧城市中的应用包括什么？（ ）

A. 自动生成娱乐内容　　B. 交通流量管理和公共安全保障
C. 数据存储　　D. 提高计算速度

36. AI 的强人工智能特性是什么？（ ）

A. 能执行特定任务但不具备自主学习能力　B. 具有广泛的认知能力和自主学习能力

C. 仅能处理简单的数据　D. 完全依赖于预设的规则

37. 图像生成技术基于哪种模型？（ ）

A. 生成对抗网络（GANs）　B. 大语言模型（LLMs）

C. 强化学习模型　D. 数据压缩模型

38. AI 在自动驾驶中的关键技术是什么？（ ）

A. 数据压缩　B. 计算机视觉和传感器融合

C. 文本生成　D. 语音识别

39. 哪个国家在 AI 领域的私人投资总额显著高于其他国家？（ ）

A. 日本　B. 中国　C. 英国　D. 美国

40. 哪个国家的 AI 企业数量在全球位居第三？（ ）

A. 日本　B. 中国　C. 英国　D. 韩国

41. AI 在教育中的应用包括什么？（ ）

A. 自动生成娱乐内容　B. 个性化教学和智能课堂

C. 数据存储　D. 提高计算速度

42. AI 在医疗中的一个主要应用是什么？（ ）

A. 数据存储　B. 辅助诊断和治疗规划

C. 生成娱乐内容　D. 提高计算速度

43. 哪个国家在发展大语言模型方面面临国际技术制裁和芯片获取的挑战？（ ）

A. 日本　B. 中国　C. 韩国　D. 印度

44. AI 在金融领域的一个主要应用是什么？（ ）

A. 自动驾驶　B. 风险管理和投资分析

C. 提高娱乐体验　D. 数据存储

45. 人工智能在绿色能源中的应用包括什么？（ ）

A. 数据存储　B. 优化能源消耗和管理

C. 生成娱乐内容　D. 提高计算速度

46. 欧洲的 AI 法案主要目的是什么？（ ）

A. 提高计算速度
B. 设定 AI 技术应用和发展的监管框架
C. 提供免费技术
D. 推动军事应用

47. AI 在文化遗产保护中的一个主要应用是什么？（ ）

A. 提高计算速度
B. 数字化和修复文化遗产
C. 生成娱乐内容
D. 数据存储

48. 哪个国家推出了“AI for All”倡议？（ ）

A. 日本　B. 韩国　C. 印度　D. 中国

49. AI 在自动驾驶技术中的主要应用是什么？（ ）

A. 数据存储
B. 计算机视觉和传感器融合
C. 生成娱乐内容
D. 提高计算速度

50. 强人工智能在理论上具备什么能力？（ ）

A. 执行特定任务但不具备自主学习能力
B. 广泛的认知能力、自主学习和推理能力
C. 仅能处理简单的数据
D. 完全依赖于预设的规则

答案：1. B 2. B 3. B 4. A 5. B 6. B 7. A 8. D 9. B 10. B 11. B 12. A 13. B 14. B 15. B 16. A 17. B 18. B 19. B 20. B 21. B 22. B 23. B 24. B 25. B 26. B 27. B 28. B 29. B 30. C 31. D 32. B 33. B 34. B 35. B 36. B 37. A 38. B 39. D 40. C 41. B 42. B 43. B 44. B 45. B 46. B 47. B 48. C 49. B 50. B

推荐阅读与资源

1.《人工智能：国家人工智能战略行动抓手》作者：腾讯研究院、中国信息通信研究院互联网法律研究中心等

2017 年中国人民大学出版社出版，本书从人工智能技术的前世今生说起，对人工智能产业全貌、最新进展、发展趋势进行了清晰的梳理，对各国的竞争态势做了深入研究，还对人工智能给个人、企业、社会带来的机遇与挑战进行了深入分析。

2.《人工智能基础（高中版）》作者：汤晓鸥　陈玉琨

华东师范大学出版社出版，面向高中学生的教材。讲解人工智能的发展历史、基本概念及应用，帮助学生理解数据、算法与应用的相互关系。通过实际案例和动手实践，让学生深入掌握人工智能的基本原理及其实际挑战。

3.《机器学习》作者：周志华

本书详细介绍了机器学习的基本原理和技术，适合想深入了解这一领域的读者。

4.《深度学习》作者：[美] 伊恩・古德费洛、[加] 约书亚・本吉奥、[加] 亚伦・库维尔

2021 年人民邮电出版社出版，本书涵盖基本数学工具和机器学习概念、深度学习方法和技术、以及前瞻性研究方向，是深度学习领域的经典教材，适合各类读者，包括相关专业学生和希望快速掌握深度学习知识的软件工程师。

5.《数据挖掘（第 2 版）》作者：蒋盛益

2023 年电子工业出版社出版，这是一本关于数据挖掘技术的教材和参考书，对理解大数据在人工智能中的应用非常有帮助。

6.《强化学习：原理与 Python 实战》作者：肖智清

2023 年机械工业出版社出版，本书从原理和实战两个方面介绍了强化学习。

7.《智能时代》作者：吴军

2016 年中信出版社出版，该书揭示了大数据和机器智能对于未来社会的影响。

8.《智能制造：技术前沿与探索应用》作者：郑力　莫莉

2021 年清华大学出版社出版，本书系统梳理了智能制造的发展历史和理论趋势，分析前沿技术并探讨其在汽车产业和国防工业中的应用，助力企业实现智能制造转型升级。

9. 书中 AI 大模型配套练习网址：https://t.c2345.com:10443/

10. 书中 Stablediffusion AI 绘图练习网址：https://t.c2345.com:17860/

后记

随着本书最后一页翻过，我感到既满足又兴奋。作为《通识 AI：人工智能基础概念与应用》的作者，我深知这本书不仅是我个人智慧的结晶，更是人工智能技术与人类智慧融合的体现。在这个过程中，AI 助手 GPT 是我的得力伙伴，可以说，如果我是这本书的第一作者，那么 GPT 就是当之无愧的第二作者。

在撰写本书的过程中，尽管 AI 助手 GPT 偶尔会出现幻觉，但它仍让我体会到了人工智能在创作中的巨大潜力和无限可能。GPT 不仅帮助我梳理思路、提供资料，还在创作过程中提供了许多有价值的建议和灵感。我们一起探讨了人工智能的基础理论、应用场景和未来发展，共同描绘了一个充满希望和挑战的未来。

为了让读者更好地理解人工智能在辅助人类工作中的强大威力，我在这里举一个具体的思维链例子。在撰写某一章节时，我希望 GPT 能够帮助我梳理人工智能在教育领域的应用思路。于是，我输入了以下提示词：

“请按照以下思路详细介绍人工智能在教育领域的应用：首先说明 AI 如何个性化学习路径，然后描述 AI 如何辅助教师提升教学效果，接着探讨 AI 在教育评估中的应用，最后总结这些应用对教育系统的整体影响。希望你以专业而又通俗的语言撰写。”

GPT 迅速响应，按照这个思维链的提示，完整且详尽地展开了各个环节。首先，AI 通过分析学生的数据，能够定制个性化的学习路径，帮助学生以最适合自己的方式进行学习；然后，AI 提供智能化的教学辅助工具，减轻教师的工作负担，提升教学效果；接着，AI 在教育评估中通过数据分析，提供更客观和全面的评价；最后，GPT 总结了这些应用对教育系统的整体影响，包括提升教育质量和减少教育资源的不平等等。这种高效的协作方式，让我在短时间内获得了系统化的信息，大大提升了写作效率和质量。

这种人机协作的创作模式，也正是未来社会工作方式的缩影。AI 不再仅仅是工具，而是我们的伙伴、助手和共同探索者。正如我在书中所探讨的，AI 将继续深刻地改变我们的生活、工作和思维方式。在未来的日子里，人类将更多地借助 AI 来完成各种任务，释放我们的创造力，专注于更具挑战性的工作和思考。

哲学家普罗泰戈拉曾言："人是万物的尺度。"在 AI 时代，这句话赋予了新的含义。我们不仅是技术的使用者，更是技术的引导者和决策者。AI 的进步离不开人类的智慧和价值观的引导。在这个信息爆炸的时代，我们需要时刻保持清醒，以伦理和责任为导向，确保 AI 的发展造福全人类。

我相信，未来每一次技术进步，都将是人类与 AI 共同努力的成果。我们将在这个过程中不断学习、成长，并重新定义人类的角色和使命。正如《道德经》所言："道可道，非常道；名可名，非常名。"在这条充满未知与挑战的道路上，我们需要不断探索、创新，找到属于我们的"道"。

感谢所有在这本书的创作过程中支持和帮助我的人，尤其要感谢我的学生袁钰琳和赵晓明等人。书中提到的一个小白借助 AI 完整编写游戏程序的例子就是赵晓明的成果。我的学生们认真学习了我的 AI 课程，挑战了自己完全未知而又自感恐惧的全新领域，体验到了 AI 的强大，证明了任何人均可以借助 AI 完成自己难以想象或十分畏惧的任务。我还要感谢为我撰写序言和推荐语的三位老师：张晓平教授、范衢教授、池瑞楠教授，以及我身边鼓励我的各位同事和伙伴，包括职业经理人协会王锦武会长和合胜百货、合胜读书会邱传龙董事长，他们提供了良好的平台让我向全社会推广人工智能。尤其要感谢许淑红老师在写作过程中的鼓励，同时要特别感谢清华大学出版社的策划编辑和责任编辑。最后，我还要感谢我的 AI 伙伴 GPT，这个不会说话的伙伴陪伴了本书撰写的全过程，这篇后记也是GPT参与的产物。愿这本书能够为读者们带来启发，激发你们对人工智能的兴趣和思考。未来，我们将继续携手，共同迎接智慧与技术交织的全新时代。由于各种原因，本书难免存在错误和疏漏，恳请广大读者批评指正。

吴北虎
2024 年 7 月

参考文献

[1] 斯图尔特 • 罗素，彼得 • 诺威格 著，张博雅，陈坤，田超，顾卓尔，吴凡，赵申剑 译 . 人工智能：现代方法 . 第 4 版 [M]. 北京：人民邮电出版社，2023

[2] 维克托 • 迈尔 - 舍恩伯格，肯尼思 • 库克耶 著，盛杨燕，周涛 译 . 大数据时代：生活、工作与思维的大变革 [M]. 杭州：浙江人民出版社，2013

[3] 斋藤康毅 著，陆宇杰 译 . 深度学习入门：基于 Python 的理论与实现 [M]. 北京：人民邮电出版社，2018

[4] 迈克尔 • 尼尔森 著，朱小虎 译 . 深入浅出神经网络与深度学习 [M]. 北京：人民邮电出版社，2020